미국의 FMS와 한국의 방산수출 전략

U.S. Foreign Military Sales and Korea's Defense Export Strategy

박태준 TJ Park

5군단 특공연대 소대장
대통령 경호실 338경비대 소대장
12사단 사단작전장교
57사단 중대장
육군본부 전력개발관리단
방위사업청

주요 경력

육군 ATACMS FMS 구매 수락시험(2004)
육군 MLRS FMS 구매 사업관리회의(2004)
공군 패트리어트 FMS 구매(2006)
해군 잠대함/공대함 하푼유도탄 FMS 구매(2007~2010)
해군 해상항공기(1차) 성능개량(하푼 FMS 절충교역, 2008)
해군 대함유도탄방어무기체계 해외상업구매(2008~2009)
미국 FMS Logistics Course 교육(2012)
미국 군수무관단 육군 안보지원연락장교(2011~2014)

미국의 FMS와 한국의 방산수출 전략
U.S. Foreign Military Sales and Korea's Defense Export Strategy

2015년 4월 22일 초판 인쇄
2015년 4월 27일 초판 발행

지은이 박태준 | **펴낸이** 이찬규 | **편집** 선우애림 | **교정교열** 정난진 | **펴낸곳** 북코리아
등록번호 제03-01240호 | **전화** 02-704-7840 | **팩스** 02-704-7848
이메일 sunhaksa@korea.com | **홈페이지** www.북코리아.kr
주소 462-807 경기도 성남시 중원구 사기막골로 45번길 14 A동 1007호
ISBN 978-89-6324-422-8 93390

값 27,000원

미국의 FMS와 한국의 방산수출 전략

U.S. Foreign Military Sales and
Korea's Defense Export Strategy

박태준 지음

북코리아

머리말

2003년 계룡대에서 방위력 개선 업무를 시작한 이래 육군의 전술지대지 미사일(ATACMS) 및 다련장 로켓포(MLRS), 공군 패트리어트(Patriot) 유도무기, 해군의 잠대함(潛對艦) 및 공대함(空對艦) 하푼(Harpoon) 유도탄 등 육 · 해 · 공군 삼군(三軍)의 FMS 해외구매사업을, 그것도 FMS 사업진행 전 과정을 처음부터 끝까지 경험할 수 있었던 것은 아마도 하나님의 은혜가 아닌가 싶습니다. 늘 앞서 길을 열어 주셨던 그분께 감사와 모든 영광을 올립니다. 더불어 변함없이 사랑하고 베풀어준 대한민국에 감사드립니다. 늘 받기만 해왔기에 나의 조국을 위해 작지만 뭔가 보답할 수 있는 길을 찾아보고 싶다는 고민에서 이 책이 시작되었음을 고백합니다.

우리나라는 아직도 해외에서 수입하는 무기의 평균 약 40%를 미국 정부의 대외군사판매(FMS)로 구매하고 있기 때문에 좀 더 유리한 조건으로 구매하기 위해서는 미국의 수출제도에 대한 심층적인 이해가 필요합니다. 또한 세계 방산시장의 경쟁이 지속적으로 심화되고 있고, 아시아에서는 중국이 2010년에 미국, 러시아, 독일에 이어 최초로 방산수출 세계 4위를 차지한 이후 글로벌 방산시장에서 입지를 강화하고 있으며 일본도 헌법을 개정하여 수출을 본격화하는 현시점에서 수출 확대를 위한 노력과 함께 이를 뒷받침할 수 있는 정부의 제도개선 등의 적극적인 조치가 시급합니다. 이 책에서는 세계 최고의 방산수출국인 미국의 대외군사판매 제도에 대하여 심층적으로 살펴보고 한국적인 수출제도를 구축하기 위한 벤치마킹의 모델로 삼고자 하였습니다.

최고를 보면서 최고가 되기를 꿈꿉니다. 갤럭시가 아이폰을 능가했듯이 언젠가는 창조경제의 핵심동력으로서 방산수출이 활성화되어 국가경제에 크게 이바지하는 그날이 올 것을 확신하며 이 책이 작은 도움이라도 되기를 간절히 바랍니다.

이 책이 나올 수 있도록 FMS에 대하여 많은 것을 알려준 나의 친구 Harold D. Cooper와 USASAC Korea Support Team, 늘 기도로 응원해주신 삶과 신앙의 멘토 김학주 장로님, 바쁜 시간을 쪼개어 원고를 검토해준 Artemis와 후배들(육군 중령 김영구, 공군 중령 용홍중, 해군 소령 고동춘), 흔쾌히 출판을 수락해주신 북코리아 이찬규 사장님께 감사드립니다. 세상 첫날부터 지금까지 변함없는 사랑을 아낌없이 주신 존경하는 부모님들, 끝날까지 함께할 가장 소중한 친구이자 사랑하는 아내 진아, 가정에 늘 기쁨과 행복을 안겨주는 복의 근원이며 자랑스러운 대한의 건아 강한에게 이 책을 바칩니다. 특별히 올해 2월에 칠순을 맞으신 아버님께 진심어린 축하와 감사, 그리고 존경의 마음을 올립니다.

국방 획득의 요람 용산 두텁바위골에서

박태준

차례

우리나라의 군사력 건설은 국군이 창군된 이래 1960년대까지는 미국 정부의 군사원조에 의존해오다가, 1970년 초에 미군 철수 논의를 계기로 자주국방의 필요성이 제기되어 국방과학연구소[1]를 창설하였다. 이듬해인 1971년부터 번개사업[2]을 통해 소총, 박격포, 수류탄 등 재래식 무기체계 연구개발을 시작한 이래 2000년대에 들어서 K계열 전차 · 장갑차, 잠수함, 구축함, 자주포, T-50 등 첨단 무기체계의 국내 연구개발에 잇따라 성공하였고, 적극적인 해외 방산시장 개척 활동에 힘입어 과거에 비해 방산수출 실적이 지속적인 증가세에 있다.

2014년도의 방산수출 실적을 세부적으로 분석해보면, 양적인 면에서는 2001년 2억 달러 수출을 달성한 이후 약 18배 증가한 36억 1,000만 달러로 역대 최고의 수출실적을 달성하였으며 질적인 면에서도 과거 아시아 및 중동지역에 주로 탄약 · 부품 위주의 수출에서 유럽 및 남미국가들에 K-9 자주포, T-50 고등훈련기, FA-

1 국방과학연구소(ADD: Agency for Defense Development): 국방력 강화와 자주국방의 실현에 기여토록 국방과학연구소법에 의하여 1970년 8월에 설립된 국책연구기관으로, 첨단 무기체계 연구개발 및 핵심기술개발을 수행하고 있다. 개발은 국방과학연구소가 수행하며, 생산은 방산업체가 담당한다.

2 미군의 한반도 철수 논의에 따라 창설된 국방과학연구소의 실질적인 첫 번째 연구개발 임무로서 1971년 11월 "칼빈 소총 10정, M1소총 2정, 경기관총 5정, 60밀리 박격포 4문, 3.5인치 로켓 4문, 수류탄 300발, 대전차 지뢰 20발 등을 4개월 이내에 국산화하라"는 박정희 대통령의 긴급 병기개발 지시에 따라 동년 11월에 1차 연구개발 사업이 착수된 이후 1972년 9월까지 2 · 3차 사업으로 이어져 통신장비 및 각개병사 장구류 등의 품목으로 확대되었으며 국내 국방연구개발의 토대를 마련하는 계기가 되었다고 할 수 있다(한국 방위산업의 성장신화 30년, 한국방위산업진흥회, 2008년).

50 경공격기, 잠수함 등 첨단 기술력에 기반을 둔 고부가가치 무기체계로 다변화되고 있다. 따라서 일부 분야에서는 국내 연구개발 능력도 충분히 해외 선진국과 경쟁할 수 있는 수준에 도달해 있다고 할 수 있겠다. 더불어 휴대폰, 반도체, 철강, 조선, 차량 등 민간 분야의 기술력이 글로벌 경쟁력을 갖춘 단계에 진입하였기 때문에 민·관·군 상호 간 과감한 개방과 협력을 통한 기술개발과 함께 해외시장 개척 등 정부의 적극적인 수출지원 정책이 지속적으로 뒷받침된다면 우리나라도 머지않아 세계 10대 방산수출국에 진입할 수 있는 충분한 잠재력이 있다고 판단된다. 하지만 아직도 우리나라의 방위산업은 규모가 제한된 국내 내수시장을 중심으로 고착되어 있으며, 수출정책도 정부가 주도적으로 수출을 추진하기보다는 방산업체의 수출을 지원하는 수준에 머물러 있다.

반면 세계 방산시장의 수출경쟁은 나날이 격화되고 있다. 스톡홀름 국제평화문제 연구소에 의하면 세계 각국의 국방비 지출은 〈자료 1〉에서 보는 바와 같이 2011년을 정점으로 축소되는 추세이다. 이에 따라 해외 글로벌 방산업체들은 자국 내 판

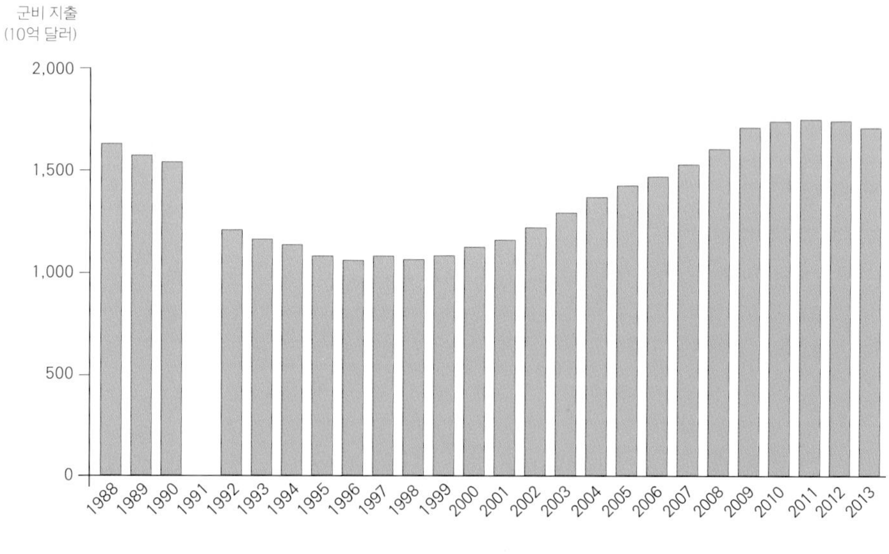

자료 1 세계 국방비 지출 추세(1988~2013)

매실적 감소에 따른 손실을 보전(補塡)하고 생산라인을 유지하기 위한 최소한의 생산물량 확보를 위해 해외시장 진출을 활발히 추진해왔으며, 대다수의 국가도 정부 차원에서 이를 적극적으로 지원하고 있다.

세계 1위의 방산수출 기업인 미국의 록히드마틴(Lockheed Martin)은 국방비 지출삭감에 따른 위기를 돌파하기 위해 향후 10년 안에 해외사업 비중을 약 17%에서 20% 이상으로 높이는 것을 목표로 해외시장 진출을 적극적으로 확대하고 있으며, 유럽도 재정위기 여파 등으로 내수시장이 위축되어 해외시장 확대를 통해 탈출구를 모색하고 있다.

이러한 움직임은 아시아에서도 감지되고 있다. 2009~2013년의 5년간 실적을 기준으로 중국이 냉전 이후 처음으로 세계 4위의 방산수출 실적을 달성한 이후 수출을 가속화하고 있으며 수출품목도 과거와는 달리 첨단무기로 확대되고 있다. 미국을 비롯한 유럽 국가들이 국방비 지출을 줄이는 추세와는 달리 중국은 지속적으로 국방비를 큰 폭으로 증가시키고 있어 첨단무기 개발과 함께 중국의 방산수출은 더욱더 확대될 것으로 전망된다. 일본도 그동안 방산수출을 규제해온 무기수출 3원칙[3]을 47년 만인 2014년에 '방위장비 이전 3원칙'으로 전면 개정하고 수출을 통하여 방위산업을 육성하는 방향으로 정책을 전환하였다. 이에 따라 미쓰비시중공업, 가와사키중공업, 히타치, 도시바, 후지쓰, NEC 등 13개의 방산 관련 업체가 2014년 6월 세계 최대 지상무기 전시회인 '유로 사토리(Euro-Satory)'에 처음으로 참가

---

3 일본은 1967년 ① 공산국가, ② 유엔결의에 따른 무기수출 금지 국가, ③ 국제분쟁 당사국 및 그 우려가 있는 국가에 대해서는 무기수출을 금지한다는 내용의 3원칙을 발표했다. 이어 1976년에는 "모든 지역 및 국가에 무기수출을 삼간다"는 담화를 발표하여 사실상 전면적인 무기수출 금지에 나섰다. 그러나 1986년 미국에 한해 무기체계 기술이전을 승인하는 예외를 처음으로 인정한 이후 미국과의 미사일방어체계(MD) 공동개발/생산, 미국을 통한 제3국 수출을 추진하였다. 2011년에는 무기수출 3원칙을 대폭 완화하여 기본이념은 유지하되 예외 규정을 통해 우방국과 공동으로 전투기 등을 개발/생산하고 인도적 목적에 한해 일부 국방물자의 수출도 가능토록 하였다. 2014년에는 47년 만에 무기수출 3원칙을 전면적으로 개정하였다.

하여 장갑차, 기상레이더, 전차엔진, 지뢰탐지기 등을 전시하였으며, 정책전환 이후 첫 번째로 패트리어트(Patriot) 유도무기에 사용되는 핵심부품의 미국 수출을 추진[4]하고 있어 향후 일본의 방산수출이 본격화될 것으로 예상된다.

이러한 대내외적인 상황에서 세계 최대 수출국가인 미국의 방산수출제도에 대하여 살펴보는 것은 세계 10대 방산수출국을 목표로 하는 우리나라의 수출제도를 발전시키는 데 큰 도움이 될 것이다. 미국은 민간 주도의 수출제도와 정부 주도의 수출제도를 함께 운영하면서 정부가 적극적으로 수출에 관여하고 있다. 즉, 미국은 방산업체가 주도적으로 계약을 추진하는 직접상업판매(Direct Commercial Sales)[5]와 정부가 주도적으로 계약을 체결하고 계약관리까지 수행하는 대외군사판매(Foreign Military Sales)[6]의 두 가지 판매방식을 근간으로 구매국들의 상이한 정치 · 군사 · 경제적 상황에 따라 FMS와 DCS의 다양한 조합을 통해 구매국의 요구에 부응하고 있다. 미국 의회의 회계감사국(Government Accountability Office) 연구보고서[7]에 따르면 〈자료 2〉에서 보는 바와 같이 2005~2009년 동안의 미국 방산수출의 40.6%가 FMS를 통해 달성된 것으로 나타나 정부 간 판매제도가 DCS와 함께 미국의 주

4 日 '軍國本色'……미사일 핵심부품 美에 수출(매일경제, 2014년 4월 17일자). "무기수출의 족쇄를 푼 일본이 미국에 미사일 핵심부품을 수출한다. 니혼게이자이신문은 17일 미쓰비시중공업이 세계 최대 미사일 제조업체인 미국 레이시언과의 라이선스 계약에 따라 생산해온 미사일용 고성능 센서를 미국에 수출할 방침"이라고 보도했다. 요격미사일 '패트리어트 2(PAC 2)'에 사용되는 이 센서는 표적을 식별하고 추적하는 적외선 탐색기에 들어가는 품목이다. 아베 신조 정부는 미국 정부의 공식요청에 따라 미사일용 센서 수출에 대한 심사를 실시한 후 국가안전보장회의(NSC) 각료회의에서 수출허용 여부를 결정할 예정이다. 신문은 이 사업이 일본 정부가 원칙상 금지해온 무기수출을 허용하는 것으로 정책을 전환한 후 이뤄지는 첫 번째 무기수출 사례가 될 것이라고 내다봤다. 아베 내각은 지난 1일 무기와 관련된 기술의 수출을 원칙적으로 금지해온 '무기수출 3원칙'을 47년 만에 전면 개정한 '방위장비 이전 3원칙'을 각의 의결했다. 이로써 무기수출을 통한 방위산업육성, 국제 무기 공동개발 참여를 통한 자국 안보강화 등을 꾀하는 쪽으로 정책을 전환했다.

5 이하 DCS라 한다.

6 이하 FMS라 한다.

7 Reporting on Exported Articles and Services Needs to Be Improved(GAO, 2010년 9월)

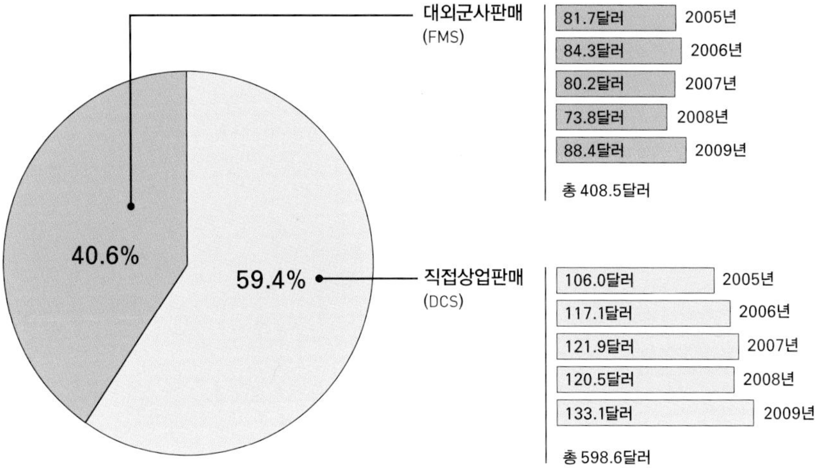

자료 2 미국의 FMS 및 DCS 비율(2005~2009)

요 방산수출 수단임을 알 수 있다. 우리나라의 경우 자주적 군사력 건설이 본격화된 1974년부터 FMS를 통해 대부분의 국방물자, 장비/용역을 미국으로부터 구매해왔으며 2009년 이후 최근 5년 동안 평균 70%를 FMS를 통해 구매함에 따라 해외구매에 있어서 FMS가 아직도 큰 비중을 차지하고 있다. 하지만 FMS는 미국 정부가 구매국을 대신하여 계약체결에서 이행단계까지 전 과정의 계약관리를 수행하는 정부 간 계약 방식(Government-To-Government Contract)이다 보니 대부분의 구매국은 계약체결 단계, 즉 오퍼를 수락하는 시점까지는 큰 관심을 기울이다가 이후 계약이행 과정에서는 상대적으로 관심이 저조한 편이며, 결과적으로 계약이 구체적으로 어떻게 이행되고 있는지에 대하여 자세히 알고 있지 못하는 경우가 많다.

따라서 FMS 제도의 계약 체결 및 이행 전 단계에 걸쳐 세부적으로 살펴봄으로써 FMS를 통한 무기체계 구매과정에서 효율적으로 사업을 관리하도록 하는 동시에 우리의 수출제도를 발전시키는 과정에서 미국의 제도를 벤치마킹하는 기회가 되기를 바란다.

제1부

미국의 방산수출제도, 대외군사판매

"방산수출 세계 1위, 미국의 FMS"

제1장

미국의 대외안보정책

동서고금을 막론하고 한 나라의 대외정책은 국가의 이익을 최우선하여 수행되어왔다. 미국도 예외는 아니어서 해외 우방국과의 관계에서 자국의 이익을 가장 우선하였으며, 이러한 목적을 달성하기 위해 안보지원(Security Assistance)정책을 국가안보의 중요한 수단으로 활용해왔다. 안보지원정책은 해외 우방국에 대하여 미국이 생산한 군수품과 용역을 지원할 수 있도록 법률에 의해 승인된 제도로, 궁극적으로는 미국의 대외정책 및 국가안보 목표를 달성할 목적으로 수행되고 있으며 단순히 미국에서 생산한 무기 등 국방물자를 우방국에 지원하는 군사적인 차원을 넘어 무상증여, 차관, 현금판매, 임차 등 다양한 형태의 경제적인 원조까지 포함하는 포괄적인 개념의 대외정책이라고 할 수 있다.

미국이 안보지원정책을 도입한 것은 제2차 세계대전 이후로, 미국과 소련을 중심으로 세계가 동서로 양분되면서 미국이 소련 공산주의의 확산을 민주주의 및 자국의 안보에 대한 심각한 위협으로 인식하게 되면서부터이다. 즉, 공산진영의 팽창을 저지하기 위해서는 우방국에 대한 군사적 · 경제적 지원이 필요하다고 판단하였고 궁극적으로 자국의 이익을 달성하기 위한 수단으로 안보지원정책을 적극적으로 수행하기 시작하였다. 역사적으로는 1947년 3월에 트루먼 독트린(Truman Doctrine)을 통해 그리스와 터키에 군사원조를 시작하였고, 1947년 7월부터 4년에 걸쳐 마셜 플랜(Marshall Plan)을 통해 피폐해진 유럽 우방국의 재건을 돕기 위한 무상 경제지원을 제공하였다.

그러나 이후 안보지원정책은 한국전쟁과 베트남전쟁, 우방국들의 경제발전, 소련 붕괴에 따른 미국 중심의 새로운 국제질서 재편, 무기시장 경쟁 등의 대외적인 여건 변화와 미군 해외주둔병력 감축/군사력 재편, 9 · 11 이후 대(對)테러전 수행을 위한 방위비 및 군사력 강화 추세 등 대내적인 여건 변화에 따라 자국의 이익을 강화하는 방향으로 변화되어왔다. 실제로 우방국에 대한 군사지원은 제2차 세계대전 이후 1960년대 중반까지는 우방국의 열악한 경제현실과 대(對)소련 봉쇄정책에 따라 '무상원조(無償援助)' 형태로 수행되었으나, 우방국의 경제여건 개선 등에 따라 '유상판매(有償販賣)'로 전환되었으며 소련 붕괴 이후에는 기존의 보수적 안보지원정책에 '경제논리'가 도입되었다. 2000년대에 들어와서는 첨단화 · 고가화되는 무기체계 발전 추세에 따라 기술적으로 앞서나가는 우방국들과 협력을 강화할 필요성을 인식하게 되면서 협력적 안보지원을 강화하는 추세이다. 이처럼 미국의 대외정책은 초기에는 정치 · 군사적 전략목표 달성을 우선으로 추진되었으나, 대내외 여건이 지속적으로 변화되고 경제논리가 도입되면서 국가안보와 더불어 경제적 이익에 부합되는 방향으로 변화되어왔으며, 지금은 미국 경제의 중요한 수단으로 활용되고 있다.

〈자료 1-1〉에서 보는 바와 같이 2012년에 발행된 미국 의회 보고서[1]에 따르면, 미국의 무기판매 실적은 2004~2011년 기준으로 세계 방산시장의 평균 44% 이상을 점유해왔으며, 2011년에는 미국 방산수출 역사상 최고 실적인 663억 달러 규모의 무기를 수출하여 세계 방산시장의 78%를 독식하였다.

이처럼 안보지원정책은 미국의 대외정책 및 국가안보의 주요 수단으로서 빠르고 복잡하게 변화하는 세계의 정치 · 경제 · 사회적 환경 및 여건에 따라 세계평화 증진, 자유민주주의 유지, 경제적 번영과 연계되어 지속적으로 발전되어왔다. 하지만, 해외 우방국에 대한 순수한 안보지원 수단으로 시작된 초기와는 달리 냉전종식 이후에는 경제논리가 도입되면서 궁극적으로는 미국의 국가안보 및 국익에 부합되는 방향으로 안보지원정책이 수행되어왔다.

---

1 Conventional Arms Transfers to Developing Nations, 2004~2011(Congressional Research Service, p.71, 2012년 8월 24일자)

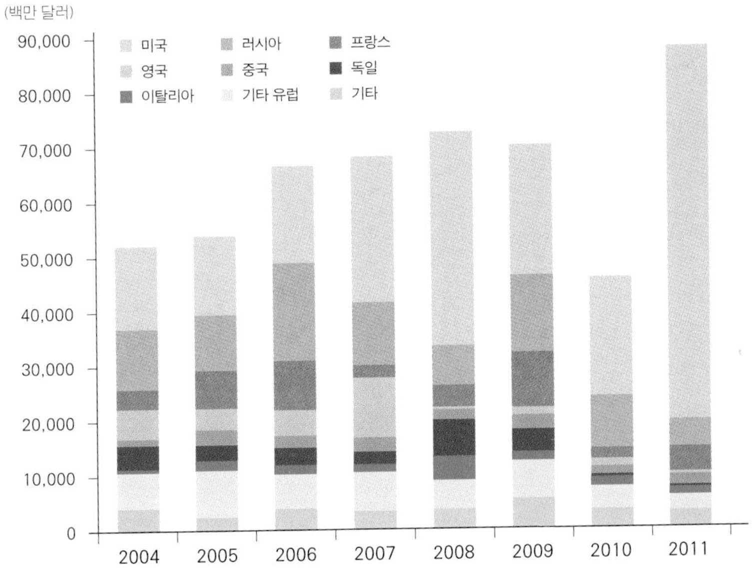

(단위: 백만 달러)

연도 / 국가	2004	2005	2006	2007	2008	2009	2010	2011
미국	14,939 (29.3%)	14,010 (26.8%)	17,275 (26.8%)	25,768 (38.8%)	38,187 (54.1%)	22,762 (33.6%)	21,394 (48.1%)	66,274 (77.7%)
러시아	10,629 (20.8%)	9,727 (18.6%)	17,236 (26.7%)	11,312 (17.1%)	6,939 (9.8%)	13,760 (20.3%)	8,921 (20.0%)	4,800 (5.6%)
프랑스	3,503 (6.9%)	7,295 (13.9%)	8,618 (13.4%)	2,393 (3.6%)	3,995 (5.7%)	9,932 (14.7%)	1,825 (4.1%)	4,400 (5.2%)
영국	5,073 (9.9%)	3,358 (6.4%)	4,589 (7.1%)	10,333 (15.6%)	315 (0.5%)	1,448 (2.1%)	1,521 (3.4%)	400 (0.5%)
중국	1,208 (2.4%)	3,126 (5.8%)	2,238 (3.5%)	2,719 (4.1%)	2,208 (3.1%)	2,586 (3.8%)	1,622 (3.6%)	2,100 (2.5%)
독일	4,592 (9.0%)	2,316 (4.4%)	3,134 (4.9%)	1,958 (2.9%)	5,782 (8.2%)	3,724 (5.5%)	101 (0.2%)	100 (0.1%)
이탈리아	483 (1.0%)	1,737 (3.3%)	1,343 (2.1%)	1,523 (2.3%)	4,310 (6.1%)	1,655 (2.4%)	1,926 (4.3%)	1,200 (1.4%)
기타 유럽	6,281 (12.3%)	8,569 (16.4%)	6,267 (9.7%)	7,287 (11.0%)	5,572 (7.9%)	6,725 (9.9%)	4,258 (9.6%)	3,300 (3.9%)
기타	3,986 (7.8%)	2,200 (4.2%)	3,805 (5.9%)	3,045 (4.6%)	3,259 (4.6%)	5,173 (7.6%)	2,940 (6.6%)	2,700 (3.2%)

자료 1-1 2004~2011년 세계 각국의 방산수출 실적

1. 안보지원Security Assistance 및 안보협력Security Cooperation

안보지원정책은 독립전쟁(American War of Independence, 1775~1783년) 이후 미국 대외정책의 근간이 되어왔으나, 공식적으로 제도화된 것은 제2차 세계대전(1939~1945년) 이후이다. 미국의 군사적 · 경제적 대외정책으로 채택된 이후 일관되게 수행되어왔다. 그러나 1997년 국방부의 국방개혁구상(Defense Reform Initiative) 과정에서 급변하는 세계정세에 발맞추어 미군이 좀 더 다양하고 확대된 역할을 수행해야 한다는 주장이 제기되었다. 이에 따라 미국 국방부는 1998년 당시 안보지원정책을 수행하던 국방안보지원국(Defense Security Assistance Agency)이 안보지원정책을 포함한 모든 해외 군사지원 활동을 통합하여 관리하도록 하였으며, 이후 효율적인 임무수행을 위해 국방안보협력본부(Defense Security Cooperation Agency)로 조직을 개편하여 현재까지 유지되고 있다. 이에 따라 안보지원정책은 국무부 및 국방부에 의해 수행되고 있으며, 미국 연방법[2]에 의해 승인된 주요 안보지원 프로그램은 〈자료 1-2〉에서 보는 바와 같다.

구분	안보지원 프로그램	담당기관
1	대외군사판매(FMS: Foreign Military Sales)	국방부
2	대외군사건설용역(FMCS: Foreign Military Construction Services)	
3	대외군사차관(FMFP: Foreign Military Financing Program)	
4	임차(Leases)	
5	군사원조 프로그램(MAP: Military Assistance Program)	
6	국제군사교육훈련(IMET: International Military Education &Training)	
7	특별인출(Drawdowns)	

2 대외지원법(Foreign Assistance Act), 무기수출통제법(Arms Export Control Act)

구분	안보지원 프로그램	담당기관
8	경제지원기금(ESF: Economic Support Fund)	국무부
9	평화유지군 활동(PKO: Peace Keeping Operations)	
10	국제 마약통제/법률 집행(INCLE: International Narcotics Control & Law Enforcement)	
11	핵 비확산, 대테러, 지뢰제거 관련 프로그램 (NADR: Non-proliferation, Anti-terrorism, Demining & Related Programs)	
12	무기수출통제법에서 인가된 직접상업판매(DCS: Direct Commercial Sales)	

자료 1-2 미국 연방법에 의해 승인된 안보지원 프로그램 및 담당기관

대외군사판매 등 7개 프로그램은 국방부에서, 기타 5개 안보지원 프로그램은 국무부에서 각각 관리/수행하고 있다. 이후 2004년 6월 국방부 내에서 안보협력(Security Cooperation)이라는 용어가 최초로 공식화된 이후, 2008년 10월 국방부 훈령을 통해 우방국과 공동의 전략목표를 달성하기 위해 국방부에 의해 수행/관리되는 모든 대외활동을 포괄하여 안보협력으로 규정[3]하고 국방부에서 관리하고 있던 안보지원 프로그램도 안보협력 범주에 포함시켰다. 따라서 〈자료 1-3〉과 같이 12개 안보지원 프로그램 중에서 대외군사판매, 대외군사건설용역, 대외군사차관 등 7개 안보지원 프로그램은 국방부에서 안보협력의 일부로 수행되며, 이를 제외한 5개의 안보지원 프로그램은 국무부에서 수행하고 있다.

3 DoD Directive 5132.03, DOD Policy and Responsibilities Relating to Security Cooperation(2008년 10월 24일). "Activities undertaken by the Department of Defense to encourage and enable international partners to work with the United States to achieve strategic objectives. It includes all DOD interactions with foreign defense and security establishments, including all DOD-administered security assistance programs, that: build defense and security relationships that promote specific US security interests, including all international armaments cooperation activities and security assistance activities: develop allied and friendly military capabilities for self-defense and multinational operations: and provide US forces with peacetime and contingency access to host nations."

자료 1-3 안보지원 및 안보협력 프로그램

국무부에서는 미국의 국익 증진을 궁극적인 목표로 하여 모든 안보지원 프로그램에 대한 전반적인 방향과 정책을 제시하며, 국가별 정치 · 군사 · 경제 상황을 고려하여 안보지원 프로그램을 결정하는 등 총괄적으로 관리 및 감독하고 있다.

2. 안보지원정책의 법적 근거

미국은 헌법을 통해 의회에 우방국 안보지원에 관련된 법규의 처리 및 입법 권한을 부여[4]하고 있다. 이에 따라 의회는 1954년에 상호안보지원법(Mutual Security

4 1. 미 헌법 1조 8항 "의회는 외국과의 무역규제 권한을 갖는다." [U.S. Constitution Article I (The Legislative Branch), Section 8 (Legislative Power Vested) The Congress shall have power … to

Act)을 제정하여 안보지원정책을 수행하였으며, 이후 1961년 대외지원법(Foreign Assistance Act)을 제정하여 FMS 기본 승인권을 이에 포함시켰다. 1968년에는 대외지원법에서 FMS만 독립시켜 대외군사판매법에 포함시켰다가 1976년 대외군사판매법과 상호지원법을 폐지하고 DCS와 함께 무기수출통제법으로 변경한 후 현재는 1961년 제정된 대외지원법(Foreign Assistance Act)과 1976년 제정된 무기수출통제법(Arms Export Control Act)이 각각 정부의 안보지원과 관련된 활동을 세부적으로 규정하고 있다. 미국의 안보지원 관련 법규의 발전과정은 〈자료 1-4〉에서 보는 바와 같다.

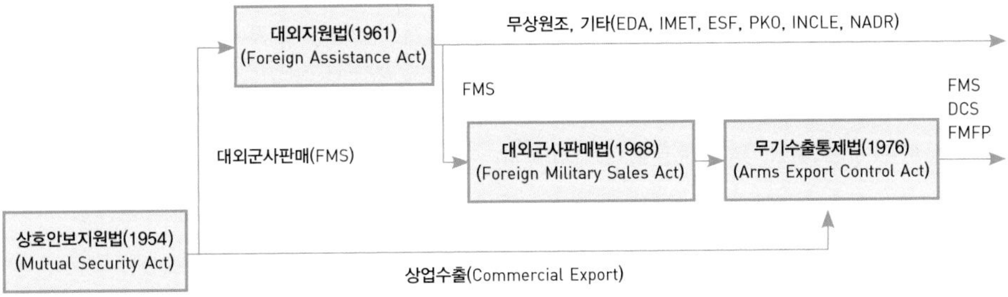

자료 1-4 안보지원 관련 법규 발전과정

regulate commerce with foreign nations].
2. 미 헌법 4조 3항 "의회는 미국의 영토 또는 정부자산과 관련된 법규 처리 및 입법 권한을 가진다." [U.S. Constitution Article IV (The States), Section 3 (Admission of States) The Congress shall have power to dispose of and make all needful rules and regulations respecting the territory or other property belonging to the United States].
3. 미 헌법 1조 9항 "법에서 정한 절차에 의하지 않는 한 국고에서 어떠한 금액도 인출할 수 없다." [U.S. Constitution Article I (The Legislative Branch), Section 9 (Limits on Legislative Power) No money shall be drawn from the treasury, but in consequence of appropriations made by law].

1) 대외지원법Foreign Assistance Act

대외지원법은 미국의 대외지원 활동 및 프로그램에 대한 일반적인 규율과 권한을 제공하는 기본적인 법으로 1961년에 제정되었으며, 기존의 군사 및 경제 원조계획을 대폭 수정하였다. 즉 1954년부터 상호안보지원법에 의해 수행되어오던 군사원조 중심의 대외정책을 경제원조 우위의 대외정책으로 전환하여 미국의 안보는 자유 우방국가의 안보를 보장함으로써 더욱 강화될 수 있음을 분명히 하였으며, 미국의 안보를 위해 필요하다고 판단되는 국가들에 대해서는 대여 · 교환 · 무상원조 · 차관 · 현금판매 등 대금결제 방식의 제한 없이 모든 지원을 제공할 수 있도록 하였다. 이에 따라 대외지원법은 국제군사교육훈련, 경제지원기금, 평화유지군 활동, 해외 안보지원 사업관리, 잉여국방물자(Excess Defense Articles) 이전 및 기타 다양한 대외지원사업과 관련된 조항들을 포함하고 있으며 세부적인 수행방안은 국제무기교역협정(ITAR: International Traffic in Arms Regulations) 및 안보지원관리교범(SAMM: Security Assistance Management Manual)에 구체적으로 제시되어 있다.

2) 무기수출통제법Arms Export Control Act

무기수출통제법은 대외군사판매(FMS), 직접상업판매(DCS), 대외군사차관(FMFP) 등 해외 군사판매에 대한 기본 승인권을 제공하는 법이다. 이전에는 FMS에 대한 기본승인권이 대외지원법에 있었으나, 1968년에 FMS만을 분리하여 대외군사판매법(FMSA: Foreign Military Sales Act)에 포함시켰다가 1976년 대외군사판매법과 상호지원법을 폐지하고 무기수출통제법(AECA: Arms Export Control Act)으로 변경하여 현재에 이르고 있다. 특히, 무기수출통제법은 〈자료 1-5〉와 같이 대외지원법에서 규정된 정부의 해외무기판매(대외군사판매)와 상호안보지원법에서 규정된 민간 방산업체의 해외무기판매(직접상업판매)에 대하여 구체적으로 명시함으로써 해외 우방국에 대한 정부 또는 민간 주도의 방산수출이 모두 가능토록 보장하고 있다.

Section 22: 대외군사판매(FMS)	Section 38: 직접상업판매(DCS)
대통령은 국제기구 및 해외국가와 국방물자 및 용역 판매 계약을 체결할 수 있다. The President may enter into contracts for the procurement of defense articles or defense services … to any foreign country or international organization.	대통령은 국방물자/용역에 대한 수출입 규정을 공포할 권한을 가진다. The President is authorized to designate … and to promulgate regulations for the import and export of such (defense) articles and services.

자료 1-5 무기수출통제법의 해외무기판매 조항

안보지원과 관련된 세부적인 수행절차 등은 안보지원 프로그램을 수행하는 주체에 따라 연방법(U.S. Code) Title 10과 Title 22에 구체적으로 규정[5]되어 있다. 즉 연방법 Title 10에서는 대외군사판매 등 7개 프로그램을 국방부에서 수행하도록 규정하고 있으며, 기타 5개 안보지원 프로그램은 연방법 Title 22에 의해 국무부에서 수행하도록 명시하고 있다.

5 미국의 사법체계는 의회가 제정한 법률을 10년 단위로 연방법(U.S. Code)에 포함시켜 해당 법률을 수행하는 행정기관별로 임무, 역할 등을 세부적으로 규정토록 하고 있다. 즉, 무기수출통제법이 근원적으로는 대외군사판매의 법적인 근거가 되지만, 무기수출통제법의 대외군사판매와 직접상업판매에 대한 법 조항 중에서 국방부가 관리하는 대외군사판매는 국방부에서 수행하는 임무, 역할 등에 대하여 규정한 연방법 Title 10에 세부적으로 규정되어 있다. 직접상업판매는 국무부의 임무, 역할 등에 대하여 규정한 Title 22에 구체화되어 있다.

제2장

안보지원정책 수행기관

1. 대통령
2. 의회
3. 행정부
4. 국방부
5. 육 · 해 · 공군성
6. 안보협력기구

미국의 안보지원정책은 전 세계 우방국을 대상으로 광범위하게 수행되다 보니 다양한 조직과 수많은 전문인력이 관련되어 있다. 대통령 및 입법기관인 의회를 포함하여 안보지원정책 수립 및 감독기관인 국무부, 국방 관련 안보지원사업 관리기관인 국방부, 육 · 해 · 공군의 관련 조직, 기타 안보지원사업을 지원하는 해외 안보협력기구 등 다양한 기관들이 안보지원정책과 관련된 업무를 수행한다. 〈자료 2-1〉에서 안보지원과 관련된 미국의 정부조직을 확인할 수 있다.

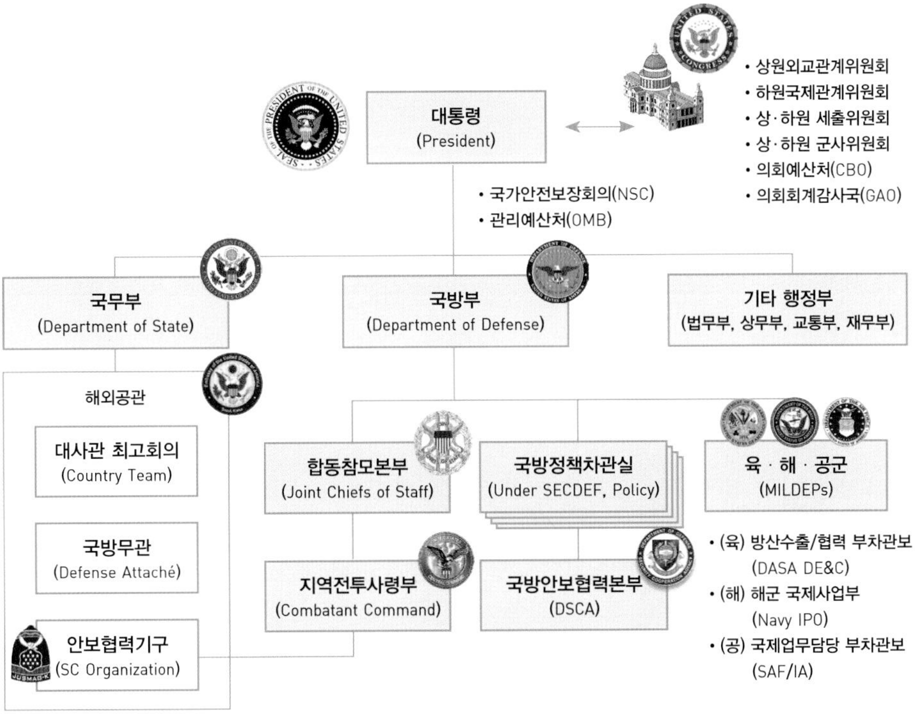

자료 2-1 미국 정부의 안보지원 조직

1. 대통령President of the United States

대통령은 안보지원정책에 대한 최종적인 의사결정권자이며, 국가안전보장회의 및 관리예산처가 대통령 직속기관으로 안보지원정책에 대하여 대통령을 보좌한다.

국가안전보장회의(NSC: National Security Council)는 1974년 국가안보법에 따라 국가안보 및 군사정책과 관련하여 대통령의 자문 역할을 하며, 주요 무기이전 및 안보지원 예산안 검토에도 관여한다. 대통령, 부통령, 국방장관 및 국무장관으로 구성되며, 대통령은 국가안전보장회의 의장으로서 필요한 경우 다른 부처의 각료나 차관 등을 포함시킬 수 있다. 관리예산처(OMB: Office of Management and Budget)는 안보지원 프로그램의 예산 및 지출을 통제한다.

2. 의회Congress

의회는 안보지원정책을 입법하고 행정부의 안보지원정책 수행을 감시하며, 행정부 안보지원 예산안을 승인하고 최종안을 의결한다. 특히 대외군사판매, 직접상업판매, 제3국 무기이전, 임차 등에 관한 내용을 심의하고 안보지원 관련 해외조약을 비준하는 등 행정부의 안보지원정책 수행을 견제하는 역할을 수행한다. 이처럼 행정부가 의회의 승인을 거쳐 해외에 무기체계를 판매토록 하고 있지만, 현실적으로 의회가 영향력을 행사하는 데는 한계가 있다. 대체로 행정부가 국가적 관점에서 안보지원정책을 결정하는 데 반해, 의회는 지역선거구 및 단체의 이익을 대변하는 등 상대적으로 지엽적인 분야에 관심을 가지는 경향이 있기 때문에 안보지원과 관련된 다양한 의견을 통합하여 영향력을 행사하는 것이 때로는 제한되기도 하기 때문이다.

3. 행정부

안보지원과 관련된 행정부의 주요 기관으로는 국무부, 국방부, 법무부, 국토안보부, 상무부, 교통부, 재무부 등이 있으나, 주로 국무부와 국방부가 주도적으로 안보지원정책을 수행한다.

1) 국무부Department of State

대외지원법(FAA) 및 무기수출통제법(AECA)에 따라 대통령의 지시를 수행하며, 안보지원과 관련하여 경제 · 군사적 지원, 판매 및 수출에 관한 전반적인 정책방향을 설정하고 지속적으로 지시/감독 업무를 수행하며, 국익을 고려하여 지원 · 판매 · 자금지원 등의 안보지원 방법을 결정한다. FMS 및 DCS 등 방산수출 여부 및 규모, 범위 등도 국무부를 통하여 결정되며 제3자 이양에 대한 내용도 국무부에서 수행한다. 국무부의 안보지원 관련 기관은 〈자료 2-2〉에서 보는 바와 같다.

무기통제/국제안보 차관(Under Secretary for Arms Control and International Security)은 국무부 내의 FMS를 포함한 안보지원 프로그램을 주도적으로 담당한다. 안보지원 및 무기이전 관련 정책과 절차에 관해 국무장관을 보좌하고, 정치-군사업무국(Bureau of Political-Military Affairs)은 국무부의 중요한 국방부 협조창구 역할을 수행하며 외교와 국방을 통합하여 강력한 국제 협력관계를 구축하는 것을 목표로 안보지원 및 무기이전에 대한 정책적인 방향을 제공한다. 정치-군사업무국의 방산교역통제 면허사무소(Office of Defense Trade Controls Licensing)에서는 군수품 수출통제 목록(U.S. Munitions List)[1]에 포함된 무기 및 물자에 대한 수출허가서를 발급하고

1 국제무기거래규정(ITAR)에 의해 수출을 통제하는 방산물자 및 용역이 수록된 목록으로, 품목 명칭 위주로 제시되어 있으며 기술적 특성이나 사양 등은 상세하게 언급되어 있지 않다. 통제품목의 대

국제무기거래규정(International Traffic in Arms Regulation)을 발간한다. 지역안보/무기이전 사무국(Office of Regional Security and Arms Transfers)은 지역안보팀(Regional Security Teams) · 제3자 이양팀(Third Party Transfers Team) · 대외군사판매팀(Foreign Military Sales Team)으로 구성되어 있으며, 지역안보 관리 및 미국에서 생산된 방산물자 및 용역의 판매/이전에 대한 승인 업무를 담당한다. 이와는 별도로 우방국에 해외공관을 운영하여 해당 국가의 전반적인 정치 · 경제 · 군사적인 상황을 분석하여 정책수립 및 의사결정 시 활용한다.

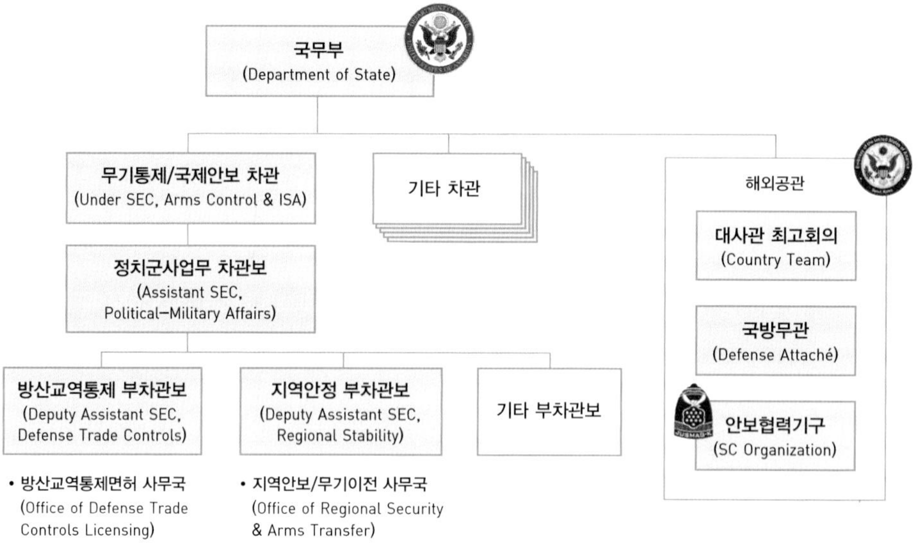

자료 2-2 국무부의 안보지원 관련 주요 기관

부분은 허가가 있어야 수출이 가능하며, 수출 허가 시 구매국에서의 최종적인 사용 용도와 최종사용자의 지정을 요건으로 하고 있다.

2) 국방부 Department of Defense

안보지원과 관련하여 사업 감독, 소요 결정, 장비/용역 조달, 군사장비에 대한 수송/인도, 우선순위 설정 등의 업무를 수행하며 주로 안보지원정책을 수립하고 방향을 설정하는 역할을 수행한다. 미국 연방법에 따라 국방부는 대외군사판매 등 7개 주요 안보지원 프로그램을 수행한다. 안보지원 업무수행 측면에서 국방부는 타 정부기관보다 많은 책임과 역할을 담당하며, 국방안보협력 본부 · 국방군수본부 · 합동참모본부 · 안보협력기구 및 육 · 해 · 공군의 다양한 부서를 활용하여 안보지원 업무를 수행한다.

3) 법무부 Department of Justice

2002년에 재무부에서 관장하던 군수품 수출통제 기능이 법무부로 이관된 이후 법무부 산하의 주류 · 담배 · 소화기 · 폭발물 관리국(Bureau of Alcohol, Tobacco, Firearms and Explosives)이 주무부서로 국무부와 국방부 간 합의된 방위물자에 대한 수출통제를 담당한다.

4) 국토안보부 Department of Homeland Security

2002년 재무부 소관이었던 관세 업무는 국토안보부 수출입 · 세관관리국(Immigration and Customs Enforcement)과 세관 · 국경보호국(Bureau of Customs and Border Protection)으로 이관되었다. 세관 · 국경보호국은 미국 출발항에서 국무부에서 발행한 군수품 수출통제 면허를 심사하며, 2002년에 교통부에서 국토안보부 산하로 이관된 주방위군은 해군 안보지원사업을 지원한다.

5) 상무부 Department of Commerce

국무부, 국방부와 협조하여 민 · 군 겸용 품목에 대한 수출허가서를 발급하며, 국가안보와 대외정책적으로 이용되는 기술과 제품의 수출통제 업무를 지원한다.

6) 교통부 Department of Transportation

교통부 산하 해운항만청은 군사차관으로 판매되는 품목이나 물자에 대한 해상 수송 시 미국 국적의 선박을 이용하여 적송하는지를 확인 · 감시한다.

7) 재무부 Department of Treasury

정부재정을 담당하는 재무부는 안보지원정책의 재정을 관리하는 정부기관인 동시에 국가안전보장회의(NSC) 구성멤버로서 안보지원정책에 관여한다. 무기수출통제법에 의해 FMS 판매대금으로 구매국이 지불한 자금 중 실제 집행자금을 제외한 신탁자금은 연방준비은행(FRB: Federal Reserve Bank)에 예치되는데, FMS 신탁자금계좌는 재무부 계정이며 재무부는 이 FMS 신탁자금계좌의 전반적인 현금의 흐름에 관여한다.

4. 국방부 Department of Defense

국방부는 다른 정부부처에 비해 안보지원과 관련하여 상대적으로 많은 책임과 역할을 수행하고 있기 때문에 미국 정부의 안보지원정책에 대하여 자세히 알아보기 위해서는 국방부의 안보지원정책 수행기관에 대한 이해가 필요하다.

이와 관련된 국방부 주요 기관은 〈자료 2-3〉에서 보는 바와 같다. 국방부는 안보지원 프로그램을 관리 및 감독하며, 국방물자/장비 및 용역을 조달하고 우선순위를 설정한다.

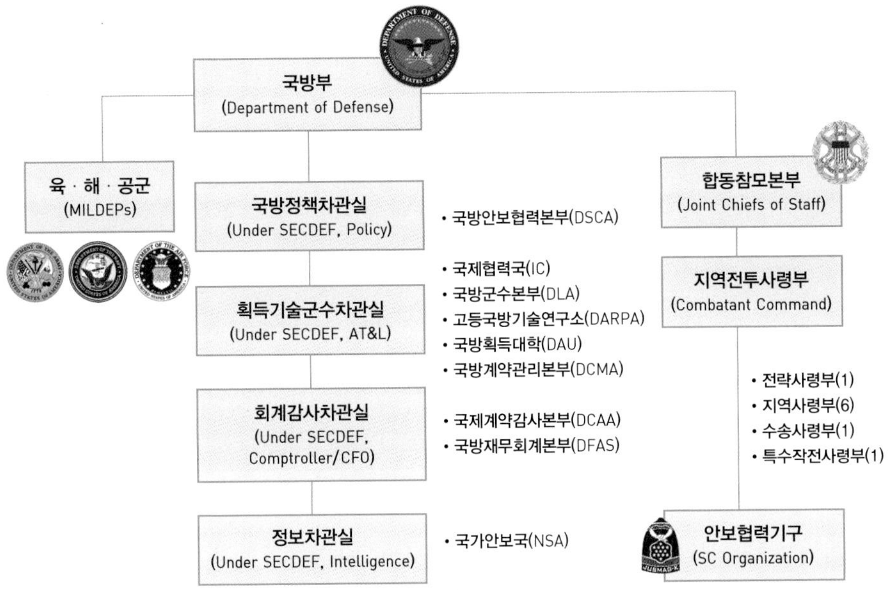

자료 2-3 미국 국방부의 안보지원 관련 주요 기관

1) 국방부 본부

국방부 본부의 안보지원 부서들은 주로 국방부의 안보지원정책을 수립하고 방향을 설정하는 역할을 한다.

(1) 국방정책차관실 Under Secretary of Defense for Policy

국가안보 목표와 관련된 국방부의 안보계획을 수립하고 정책을 통합한다. 예하에 국방안보협력본부(Defense Security Cooperation Agency)를 두어 국방부의 안보지원정책과 관련한 업무를 관장하고 전반적인 정책 방향을 설정하고 통제토록 한다. 국방안보협력본부는 국방부 안보지원정책을 주관하는 기관으로서 안보지원정책을 지시 · 이행 · 감독하며, 국방부 안보지원 프로그램과 관련된 규정 및 절차를 발전시킨다. 이를 위해 대외지원법과 무기수출통제법에 따라 안보지원과 관련하여 대통령이 국방부 장관에게 위임한 권한은 국방안보협력본부장에게 재위임되었다.

(2) 획득기술군수차관실 Under Secretary of Defense for Acquisition, Technology and Logistics

국제협력 연구개발, 생산 및 군수지원사업 등을 포함한 모든 국제방위협력 업무를 담당하며 보급지원협정(CLSSA)과 국제공동생산협정 등 국방부 안보지원 프로그램 규정 및 절차를 발전시킨다. 예하에 〈자료 2-4〉에서 보는 바와 같이 국제협력국(International Cooperation), 국방군수본부(DLA: Defense Logistics Agency), 고등국방기술연구소(Defense Advanced Research Projects Agency), 국방기술정보센터(Defense Technical Information Center), 국방획득대학(Defense Acquisition University), 국방계약관리본부(DCMA: Defense Contract Management Agency) 등을 운영하고 있다.

국방군수본부는 미국 본토를 포함하여 전 세계에 주둔하고 있는 육 · 해 · 공군 및 국방부, 연방기관에 대한 군수지원 임무를 수행하고 있다. 안보지원과 관련하여 FMS 구매국의 3군 공통품목에 대한 후속군수지원을 수행하며 각 군에서 소요 대비 초과로 보유하고 있는 잉여 국방물자 처리업무(DLA Disposition Services)를 담당하며, 전 세계 28개국에 현지 지원부대를 파견하여 미군 보급지원의 80% 이상을 지원한다. 국방계약관리본부는 획득업무를 수행하는 국방부 내 획득 관련 기관들에 대한 계약행정을 지원하기 위해 1990년에 DLA 예하 기관으로 창설되었으나, 2000년에 별도의 기관으로 독립하여 현재에 이르고 있다. FMS를 포함한 국방부의 획득 계약관리 및 품질보증 업무를 수행하며 DCS로 미국의 국방물자를 구매한 국가에서 요청하는 경우 품질보증 등의 계약행정지원(Contract Administration Service) 업무를 지원한다.

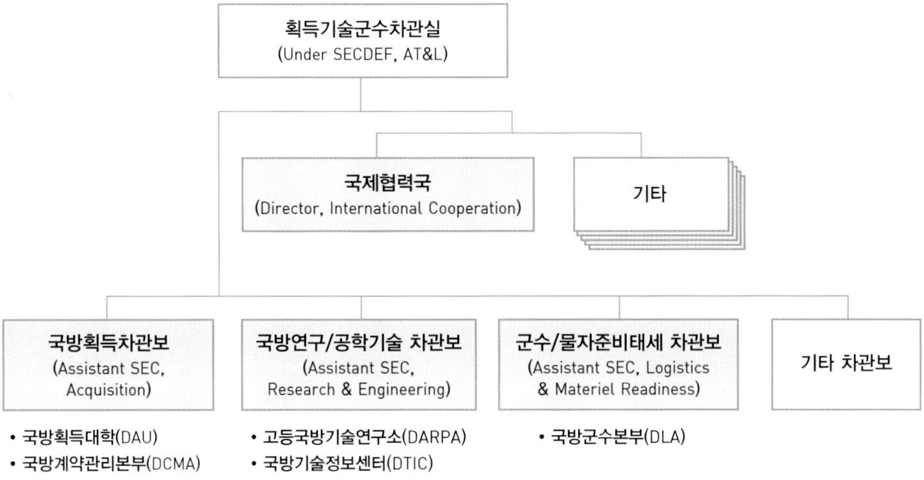

자료 2-4 획득기술군수차관실의 안보지원 관련 주요 기관

(3) 회계감사차관실Under Secretary of Defense Comptroller/Chief Financial Officer

안보지원 관련 자금관리, 회계, 정산, 원가산정, 감사 및 지불금액의 국제수지 등에 관한 정책 및 절차를 수립한다. 예하에 국제계약감사본부(DCAA: Defense Contract Audit Agency) 및 국방재무회계본부(DFAS: Defense Finance and Accounting Service)를 두고 있으며, 국제계약감사본부는 FMS를 포함한 국방부의 모든 계약을 감사하고, 조달 · 계약 업무를 수행하는 국방부 모든 부처의 계약에 대한 재무 및 회계 관련 조언을 한다. 국방재무회계본부는 재무 및 회계 업무의 효율화를 위해 1991년에 설립되었으며, 안보지원 프로그램과 관련된 국방부의 재무 및 회계 업무를 담당한다. 본부는 인디애나 주의 인디애나폴리스(Indianapolis)에 위치하고 있으며 예하에 5개

의 지점[2]을 운영하며, DFAS 인디애나 센터 예하의 DFAS-IN에서 국방안보협력본부(DSCA)에 안보지원 프로그램에 대한 재무 및 회계 서비스를 제공한다. 세부적으로 구매국 예치금 기록 관리, FMS 구매국 신탁자금계좌 관리, FMS 대금 정산서 준비/검토, 연체대금에 대한 이자 평가 및 산정 등의 임무를 수행한다.

2) 합동참모본부JCS: Joint Chiefs of Staff

대통령의 군사자문관 역할을 수행하며, 안보지원 프로그램 수행 시 국방장관을 통해 지시되는 대통령의 정책사항을 지역전투사령부(Combatant Commands)에 전달하고 감독한다. 합동참모본부 의장은 위로는 대통령 및 국방장관에서 아래로는 지역전투사령부에 이르는 지휘계통에서 행정부의 안보지원 프로그램을 미군의 군사계획 등과 연계되도록 조정하고 국방장관에게 안보협력 프로그램 및 각종 활동에 대하여 조언하며 안보지원 프로그램을 개발하는 과정에도 참여한다. 이외에도 해외 안보협력기구 및 국방무관부 구성에 관여하며, 미군과 FMS 구매국에 대한 자원의 할당 우선순위를 결정하기 위하여 부대/활동 지정부호(FAD: Force/Activity Designator)를 부여하고, 필요 시 물자와 장비의 할당순위를 건의한다.

3) 지역전투사령부Combatant Commands

미국은 전 세계를 6개 지역으로 분할하여 유럽사령부(EUCOM: European Command), 남부사령부(SOUTHCOM: Southern Command), 태평양사령부(PACOM: Pacific Command), 중부사령부(CENTCOM: Central Command), 북부사령부(NORTHCOM:

2 오하이오 주 2개소(클리브랜드, 콜럼버스), 인디애나 주 1개소(인디애나폴리스), 뉴욕 주 1개소(롬), 메인 주 1개소(라임스톤)

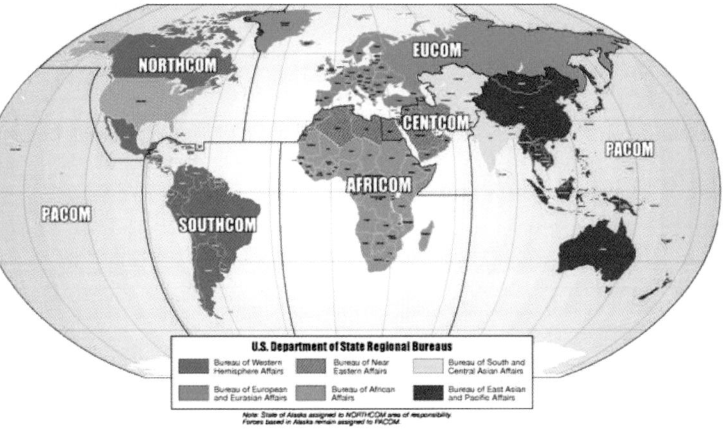

자료 2-5 미군의 6개 지역전투사령부

Northern Command), 아프리카사령부(AFRICOM: Africa Command)의 지역전투사령부를 각각 설치 · 운영하고 있다. 우리나라를 포함한 아시아 지역은 태평양사령부(PACOM)에서 담당한다. 지역전투사령부는 해당 지역에 대한 안보협력 프로그램의 기획 · 이행 등 전 과정을 국방장관 및 합참의장에게 보고하며 우방국 현지에서 활동하고 있는 안보협력기구(Security Cooperation Organization)를 지휘 및 감독한다.

5. 육 · 해 · 공군성MILDEPs: Military Departments

우리나라의 육 · 해 · 공군본부에 해당하는 미국의 육 · 해 · 공군성은 국방부 지침에 따라 안보지원 프로그램을 수행하며, 해외 우방국에 대한 국방기술이전(Defense Technology Transfer) 결정에 참여하고, 오퍼(LOA)에 따라 국방장비/물자, 용역 및 교육훈련 등 계약목적물을 구매국에 제공한다. 육 · 해 · 공군에는 FMS 구매국을 위한 별도의 보급지원 조직이나 절차 없이 미군의 기존 보급지원 조직과 절차를 그대로 유지한 채 구매국을 지원한다. 군별 특성에 따라 운영상 차이는 있으나, FMS와 관련된 각 군의 주요 기관은 〈자료 2-6〉과 같이 크게 오퍼시행기관(IA: Implementation Agency), 국제군수통제기구(ILCO: International Logistics Control Organization), 재고관리소(ICP: Inventory Control Point)로 구분된다.

구분		육군	해군	공군
오퍼시행기관(IA)	장비/용역	U.S.A. Security Assistance Command (USASAC)	Navy International Programs Office (Navy IPO)	Deputy Under SEC of AF International Affairs(SAF/IA), Air Force Security Assistance Center(AFSAC)[3]
	교육훈련	Security Assistance Training Field Activity(SATFA)	Naval Education Training Security Assistance Field Activity(NETSAFA)	Air Force Security Assistance Training (AFSAT) Squadron
국제군수통제기구(ILCO)		U.S.A. Security Assistance Command (USASAC-NC)	Naval Supply Systems Command Weapon System Support (NSSC WSS)	Air Force Security Assistance Center (AFSAC)
재고관리소(ICP)		4개 수명주기 사령부(LCMC) 및 PEO-STRI	5개 체계사령부 (System Command)	3개 제작센터(Product Center), 3개 항공군수센터 (Air Logistics Center)

자료 2-6 육 · 해 · 공군 FMS 관련 주요 기관

오퍼시행기관(IA)은 구매국으로부터 오퍼요청서(LOR)를 접수하여 오퍼를 작성하며 오퍼 수락 이후 종결 시까지 사업을 총괄적으로 관리하는 국방부 내 기관들을 총칭한다. 대부분의 오퍼는 육 · 해 · 공군의 오퍼시행기관에 의해 각각 관리되고 있지만, DSCA(오퍼 작성), DCMA(계약행정지원), DLA(초과장비), NSA(특수암호장비)[4] 등 국방부의 다른 기관들도 오퍼시행기관으로 임무를 수행한다.

3 SAF/IA(통신 · 전자 · 항공 · 미사일 체계), AFSAC(후속군수지원)

4 DSCA(Defense Security Cooperatiion Agency), DCMA(Defense Contract Management Agency),

국제군수통제기구(ILCO)는 미군과 안보지원/안보협력 프로그램을 함께 지원하는 다른 조직과는 달리 안보지원/안보협력만 지원하기 위한 조직이다. 이는 세계 각국과의 수많은 FMS 구매계약을 효율적으로 수행하기 위하여 FMS 구매국만 별도로 관리할 목적으로 개설된 조직으로, 국방부 내의 FMS 관련 기관들과 FMS 구매국을 연결하는 교량 역할을 수행한다. 국제군수통제기구는 오퍼가 수락되어 계약을 이행하도록 임무가 부여되면 각 군별로 고유의 오퍼이행 전산체계(육군 CISIL, 해군 MISIL, 공군 SAMIS)를 운영하여 오퍼 계약내용을 이행한다. 국제군수통제기구는 보급조직이 아니라 단지 구매국의 요구사항을 국방부 보급지원체계를 통해 재고관리소에 전달하는 역할을 수행하고 있으며, 후속군수지원에 대한 오퍼를 작성하고 정비지원 · 청구지원 · 하자관리 등의 업무를 수행한다.

재고관리소(ICP)는 실제로 FMS 계약이행을 담당하는 기관으로 육군의 수명주기사령부, 해군의 체계사령부, 공군의 제작센터 및 항공군수센터, 국방군수본부의 보급센터 및 보급/정비창 등의 기관들이 해당된다. 재고관리소는 오퍼 작성단계에서 오퍼시행기관에 판매할 품목에 대한 가격정보를 제공하며, 오퍼가 시행된 이후에는 오퍼의 계약내용을 실제로 이행한다.

1) 육군성 Department of Army[5]

육 · 해 · 공군 장관은 각 군과 관련된 안보지원 프로그램에 대하여 국방부 장관

DLA(Defense Logistics Agency), NSA(Nation Security Agency)

5 육군성(Department of Army): 우리나라 육군에는 없는 조직으로 육군본부와도 성격이 다르고, 미국 정부조직의 행정기관인 부(Department)와도 그 성격이 다르기 때문에 육군성으로 표기하였다. 육군성 장관(Secretary of the Army)은 대통령이 임명하고 의회(상원)에서 비준한 공무원이다. 육군성 장관은 육군의 행정적 업무를 총괄 · 지휘하고 있다. 참고로 미국 육군의 가장 높은 계급의 현역 장교는 4성 장군인 육군참모총장(Chief of Staff of the Army)이다. 우리나라는 육군본부의 4성 장군인 육군참모총장이 육군의 행정업무를 총괄 · 지휘하고 있다.

에게 조언 및 건의하며, 국방부 국방안보협력본부 지침에 따라 구매국 및 국제기구에 국방물자/장비 및 용역의 FMS 판매 업무를 담당한다.[6] 육군성 장관(Secretary of the Army)은 육군이 수행해야 할 직·간접적인 안보지원 프로그램에 대한 책임을 진다. FMS 해외판매와 관련된 국방물자, 장비/용역 등은 육군 물자사령부(AMC: Army Materiel Command)에서, 교육훈련은 교육/교리사령부(TRADOC: Training & Doctrine Command)에서 각각 수행하고 있다.

자료 2-7 육군의 안보협력 관련 주요 기관

6 각 군 본부는 FMS 판매를 위해 아래와 같은 임무를 수행한다.
- FMS 케이스 등 안보지원 프로그램 개발/검토에 필요한 가격, 보급원, 가용성 및 납기 등의 자료 제공
- 국방부, 합참, 지역전투사령관, 안보협력기구에 무기체계, 전술교리, 훈련 및 군수지원 정보 제공
- FMS 오퍼 이행을 위해 국방물자/장비 및 용역의 획득·조달, 교육훈련 실시
- 인도 일정, 후속조치, 조기인도, 승인된 프로그램의 진행 기간 동안 관련된 활동을 수립하고 조정

(1) 방산수출/협력 부차관보DASA DE&C: Deputy Assistant Secretary of the Army for Defense Export and Cooperation

군비협력(Armament Cooperation), 안보지원(Security Assistance), 수출통제 및 기술이전(Export Control & Tech Transfer)에 대한 전반적인 육군의 정책을 수립하고 관리 및 감독한다.

(2) 육군 물자사령부Army Materiel Command

물자사령부에서는 육군 FMS에 대한 이행, 행정 및 관리를 전체적으로 담당한다. 예하에 안보협력 프로그램을 총괄하는 안보지원사령부(USASAC)와 무기체계별 수명주기관리사령부(LCMC), 계약관리사령부(ACMC) 등이 있다.

자료 2-8 육군 물자사령부의 안보협력 관련 주요 기관

① 안보지원사령부U.S. Army Security Assistance Command

육군의 FMS 프로그램을 총괄하는 부서로 물자사령부 예하의 수명주기관리사령부 및 국방부의 국방군수본부(DLA)와 협조한다. 자체적으로 군수기능을 보유하

고 있지 않으나, 안보지원과 관련하여 FMS 구매국을 상대로 미국 육군의 창구 역할을 수행한다. 사령부(USASAC-HQ)는 앨라배마 주 헌츠빌에, 운영부서(USASAC-NC)는 펜실베이니아 주 뉴컴벌랜드에 각각 위치하고 있다. 사령부는 FMS 전 과정에 대하여 총괄적으로 관리 및 감독하며, 오퍼 수락 이전까지는 사령부의 프로그램 매니저(Country Program Manager)가 오퍼 발행과 관련된 업무를 수행한다. 오퍼가 수락된 이후에는 운영부서(USASAC-NC)의 케이스 매니저(Country Case Manager)가 오퍼 이행 업무를 수행한다. 예하의 안보지원 교육훈련 관리부(Security Assistance Training Management Organization)는 2010년에 교육훈련/교리사령부에서 안보지원사령부로 소속이 전환되었으며, 미국 본토 외 해외 구매국 현지에서 직접 수행되는 해외 안보지원 교육훈련을 담당한다.

② 수명주기관리사령부 Life-Cycle Management Command

무기체계가 개발되어 야전에 배치 · 운용되고 폐기되기까지의 전 과정을 무기체계 수명주기(Life-Cycle)라 하는데, 육군은 무기체계별로 별도의 관리부대를 편성하여 수명주기 전 과정에 대하여 관리한다. 물자사령부는 무기체계별로 항공유도사령부(AMCOM: Aviation and Missile Command), 통신전자사령부(CECOM: Communication-Electronics Command), 합동탄약사령부(JMLC: Joint Munitions & Lethality Command), 기동장비사령부(TACOM: Tank-automotive and Armaments Command)의 4개 수명주기관리사령부를 운영하고 있으며, FMS 업무는 각각의 수명주기관리사령부 예하에 안보지원관리국(SAMD: Security Assistance Management Directorate)을 두어 전담토록 하고 있다. 즉, 수명주기관리사령부의 안보지원관리국은 FMS 우방국에서 구매한 무기체계에 대하여 수명주기 동안 군수지원 업무를 수행한다. 2000년대 초까지만 해도 국방부는 무기체계 획득(Acquisition) 정책과 수명주기의 운영유지(Life Cycle Sustainment) 정책을 독립적으로 수행하였으나, 이를 통합함으로써 운영유지 비용을 최소화하고 최적의 준비태세를 달성하기 위한 방안으로 2003년부터 총수명주기 체계관리(Total Life Cycle System Management) 개념을 본격적으로 도입하였다.

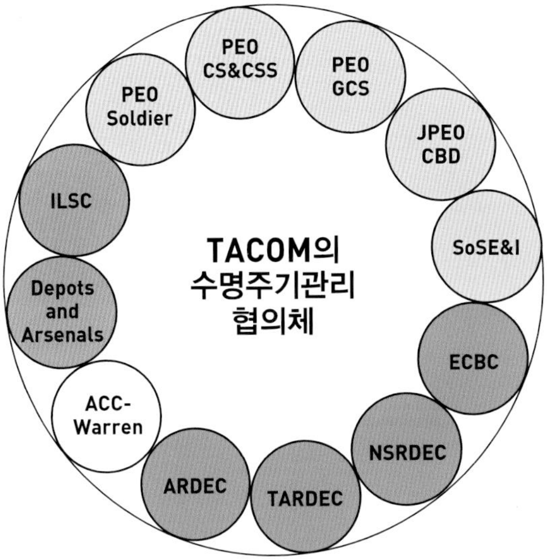

PEO Soldier: 병사 개인장비/보호체계 획득관리
PEO Combat Support & Service Support: 전투지원/전투근무지원장비 획득관리
PEO Ground Combat System: 지상전투체계 획득관리
Joint PEO for Chem & Bio Defense: 생화학전체계 획득관리
PM Future Combat Systems: 미래전투체계 획득관리
Integrated Logistics Support Center: 장비 · 운영유지 간 안정적인 군수지원
Depots and Arsenals: 정비 · 보급창, 병기창 등 정비/보급지원
Army Contracting Center – Warren: 획득 및 조달 관련 계약 업무
Armament R&D, Engineering Center: 무기 연구개발 및 체계공학 센터
Tank Automotive R&D, Engineering Center: 지상차량 생존성/기동성 향상 연구
Natick Soldier R&D, Engineering Center: 병사 생존성/기동성 향상 연구
Edgewood Chemical Biological Center: 생화학 분야 연구개발

자료 2-9 TACOM LCMC 협의체 구성 및 임무

이에 따라 육군은 기존의 사업관리조직을 재정비하여 물자사령부 예하에 무기체계별로 4개의 수명주기관리사령부를 운영함으로써 무기체계의 기획단계에서부터 획득 · 운영유지 및 폐기단계에 걸쳐 수명주기 관리책임을 사업관리자에게 부여하여 책임을 일원화하였다. 또한 획득과 운영유지 조직 간의 원활한 의사소통 및 긴밀한 협조를 위해 통합된 수명주기관리 협의체를 구성하였다. 〈자료 2-9〉는 수명주기관리 협의체의 한 예로, 육군 기동장비 수명주기사령부(TACOM LCMC)의 협의체는 획득(◎), 운영유지(◉), 계약관리(○), 연구개발(◉) 등 모든 분야의 전문가로 구성되어 기획단계에서부터 수명주기 전체 비용에 초점을 맞추어 사업관리 업무를 수행하고 있음을 보여주고 있다.

③ 육군계약사령부 Army Contracting Command

육군 무기체계 · 피복 · 식량 등에 대한 전반적인 계약업무를 총괄하며, 물자사령부와 함께 앨라배마 주 헌츠빌에 위치하고 있다. 해외주둔 육군을 지원하는 원정계약사령부(Expeditionary Contracting Command) 및 본토의 육군을 지원하는 임무/전개 계약사령부(Mission and Installation Contracting Command)의 2개 예하사령부와 수명주기사령부를 지원하는 5개의 계약센터로 구성되어 있으며, 전 세계적으로 117개 지점을 보유하고 있다.

(3) 교육훈련/교리사령부 Training and Doctrine Command

TRADOC은 미국 육군의 교육훈련을 총괄적으로 책임지고 있으며, 예하에 안보지원 교육훈련센터(Security Assistance Training Field Activity)를 두어 안보지원과 관련된 구매국의 교육훈련을 개발 및 관리하고 있다.

해외 현지에서 안보지원 교육훈련을 지원하는 안보지원사령부(USASAC) 예하의 안보지원 교육훈련 관리부(SATMO)와 달리 SATFA는 미국 본토 내에서의 안보지원 교육훈련을 지원한다.

2) 해군성Department of Navy

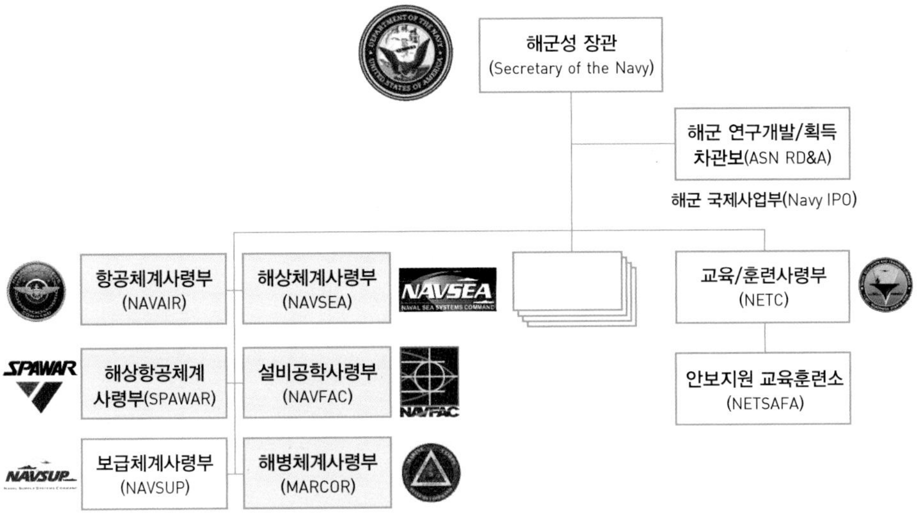

자료 2-10 해군 안보협력 관련 주요 기관

해군성 장관(Secretary of the Navy)은 해군이 수행해야 할 직 · 간접적인 안보지원 프로그램에 대한 책임을 진다. 연구개발/획득 차관보는 해군 국제사업부(Navy IPO: Navy International Programs Office)를 통해 해군의 안보지원정책을 수립하고 관리 및 감독하며 예하에 5개의 체계사령부(System Command)를 운영하고 있다. 육군 및 공군과는 달리 물자사령부가 편성되어 있지 않으며 오퍼 이행과 관련된 국방장비/물자 및 용역 등은 무기체계별로 체계사령부(System Command)에서, 교육훈련은 교육훈련사령부(Navy Education & Training Command)에서 각각 수행하고 있다.

3) 공군성 Department of Air Force

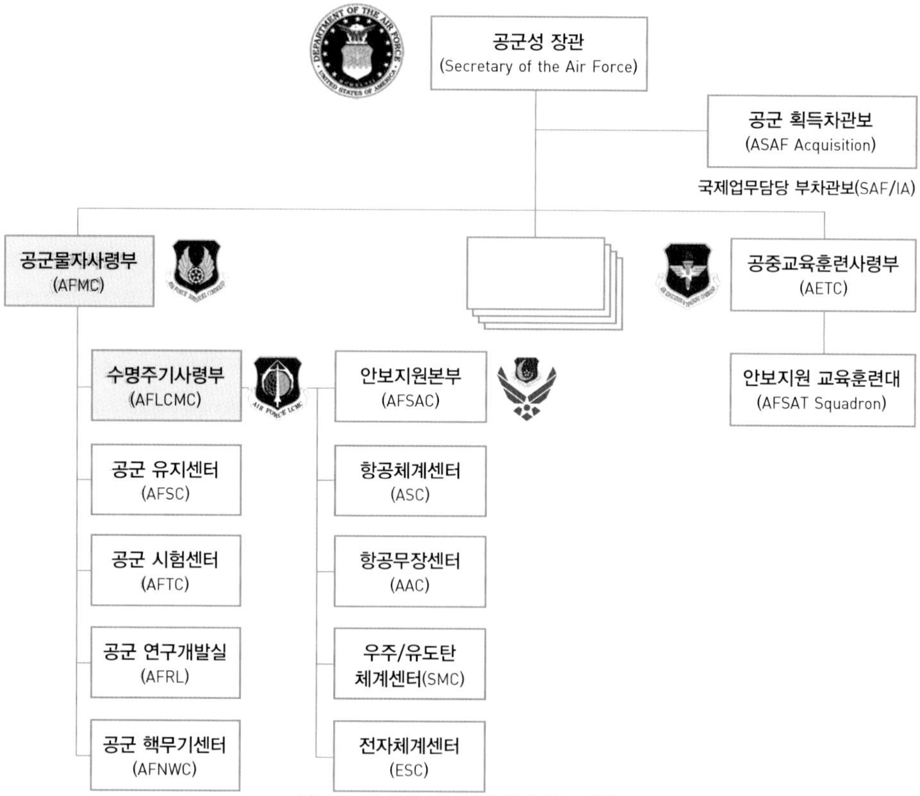

자료 2-11 공군 안보협력 관련 주요 기관

공군성 장관(Secretary of the Air Force)은 공군이 수행해야 할 직 · 간접적인 안보지원 프로그램에 대한 책임을 진다. 획득차관보는 공군의 안보지원정책을 수립하고 관리 및 감독하며 공군 물자사령부 내에 1개의 수명주기사령부를 운영하고, FMS와 관련된 국방물자/장비 및 용역은 수명주기사령부 예하의 안보지원사령부(Air Force Security Assistance Center)에서, 교육훈련은 항공교육훈련사령부(Air Education & Training Command)에서 각각 수행하고 있다.

6. 안보협력기구Security Cooperation Organization

대외지원법과 무기수출통제법에 따라 해외에서 안보지원 및 안보협력 업무를 수행하는 국방부 산하의 모든 조직을 포괄하여 안보협력기구로 통칭하지만, 좁은 의미로는 구매국과 안보지원 및 안보협력 프로그램에 가장 긴밀하게 협조할 수 있도록 해외 우방국에 설치된 대사관 내부의 현지 조직을 의미한다. 안보협력기구의 주요 임무는 아래와 같다.

첫째, FMS와 관련하여 미국 케이스 매니저와 구매국 사이의 교량 역할을 수행한다. 오퍼 요청단계에서 해당 국가의 요구사항을 정확하게 식별하여 오퍼요청서에 명확하게 기술할 수 있도록 조언 및 지원하며, 오퍼 수락 이후에는 미국 오퍼 이행 관련 기관과 구매국 사이의 애로사항 및 현안문제를 원활하게 해결될 수 있도록 지원한다.

둘째, 구매국에서 교육훈련을 요청하면 필요한 교육소요를 정확하게 식별할 수 있도록 지원하며 FMS 교육 대상인원에 대한 제반 행정업무를 처리한다.

셋째, 최종사용자 확인 또는 제3자 이양 등 미국이 판매한 국방물자/장비 및 용역 등이 최초에 판매한 목적에 맞게 사용되고 있는지 감시 및 감독한다.

넷째, 주재국의 군사력을 평가하여 미국 정부의 해외 안보협력 프로그램의 궁극적인 목적달성에 기여할 수 있도록 안보협력 관련 기관에 조언하며 국무부 · 국방부 · 지역전투사령부 등 안보 및 국방과 관련된 주요 의사결정권자들이 정책을 수행하는 데 필요한 정보를 제공한다. 이 외에도 구매국과 미국 국방부와의 협조창구로서 주재국과 안보협력에 대한 조언, 의견교환 등을 위해 긴밀히 협조하며, 미국 방산업체에는 주재국에 대한 방산정보를 제공하고 수출을 지원한다.

〈자료 2-12〉에서 보는 바와 같이 안보협력기구는 국무부에서 관리 · 감독하는 해외공관장의 예하에 있으면서 동시에 지역전투사령관의 지휘도 받고 있으며, 안보협력 및 군비협력 업무를 함께 수행하고 있다. 즉, 안보협력기구는 국방정책차관실 예하의 국방안보협력본부(DSCA)와는 안보협력 업무를, 획득기술군수차관실 예하의 국제협력국(IC)과는 군비협력 업무에 대하여 각각 협조하고 있다. 세계 각국에 주재하고 있는 안보협력기구는 국가별로 다양한 명칭[7]으로 불리고 있으며, 우리나

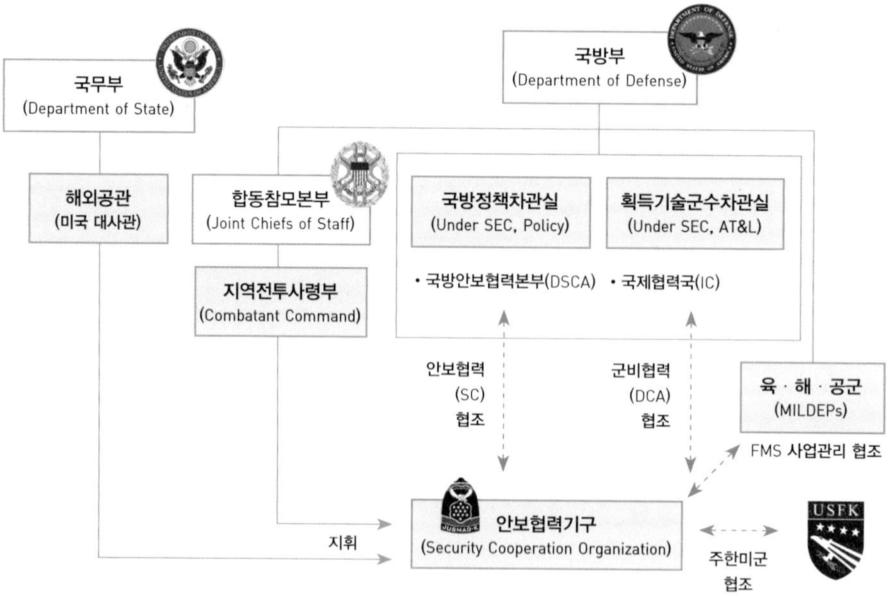

자료 2-12 안보협력기구의 주요 업무협조 기관

7 JUSMAG: Joint U.S. Military Advisory Group(Philippines, Thailand), KUSLO: Kenya-U.S. Liaison Office, MAAG: Military Assistance Advisory Group(Dominica, Peru), MAP: Military Assistance Program(Jordan), MDAO: Mutual Defense Assistance Office(Japan), MILGP: Military Group(Argentina, Bolivia, Chile, Colombia, Ecuador, Guatemala, Honduras, Venezuela), MLO: Military Liaison Office(Belize, Brazil, Eastern Caribbean, Guyana, Haiti, Jamaica, Nicaragua), ODC: Office of Defense Cooperation(Europe), Office of Defense Coordination(Mexico), OSC: Office of Security Cooperation(Algeria, Liberia, Morocco, Niger, Senegal, South Africa, Tunisia 등), ODR: Office of Defense Representation(Costa Rica), ODRP: Office of Defense Representative(Pakistan), OMC: Office of Military Cooperation(Bahrain, Egypt, Oman, Kuwait, Oman, Yemen, Kazakhstan 등), OMC-K: Office of Military Cooperation(Kuwait), SAO: Security Assistance Office(Ethiopia, Pakistan), USLO: U.S. Liaison Office(Djibouti, Eritrea, Qatar, UAE), USMTM: U.S. Military Training Mission(Saudi Arabia), OSC-I: Office of Security Cooperation(Iraq)

라에는 주한 미국 합동군사업무단이라는 명칭으로 운영되고 있다. 주한 미국 합동군사업무단은 주한 미국대사 및 태평양사령관의 지휘[8] 아래 주한미군사령부와 긴밀히 협조하면서 우리나라에 대한 안보협력 및 군비협력 사업을 지원하고 있다. 본부는 서울의 미군 용산기지 내에 위치하고 있으며 국방부 및 방위사업청, 육 · 해 · 공군 본부에 각각의 연락사무소를 파견하여 운영하고 있다. 구매국의 입장에서 안보협력기구는 FMS 구매과정에서 조언 및 지원을 받을 수 있어 유용한 측면도 있기는 하지만, 주요 국방조직인 국방부 및 방위사업청, 육 · 해 · 공군 본부 내부에 설치되어 있어 우리나라의 국방 군사력 건설과 관련된 정보가 쉽게 노출될 수 있다는 우려도 있다.

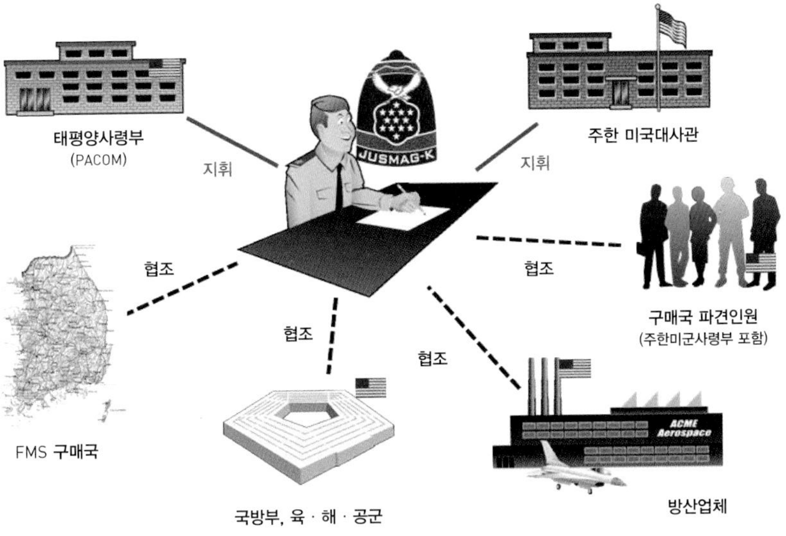

자료 2-13 안보협력기구의 업무관계

8 JUSMAG-K는 인력 및 예산은 태평양사령부의 통제를 받으며, 주요무기체계의 판매결정 등 안보지원 등과 관련된 한국 내 주요 의사결정은 주한 미국대사관에서 결정하고 있다.

제3장

대외군사판매 제도

미국의 해외 방산수출은 민간 주도의 직접상업판매(DCS)와 국방부 주도의 대외군사판매(FMS)를 통해 수행되고 있으며, FMS는 연방법에 의해 국방부에서 수행토록 승인된 7개 안보지원 프로그램 중 하나로 방산수출뿐 아니라 정치 · 군사 · 외교적으로 중요한 대외정책 수단으로 활용되고 있다. 미국은 전 세계 145여 개국을 대상으로 2005~2009년 해외 방산수출의 약 40%를 FMS로 판매[1]하여 FMS가 DCS와 함께 미국의 주요 방산수출 수단임을 알 수 있다. 이는 미국으로부터 무기체계를 구매한 우리나라의 과거 실적을 통해서도 간접적으로 확인할 수 있다.

우리나라는 자주적 군사력 건설이 본격화된 1974년부터 FMS를 통해 대부분의 국방물자/장비 및 용역을 미국으로부터 구매해왔으며[2] 〈자료 3-1〉에서 보는 바와 같이 지난 15년 동안 해외에서 구매한 무기체계의 평균 41%를 미국의 FMS로 구매하였다. 전체 해외구매에서 FMS가 차지하는 비중이 과거보다 다소 낮아지는 추세이기는 하지만, 아직도 FMS는 우리나라가 미국으로부터 무기체계를 구매하는 주요 수단이 되고 있음을 알 수 있다.

1 Reporting on Exported Articles and Services Needs to Be Improved(GAO, 2010년 9월)

2 우리나라는 한미 상호방위조약(1953년 10월 1일 조인, 1954년 11월 18일 발효)에 따라 1954년부터 1973년까지는 미국 정부의 MAP(Military Assistance Program)에 따라 무상으로 국방물자 및 장비 등을 지원받았으나, 자주적 군사력 건설이 시작된 1974년부터 FMS를 통하여 미국 정부로부터 유상으로 국방물자 및 장비 등을 구매하기 시작하였다.

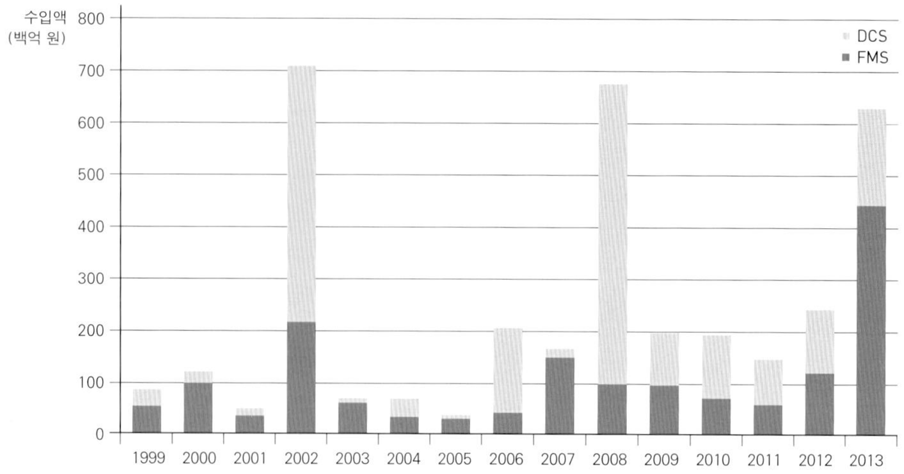

(단위: 백억 원)

구분 / 연도	계	FMS	DCS
1999	118	52(61%)	33(39%)
2000	136	97(81%)	23(19%)
2001	61	33(67%)	16(33%)
2002	811	216(30%)	500(70%)
2003	89	59(86%)	10(14%)
2004	86	31(46%)	37(54%)
2005	59	28(78%)	8(22%)
2006	223	40(19%)	166(81%)
2007	228	148(89%)	18(11%)
2008[3]	685	97(14%)	587(86%)
2009	197	95(48%)	102(52%)
2010	193	70(36%)	124(64%)
2011	147	57(39%)	90(61%)
2012	242	119(49%)	124(51%)
2013	636	446(70%)	190(30%)
1999~2013년 합계	3,911	1,588(41%)	2,290(59%)

자료 3-1 1999~2013년 미국으로부터 구매 현황[4]

1. FMS 개념 및 운영방침

대외군사판매는 대외지원법 및 무기수출통제법에 근거하여 미국 정부가 안보지원정책의 일환으로 해외 우방국 정부 또는 국제기구와의 국제협약을 통해 국방물자/장비 및 용역 등을 판매하는 제도로서 다음과 같은 원칙 아래 운영되고 있다.

1) 미국의 안보와 국익에 부합되는 경우에 한하여 허용한다

FMS는 우방국에 대한 정치 · 군사 · 외교 · 경제적인 여건 등을 종합적으로 고려하여 해외판매를 허용하고 있으며, 궁극적으로 미국의 안보와 국익에 부합되는 경우에 한하여 허용하고 있다. 이에 따라 오퍼를 발행하는 과정에서 미국 국방부를 포함한 다양한 정부기관들이 참여하여 정치 · 군사 · 외교 · 경제적인 측면을 다각적으로 고려하여 판매 여부를 결정하며, 특히 FMS 판매금액이 총 5,000만 달러 이상(주요 국방물자의 경우에는 1,400만 달러 이상)인 경우 구매국에 오퍼를 통보하기 이전에 FMS를 통한 판매내용을 반드시 의회에 통보토록 무기수출통제법으로 강제[5] 하고 있다. 의회는 미국의 안보정책과 국익에 부합되도록 행정부가 FMS 수출제도

---

3 2008년은 FMS 구매규모가 최저수준을 기록하였다. 이는 장보고-II, F-15K 구매사업을 상업구매로 추진하여 상대적으로 상업구매 계약금액이 크게 상승하였기 때문이다.

4 관련 근거 1. 최근 10년간 연도별 · 국가별 해외무기 직구매 총액(방위사업청 안규백 국방위원실 제출자료), 2. 2014년 방위사업 통계연보, p.146(2014년 8월 20일, 방위사업청)

5 국방안보협력본부(DSCA) 5015.38－M, 안보지원관리교범(SAMM) C8.7.5.1. 의회에 대한 통보: FMS 또는 무상지원 프로그램을 통해 획득한 국방물자/장비 및 용역에 대한 제3자 양도는 무기수출통제법, 3 (d)[22 미연방법전 2753 (d)]에 따라 30일 전 의회의 승인을 받아야 하며, 다음 기준에 따라 의회에 통보하여야 한다.
- NATO 비회원국: 총 판매금액이 5,000만 달러 이상(주요 국방물자의 경우 1,400만 달러 이상)
- NATO 회원국 및 호주 · 이스라엘 · 일본 · 대한민국 · 뉴질랜드: 총 판매금액이 1억 달러 이상(주요 국방물자는 2,500만 달러 이상)

를 운영하고 있는지를 감시 및 통제하며 필요 시 공동결의문을 채택하여 무기체계의 해외 판매를 제한할 수도 있다.

2) 미국 정부가 구매국을 대신하여 계약관리를 수행한다

FMS는 국제 상거래에 의한 일반적인 계약이 아니라 전적으로 미국 정부에 의해 마련된 일방적인 표준계약조건에 근거한 정부 상호 간 협정(Government To Government Agreement)으로, 미국은 FMS 구매국만을 위한 별도의 독립적인 획득 기반을 갖추고 있지 않고 미군의 획득/군수지원 규정, 절차 및 조직을 그대로 적용하기 때문에 이에 대한 오랜 사업관리 경험을 가지고 있는 FMS 관련 부서의 전문인력이 구매국을 위해 FMS 계약관리를 지원토록 하고 있다. 이로 인해 미군과 동일한 편익과 보호를 제공받을 수 있기 때문에 일부 구매국들, 특히 자체적인 해외구매 조직 및 제도 등을 갖추지 못한 국가들은 DCS에 비해 FMS를 상대적으로 더 선호하는 것으로 알려지고 있다.[6]

3) 미국 및 구매국 정부 간에 체결된 협정서인 오퍼[7]를 근거로 수행된다

FMS는 앞서 살펴본 바와 같이 미국의 안보와 국익에 부합되는 자격조건을 갖춘 구매국 또는 국제기구가 미국으로부터 국방물자/장비 및 용역을 구매하는 절차로

6 eSAMM C6.3.1 Acquisition for FMS purchasers will be in accordance with U.S./DoD regulations and procedures. This affords the foreign purchaser the same benefits and protection that apply to DoD procurement and is one of the principal reasons why foreign governments and international organizations prefer to procure through FMS channels.

7 청약 및 수락서(LOA: Letter Of Offer And Acceptance): FMS 구매에 있어서 미국 정부가 구매국에 물자 및 용역의 판매의사를 표시하는 청약문서를 말하며, 구매국이 수락한 경우 계약효력이 발생하며 일반적으로 '오퍼'로 불린다(방위사업청 훈령 제319호 방위사업관리규정, 2014년 12월 23일).

서 정부 간 계약문서인 오퍼(LOA: Letter of Offer and Acceptance)를 근거로 수행되고 있다. 즉, 오퍼는 FMS에서만 적용되는 특수한 형태의 정부 간 계약서라 할 수 있다. 일반적인 국제상거래는 계약 당사자 간에 계약자유의 원칙이 적용되기 때문에 국제무역계약법[8]에 근거하여 계약 당사자 간의 합의 내용이 가장 우선적으로 효력을 발휘하지만, FMS에서는 미국 및 구매국 정부가 오퍼 계약 당사자로서 일반적인 국제상거래가 아닌 미국에 의해 일방적으로 설정된 표준계약조건을 포함하여 미군의 획득/군수지원을 위한 규정 및 절차를 적용하고 있다. 미국 정부는 계약이행의 주체로서 오퍼에 근거하여 계약이행 및 자금을 포함한 전체적인 사업관리를 직접 수행하기 때문에 국제상거래에서 방산업체와 발생할 수 있는 분쟁이나 계약 미이행 등 위험관리 측면에서는 유리하지만 구매국에 불리하게 설정된 계약조건이 많아 구매국의 불만이 적지 않다.

4) 미국 정부는 방산수출 방식에 대해서는 중립적인 입장이다[9]

미국은 정부 주도의 FMS 또는 민간 주도의 DCS 수출방식 중에서 대외적으로 특정한 방식을 선호하거나 구매국에 강요하지 않는다. 이처럼 판매방식에 대해서는 FMS나 DCS 중 특정 방식을 고집하거나 선호하지 않지만, 우방국이 미군과 동일한 무기체계를 사용함으로 인하여 발생하는 정치 · 군사 · 경제적인 이익을 고려하여 우방국에 자국의 무기체계를 구매하여 사용할 것을 적극적으로 권장하고 있다. 대부분의 무기체계, 장비, 물자 등은 FMS와 DCS 모두 가능하지만 일부 전략무기체계 등은 대통령이 FMS를 통해서만 판매토록 지정할 수 있도록 법으로 제정되어 있

8 UN 국제무역법위원회(UNCITRAL), 국제상업회의소(ICC) 또는 사법통일국제협회(UNIDROIT) 등 국제기구가 제정한 Incoterms 2010이나 UNIDROIT Principals 2000

9 eSAMM C4.5.8

어 상업구매가 불가능하며 반드시 FMS를 통해서만 구매가 가능[10]하다.

5) 미국 국방부가 양산 및 전력화하여 미군이 운용하고 있는 장비 위주로 판매한다

양산장비로 제한하는 이유는 군수지원과 상호 운용성에 대한 우려 때문이다. 미국 국방부는 연구개발을 거쳐 시험평가를 통과한 장비만 표준장비로 선정하여 미군이 운용토록 하고 있으며, 동시에 FMS를 통해 표준장비 위주로 해외에 판매하고 있다. 연구개발 이후 최종 양산승인을 받지 못하는 경우 비표준장비로 분류되는데, 이러한 비표준장비는 미군이 운용하지 않으며 이에 따라 지속적인 군수지원 보장이 어렵기 때문에 구매국의 불만을 야기할 수 있을 뿐 아니라 우방국과의 효율적인 연합작전을 위한 상호 운용성을 증진시킬 수 있는 기회를 상실하게 된다.

따라서 미국 정부는 FMS 판매 대상 장비를 표준장비로 제한하는 것을 원칙으로 하지만, 구매국의 특별한 사정에 의해 양산승인 이전에 구매요청이 된 경우에는 국방부 획득기술군수차관실 승인 하에 구매할 수도 있다. 하지만 이로 인해 발생하는 불이익에 대한 책임은 구매국에 있다는 데 동의[11]해야 한다. 비표준장비를 판매하는 경우 현실적으로 소요통합을 통한 구매단가 절감효과가 없는 것도 국방부가 표준장비를 FMS 판매 대상으로 제한하는 이유 중 하나이다.

---

10 미국 안보지원관리교범(SAMM) C 4.5.9 FMS Only Determinations에 따르면 구매자와의 정치적·군사적 관계, 현존 무기체계와의 체계통합의 난이도, 상호 운용성, 기술의 민감성, DCS/FMS 체계 구성품의 분리 가능성 등의 기준에 따라 FMS로만 판매할 것인지에 대하여 결정한다. FMS로 판매하는 것으로 결정된 품목은 국무부에서 상업수출승인서를 발행하지 않기 때문에 FMS로 구매하는 수밖에 없다.

11 Yockey Waiver: 미 국방부 획득기술군수차관 Donald J. Yockey(1991~1993)의 이름을 따서 명명된 정책으로, 양산승인 이전 단계에서 FMS로 구매하는 경우 미군 표준장비로 채택되지 않아 발생할 수 있는 모든 불이익을 구매국이 감수하겠다는 조건을 말한다.

6) 주요군사장비는 총괄 패키지 지원방식에 따라 판매한다

주요군사장비(Major Weapon System)는 구매국이 전력화 초기에 장비를 효율적으로 운용하고 유지하는 데 필요한 모든 요소를 통합하여 제공하는 **총괄 패키지 지원방식**(Total Package Approach)[12]에 따라 판매한다. 일반적으로 무기체계를 해외에서 구매하는 경우 운용 및 정비교범, 전력화 이후 일정 기간 동안 장비를 운용하는 데 필요한 필수 수리부속,[13] 운용 및 정비인원에 대한 교육훈련, 정비에 필요한 공구/장비 등 구매국이 무기체계를 구매한 이후에 필요한 모든 요소를 패키지로 판매하고 있다. 여기에는 두 가지 목적이 있다. 첫째, 안보지원 측면에서는 우방국에 판매하면서 해당 무기체계를 효율적으로 운용할 수 있도록 교육훈련을 포함한 제반 군수지원 요소들을 동시에 지원해준다는 의미가 있다. 둘째, 경제적인 측면에서는 무기체계에 더하여 제반 지원요소들을 패키지로 판매함으로써 판매성과를 확대할 수 있기 때문이다.

7) FMS는 구매자금의 성격에 따라 현금구매와 차관구매로 구분된다

기본적으로 FMS는 구매국이 구매비용 전액을 미국 달러화로 지불하는 현금구매를 원칙으로 하고 있으며, 우리나라도 모두 현금구매를 하고 있다. 하지만 대외군사차관제도(FMFP: Foreign Military Financing Program)에 의해 미국 정부가 무상 또는

---

12 총괄 패키지 지원방식(Total Package Approach): 주요 장비나 무기체계의 도입과 운영을 위해 지원장비, 교육, 용역 등 필요한 지원 부문을 통합하여 패키지로 획득할 수 있도록 기회를 부여하거나 실행하도록 보장하는 구매방식

13 동시조달 수리부속(CSP: Concurrent Spare Parts): 장비를 획득한 이후에 일정 기간 동안 장비를 효율적으로 운용 및 유지하기 위하여 반드시 필요한 필수 수리부속으로, 통상 장비와 동시에 조달하고 있기 때문에 '동시조달 수리부속'이라고 한다. 일반적으로 3년 동안 장비를 운용하는 데 필요한 필수 수리부속을 장비와 함께 조달한다.

유상으로 지원하는 경우에는 의회에서 승인한 국가에 한하여 정부 간의 신용/차관 협정을 체결함으로써 차관구매가 가능하다. 현금 또는 차관구매 여부와 관계없이 FMS 오퍼를 이행하기 위한 자금은 국방재무회계본부(DFAS-IN)로 지급 또는 이체되어 FMS 신탁자금계좌로 관리된다.

8) FMS의 계약 형태는 구매대금이 나중에 확정되는 개산계약이다

FMS 계약은 일종의 개산계약[14]으로 오퍼에 명시된 가격은 견적가격(Estimated Price)이며, 최종 계약금액은 계약 종료시점에서 사후정산을 통해 확정되기 때문에 일반적인 국제상거래에서의 확정계약과는 다르다.

2. FMS 계약 형태

구매국 정부와 오퍼를 통해 체결되는 FMS 계약 형태는 계약 내용에 따라 지정판매(Defined Order Sales), 총괄판매(Blanket Order Sales), 보급지원협정(Cooperative Logistics Supply Support Arrangement)으로 구분할 수 있다. 지정판매는 구매대상, 수량, 예상가격, 인도예정일 등을 명시하여 계약을 체결하는 방법으로 차량구매를 예로 들면 차량의 종류, 옵션, 수량/가격, 애프터서비스 기간 등을 모두 확정하여 체결하는 계약이라고 할 수 있다. 반면 총괄판매는 특별한 품목이나 수량을 지정하지 않고 계약금액만을 확정하여 체결하는 계약으로, 차량 판매회사에 일정한 금액을 미

14 개산계약(概算契約): 계약을 체결하기 전에 미리 예정가격을 작성할 수 없어 개산가격으로 계약을 체결하고 계약금액을 계약이행 중 또는 계약이행 후에 확정하는 계약으로, 확정계약(確定契約)과 반대된다.

리 지불하고 필요할 때마다 부품을 주문하여 구매하는 계약 방식이다. 보급지원협정은 FMS 구매국에 즉각적 · 지속적인 보급지원을 제공하기 위해 설계된 일종의 회원제 군수지원제도로서, 구매국 정부는 미국 정부와 보급지원협정을 통해 지원할 무기체계와 연간 지원규모를 결정한다.

1) 지정판매Defined Order Sales

지정판매의 경우 구매국에서 구매하고자 하는 대상품목(장비, 용역, 교육훈련 등)에 대하여 구체적으로 품목과 수량, 가격 등이 오퍼에 모두 명시된다. 따라서 미국 정부는 지정판매 오퍼를 발행하는 단계에서 철저한 데이터 분석을 통해 품목 · 수량 · 오퍼금액 · 인도 일정 등 최대한 정확한 자료를 반영하기 위해 노력한다.

FMS는 사후정산이기 때문에 사업이 종료되는 시점에서 정확한 비용을 산정하기는 하지만, 오퍼 발행단계에서 제시된 금액과 최종 정산금액에 차이가 많이 발생하는 경우 구매국의 불만이 발생할 수 있기 때문에 미국 정부는 최종 정산과정에서 과도한 금액 청구로 인한 구매국의 저항을 미연에 방지하기 위해 최대한 정확한 내용을 오퍼에 반영하기 위해 노력한다.

총괄판매 또는 보급지원협정은 계약체결 후 소요가 발생할 때마다 계약금액의 범위 내에서 필요한 품목을 수시로 청구하여 획득할 수 있지만, 지정판매는 구매국에서 오퍼요청서를 통해 품목과 수량 등이 구체적으로 확정되기 때문에 구매국이 오퍼를 수락하고 초입금을 입금하면 〈자료 3-2〉와 같이 구매국의 별도 청구절차 없이 오퍼에 따라 자동적으로 해당 품목에 대한 조달 및 인도절차가 진행된다. 이때 오퍼이행기관은 우선적으로 국방군수본부(DLA) 또는 재고통제소(ICP: Inventory Control Post)에 재고가 가용한지 여부를 확인하고 재고가 있는 경우 우선적으로 재고를 구매국에 불출한다. 재고가 없는 경우 미군 및 구매국의 구매소요를 통합하고 입찰공고 · 협상 · 계약 등 조달절차를 거쳐 구매국에 지원한다. 지정판매는 일반적으로 중요군사장비(Significant Military Equipment)를 포함한 주요완성장비를 구매하는 데 사용되며, 총괄 패키지 지원방식에 따라 주장비 외에 이를 운용하는 데 필요한 보조/지원장비, 동시조달 수리부속, 교범, 교육훈련 등을 통합하여 구매하는 데 사용된다.

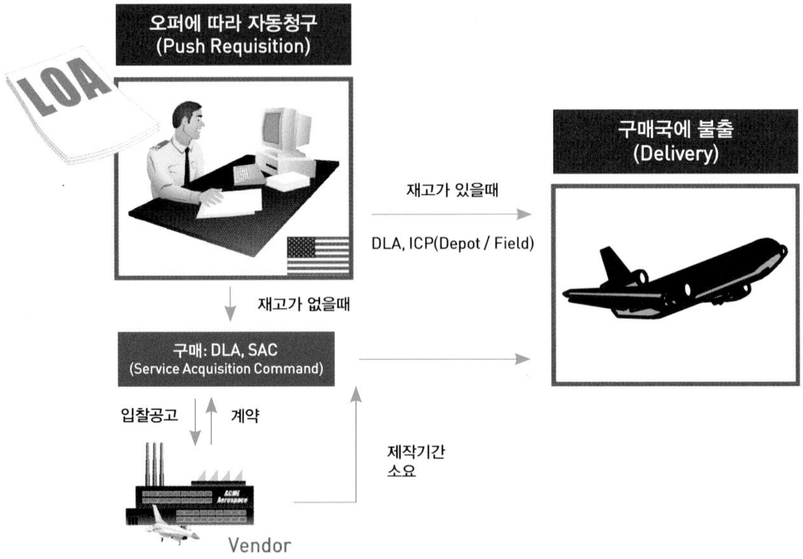

자료 3-2 지정판매(DoS) 수행절차

2) 총괄판매 Blanket Order Sales

총괄판매는 〈자료 3-3〉과 같이 협의에 의해 품목과 수량을 구체적으로 결정하지 않고 총 계약금액만 확정하여 계약을 체결한 이후 구매국의 필요에 따라 수시로 청구하는 계약 형태로, 오퍼 계약금액 범위 내에서 지속적으로 청구할 수 있다. 통상적으로 특정 무기체계에 대한 후속군수지원을 위한 목적으로 수리부속 소요가 발생할 때마다 수시로 청구할 수 있지만, 중요군사장비 및 비밀물자 등은 총괄판매로 구매가 불가능하기 때문에 반드시 지정판매로만 구매할 수 있다. 총괄판매의 경우 구매국에서 청구했을 때 미군이 필요한 수량 이상으로 재고를 보유하고 있는 경우에는 신속한 지원이 가능하지만, 그렇지 않은 경우 제작업체와 계약을 체결하여 이월주문(Back-Order)[15]을 해야 하므로 입찰공고, 계약, 협상 등의 계약행정기간 및 제작/생산에 장기간의 조달소요기간(Procurement Lead Time)이 소요될 수 있다. 지정판매는 오퍼 수락과 동시에 오퍼를 근거로 자동으로 청구되기 때문에 'Push Case'라고 하는 데 비해, 총괄판매는 구매국의 청구에 의해 조달되기 때문에 'Pull Case'라고도 불린다. 지정판매와 달리 구체적인 품목을 지정하지 않고 오퍼금액만 결정하기 때문에 비교적 오퍼 발행절차가 단순하고 오퍼 발행 소요기간이 상대적으로 짧다.

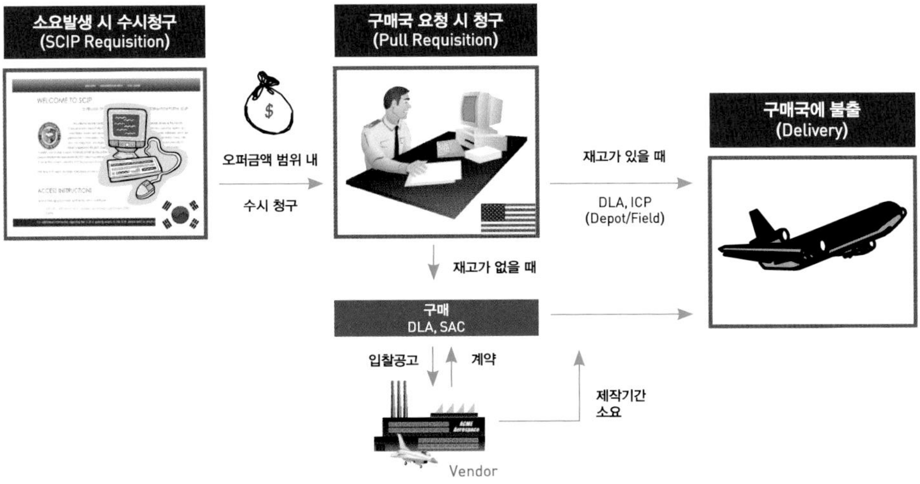

자료 3-3 총괄판매(BOS) 수행절차

15 이월주문(Back-Order): 현재 미군 보급창 등에 재고가 없어 즉시 불출은 불가능하나, 방산업체와의 주문 계약을 체결하거나 주문 요청이 되어 추후 납품 예정인 상태로 재고가 부족하여 밀려 있는 주문량 등을 뜻한다.

3) 보급지원협정 Cooperative Logistics Supply Support Arrangement

앞서 살펴본 지정판매나 총괄판매의 경우에는 해외 구매국을 위하여 미군의 보급체계에 별도로 재고를 저장하거나 보유하지 않는다. 따라서 구매국의 청구가 접수된 시점에서 미군이 보유하고 있는 운영재고가 충분한 경우에는 재고에서 신속하게 지원이 가능하지만, 대부분 구매국의 소요가 일정한 물량 이상으로 확보되면 이를 통합하여 계약을 추진하다 보니 조달에 많은 기간이 소요되어 구매국의 불만이 고조되었고, 특히 장기간에 걸쳐 반복적으로 소요가 발생하는 품목에 대하여 효율적인 군수지원 필요성이 대두되어 새로운 형태의 후속군수지원제도인 보급지원협정이 발전하게 되었다.

보급지원협정은 총괄판매와 유사하나, FMS로 구매한 표준장비에 대한 효율적인 후속군수지원을 목적으로 〈자료 3-4〉에서 보는 바와 같이 회원제 창고형 할인점처럼 회원을 모집하고 거출된 회비로 자주 반복적으로 요청되는 품목들을 사전에 구매하여 저장하였다가 회원에 한하여 신속하게 지원해주는 제도이다. 보급지원협정은 특히 회원들의 과거 청구실적 데이터 분석을 통해 구매국과 미군의 미래 수요를 예측하고 이를 통합하여 대량으로 저렴한 단가에 구매하여 보급시설에 저장함으로써 FMS 구매국에 미군과 동일한 수준의 신속한 군수지원을 제공하는 것을 목표로 하고 있다. 보급지원협정에서는 원칙적으로 지원 우선순위[16]가 동일한 경우

16 국방물자 보급/불출 우선순위체계(UMMIPS: Uniform Materiel Movement and Issue Priority System): 미국은 부대임무의 중요성 및 물자의 긴급 정도에 따라 소요되는 표준 기간을 설정하여 효율적인 군수지원을 보장하기 위하여 미군 및 FMS 구매국의 모든 부대에 대한 지원우선 순위를 15단계로 구분하고 있다. 1번인 경우 가장 긴급한 지원이 요구된다. 우리나라는 부대임무(Force Activity) 부호가 'Ⅲ'으로 지정되어 물자의 긴급도(Urgency of Need)에 따라 '03', '06', '13'만 사용토록 되어 있다. 부대임무 부호는 미 합동참모본부가 국가 안보목표를 달성하기 위하여 부대의 임무수행 성격의 중요도에 따라 부여하는 것으로, 부대임무 부호에 따라 군수지원의 신속도가 결정되기 때문에 구매국의 지위상승과 함께 한반도에서의 안보위협 등을 고려하여 국방부 차원에서 부대임무 부호의 상향 필요성 등도 함께 검토되고 협조되어야 할 것이다.

자료 3-4 보급지원협정(CLSSA) 수행절차

미군과 유사한(Similar) 수준의 군수지원을 받을 수 있기 때문에 상대적으로 신속하고 안정적인 후속군수지원을 보장받을 수 있다. 간혹 미군과 동일한(Same) 군수지원을 보장받는 것으로 오해하는 경우도 있으나, 미군의 군수지원은 미군을 최우선으로 지원[17]한다는 점을 고려할 때, 보급지원협정은 궁극적으로 구매국을 위한 제도

구분		부대임무(Force Activity)				
		I	II	III	IV	V
긴급성 (Urgency of Need)	A	01	02	03	07	08
	B	04	05	06	09	10
	C	11	12	13	14	15

17 P 6-3, Chapter 6 Types of Cases The Management of Security Cooperation(31th Edition, 2012년 2월)에서는 "The Advantage of a CLSSA is that it allows a purchaser's requisitions to receive treatment similar to US and other FMS purchaser activities with equal supply priorities"라고 명시되어 있는데, 이는 동등한 보급 우선순위에 따라 미군과 유사한 수준의 군수지원을 제공한다는 것으로 미군의 우선지원을 분명히 하고 있다. 동일(Same)한 보급 우선순위가 아니라, 동등(Equal)한 보급 우선순위를 의미하는데, 'Same'과 'Equal'은 의미상으로 분명한 차이가 있다. 전자는 같은 색, 같은 인종 등 차이가 없는 동일한 것을 의미하는 데 반하여, 후자는 비슷한 상태나 유사한 수준을 의미하기 때문에 둘 사이의 차이점을 명확하게 파악할 필요가 있다.

라기보다는 미군의 원활한 군수지원 및 효율적인 예산운영을 위하여 마련된 군수지원 형태라고 볼 수 있겠다. 구체적인 내용은 뒤에서 다시 살펴보겠다.

(1) 보급지원협정 구성

보급지원협정은 〈자료 3-5〉에서 보는 바와 같이 재고를 사전에 구매하여 확보하는 발주 1호(FMSO I: Foreign Military Sale Order I)와 사전에 확보된 재고를 청구/불출하는 발주 2호(FMSO II: Foreign Military Sale Order II)로 구분된다.

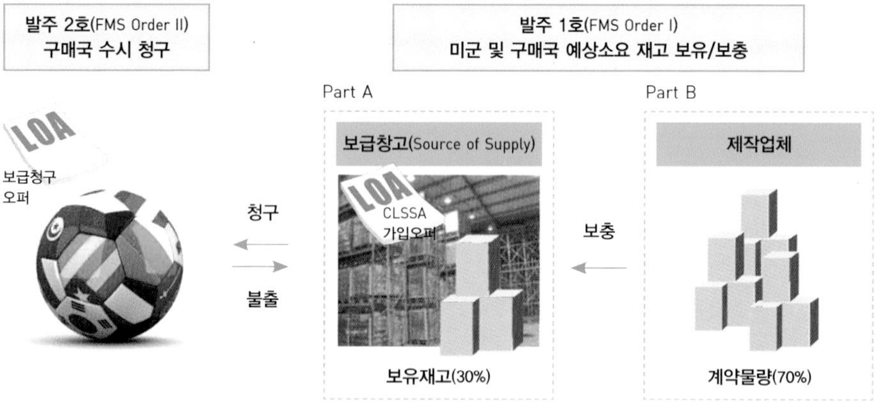

자료 3-5 보급지원협정 운영 개념

즉, 발주 1호는 미래수요를 예측하여 사전에 미군 보급창고에 저장하기 위한 목적으로 사용되는 케이스이며, 발주 2호는 발주 1호에 의해 저장된 재고를 청구할 수 있는 케이스로서 다른 판매 형태와 달리 보급지원협정을 100% 이용하기 위해서는 두 개의 케이스를 모두 체결해야 한다. **발주 1호**(FMSO I)는 미군과 보급지원협정을 체결한 회원국의 통합된 소요를 근거로 향후 24개월 동안 원활하고 즉각적인 군수지원을 제공하기 위하여 최소한의 물량을 사전에 재고로 확보하여 저장하기 위한 계정으로, 다시 보유재고(Part A)와 계약물량(Part B)으로 구분된다. Part A

는 미군 보급창고에 저장/보관되어 언제라도 즉시 지원 가능한 보유물량(On Hand Portion)이며, 일반적으로 금액기준으로 24개월 소요물량의 약 30%를 재고로 저장하여 보유하고 있다. Part B는 일정한 재고수준을 유지할 수 있도록 Part A를 보충하기 위한 물량으로, 생산업체와 계약이 체결된 물량(On Order Portion)이다. 24개월 소요물량의 나머지 70% 품목이 이에 해당한다. **발주 2호**(FMSO II)는 발주 1호를 통해 미군 보급창고에 저장된 보유재고를 청구하는 계정으로 발주 1호와는 독립된 별개의 오퍼를 체결하여 회원국에 한하여 오퍼금액 범위 내에서 소요에 따라 수시로 청구할 수 있다. 오퍼 체결단계에서 품목과 수량은 결정하지 않고 총 계약금액만 결정한다는 점에서 일종의 총괄판매라고 할 수 있지만, 보급지원협정을 이용하기 위해서는 발주 1호와 발주 2호에 각각의 오퍼를 개설하여야 한다. 즉 보급지원협정 사용권한을 부여받기 위한 발주 1호 Part A 오퍼와 실제로 필요한 품목을 구매하기 위한 발주 2호 오퍼가 모두 필요하다.

(2) 보급지원협정 운영 개념

발주 1호는 미군의 야전 군수지원 데이터와 청구실적 데이터를 근거로 24개월 동안의 미군과 보급지원협정 회원국의 통합소요 및 발주 2호에 의해 판매된 실적에 따라 매월 1회 소요를 재조정한다. 미군 또는 회원국 청구실적에 따라 Part A의 보유재고 물량이 감소하면 줄어든 물량만큼 보충하여 일정 수준 재고가 동일하게 유지될 수 있도록 행정소요기간(Administration Lead Time) 및 조달소요기간(Procurement Lead Time)을 고려하여 적절한 시점에 대량으로 발주하여 계약을 체결한다. 이때 발주 1호의 오퍼금액은 구매국의 군수지원 대상 무기체계 종류 및 수량에 따라 결정되며 오퍼금액의 5%가 행정비용으로 부과된다. 구매국에서 지불하는 발주 1호의 오퍼대금은 모두 Part A에 투자되지만, 실제로 물량을 구매하는데 사용되는 것은 아니다. 즉 Part A에 저장하는 물량은 미국 연방준비은행(Federal

Reserve Bank)의 활용자금(Working Fund)[18]을 이용하여 구매하며, 구매국이 해당 품목을 청구하면 구매대금이 발주 2호 케이스에서 활용자금으로 자동적으로 지불되기 때문이다. 또한 행정비용(Part A 자금의 5%)을 제외한 발주 1호 자금은 발주 2호 케이스가 종결되면 전액 환불된다는 측면에서 Part A 오퍼금액은 일종의 보증금이라고 할 수 있으며, 보급지원협정을 통한 보유재고를 사용할 수 있는 권한을 부여받는다는 측면에서는 일종의 회비라고도 할 수 있다. 따라서 발주 1호 자금으로 수리부속을 구매하는 것은 불가능하다.

반면 발주 1호의 계약물량(Part B)에 대하여 구매국에서 지불하는 비용은 없다. 왜냐하면 생산업체와 책임인수조건[19]으로 계약을 체결하기 때문에 미국 정부가 보급창에서 생산업체로부터 인수받는 시점까지만 계약금액을 지불하면 되며, 일반적으로 그때까지는 발주 2호를 통해 구매국의 구매청구가 들어올 것으로 예상되기 때문이다. Part A 자금은 보유재고에 대한 지분(Equity)으로서 구매국의 청구실적에 따라 조정될 수도 있다. 즉 미국 육군의 경우 매월 1회 전산시스템을 통하여 발주 2호의 청구실적을 분석하여 예측된 수요를 바탕으로 재고를 보유하는데, 특정국가의 청구실적이 반복적으로 많은 경우 자동적으로 소요가 많은 것으로 예측하여 Part A에 해당 구매국을 위해 더 많은 수량의 재고를 보유하게 되며 이에 따라 해당 구

18 구매국에서 미국 연방준비은행(FRB: Federal Reserve Bank)으로 초입금 및 분기별 오퍼대금을 송금하는데, 이를 '신탁자금(Trust Fund)'이라 한다. 신탁자금은 대기자금(Reserved Fund)와 미지정자금(Unreserved Fund)로 구분되고, 대기자금은 지불대기자금, 계약 이행보증금, 기타 여유자금을 포함한다. 대기자금 중 향후 6개월 동안의 운영자금을 지불대기자금이라 하며, 지불대기자금 중에서 국방재무회계본부(DFAS-IN)가 매월 1회 인출하여 오퍼 이행을 위해 사용하는 자금을 '활용자금(Working Fund)'이라 한다. 활용자금은 생산업체 또는 FMS 오퍼이행기관 등에 지불하여 오퍼 이행을 위해 사용한다.

19 책임인수조건(Dependable Undertaking): 계약금액 전부에 대하여 지불을 확약하는 조건으로 계약으로 인한 모든 손실에 대한 지불을 보증하고, 취소 시 조달물자의 인수책임 등 구매자가 조달에 대한 충분한 경제적 자원이 있다고 판단될 때 적용되는 계약조건

매국은 더 많은 자금을 지불해야 할 수도 있다. 과거에는 12개월 수준의 재고를 유지하기 위해 12개월 단위로 구매국과의 재협정(Renegotiation Process)을 통해 향후 소요를 예측하여 결정하였으나, 2006년 이후부터는 구매국의 청구실적 데이터에 따라 매월 소요를 자동적으로 예측하여 24개월 수준의 재고를 유지하고 있다. 또한 기존에는 구매국에서 필요한 것으로 예측하였으나 불필요하여 구매하지 않은 품목이라 하더라도 미군이나 다른 구매국의 추가 소요가 없으면 해당 구매국에서 최종적인 구매책임을 져야 했다. 하지만 현재는 매월 단위로 자동적으로 소요를 예측하면서 대부분 다른 구매국으로 소요 전환이 가능해졌고, 이에 따라 구매국에서 필요한 만큼 더 청구하고 소요가 없으면 청구하지 않아도 되도록 지침을 변경하였다.

즉 보급지원협정 체결 이후 구매국에서 연간 소요를 예측하여 구매를 요청하면 미국 정부는 이에 따라 요청된 품목을 미리 확보하기 때문에 과거에는 요청된 물량에 대한 최종적인 구매책임을 구매국이 져야 했지만, 지금은 설령 청구하지 않더라도 미군 또는 다른 구매국에 판매되고 소요가 매월 단위로 재조정되므로 구매국에서 구매해야 할 책임량은 없다. 그러나 반복적인 소요가 평균보다 지나치게 많이 발생하는 경우 미국 정부로부터 Part A의 케이스 금액을 조정하도록 요청받을 수도 있다.

(3) 보급지원협정 구매대상품목

보급지원협정을 통해 구매할 수 있는 품목은 다양하지만, 발주 1호를 통하여 재고를 확보하고 저장하는지 여부에 따라 조달기간 및 단가 등에서 차이가 있다. 발주 1호를 통해 사전에 확보/저장되는 품목들은 미국 국방부의 재고 확보 대상 표준품목으로 제한되며 중요완성장비, 유도탄 · 미사일 등 탄약류, 발간물, 기술자료 묶음(Technical Data Package), 비밀물자, 상용품목 등은 대상에서 제외된다. 미국 육군의 경우 보급지원협정을 통해서는 표준품목만 재고로 확보하고 있으며, 재고의 약

80%는 국방군수본부에서 관리하는 육 · 해 · 공군 공통품목이며 나머지 약 20%만 이 육군의 고유품목임을 고려해볼 때, 궁극적으로 보급지원협정은 구매국을 위한 제도라기보다는 미군의 효율적인 군수지원을 위한 목적으로 판단된다. 그럼에도 불구하고 구매국 입장에서는 FMS 표준장비에 대한 후속군수지원 측면에서는 보급지원협정이 총괄판매에 비해 훨씬 효과적인 것은 사실이다. 소요 예측에 의해 반복적인 소요품목을 사전에 충분히 확보하기 때문에 다른 구매방식에 비하여 획기적으로 빠른 시간 내에 조달이 가능하며, 특히 미군 및 보급지원협정 회원국들의 수요를 사전에 예측하고 통합하여 일괄구매하기 때문에 구매단가를 최대한 낮출 수 있어 결과적으로 회원국은 미군과 동일한 단가로 구매할 수 있다. 하지만 보급지원협정은 표준품목 중에서 재고로 확보해야 할 품목만 사전에 확보/저장토록 설계되기는 했지만, 실제로는 탄력적으로 운영되고 있다. 즉, 발주 1호에 의해 재고를 확보하고 있지 않는 비표준품목이나 도태/폐기품목 등도 발주 2호를 통해 구매 가능하다.

다만 이러한 품목의 경우 재고 확보 대상품목에 해당하지 않기 때문에 사전 예측을 하지 않는다. 또한 표준품목도 아니기 때문에 미군의 소요가 없고 FMS 구매국의 소요가 많지 않아 충분한 물량 확보가 불가능하여 대량구매 추진이 어렵다. 따라서 조달기간이나 구매단가 면에서 총괄판매와 큰 차이가 없을 뿐만 아니라 오히려 총괄판매가 더 유리할 수도 있다. 왜냐하면 총괄판매는 구매단가 및 조달기간에는 큰 차이가 없으나 발주 1호의 재고 보유(Part A) 오퍼를 개설하는 비용을 지불하지 않아도 되기 때문이다. 또한 비표준품목의 경우 SNAP이나 PROS 등의 비표준품목 구매 프로그램[20]을 통해 청구하기 때문에 대부분은 허용되지 않으나, 긴급한 상황이

20 SNAP(Simplified Nonstandard Acquisition Process): 비표준품목을 구매하기 위해 미 육군 TACOM이 1992년에 구축한 인터넷 웹페이지를 통한 공개경쟁 조달시스템으로 조달절차를 간소화하였다. SNAP은 육군의 자체적인 비표준품목 위주의 보급지원을 위한 프로그램인 반면, PROS(Parts & Repair Ordering System)는 미 공군 AFSAC의 주도 하에 FMS 구매국의 육 · 해 · 공군을 위하여 비표준품목뿐 아니라 표준품목 중 일부 애로 수리부속에 대한 보급/정비지원 업무를 수행하고 있다.

나 반드시 필요한 경우에는 보급지원협정 케이스를 이용하여 구매할 수 있도록 허용하고 있다. 심지어 지정판매를 통해서만 구매토록 지정된 비밀물자의 경우에도 국방안보협력본부(DSCA) 승인이 있는 경우에는 제한적으로 보급지원협정 케이스를 이용하여 구매할 수 있다. 하지만 주요완성장비, 유도탄 · 미사일 등 탄약류, 발간물, 기술자료 묶음(Technical Data Package) 등은 발주 2호를 통해 구매할 수 없으며 반드시 지정판매를 통해서만 구매가 가능하다. 보급지원협정은 철저히 회원국만을 위해 운영되기 때문에 다른 케이스를 통해 보급지원협정의 재고를 지원받는 것은 원칙적으로 불가능하다. 즉, 보급지원협정 프로그램에 의해 충분한 재고를 보유하고 있고 총괄판매로 청구한 품목의 재고가 없는 경우라고 하더라도 미국 정부는 FMS 구매국이 총괄판매로 보급지원협정 재고품목을 구매하는 것을 허용하지 않는다. 따라서 일반적으로 총괄판매보다는 보급지원협정을 우선 고려하는 것이 후속군수지원 측면에서 유리하다고 할 수 있다.

(4) 보급지원협정 지원 우선순위

보급지원협정을 통해 필요한 수리부속을 사전에 확보하여 저장하고 있지만, 미군을 포함한 세계 FMS 구매국의 모든 청구에 즉시 불출해줄 수 있을 정도의 수량을 확보하는 데는 엄청난 비용이 소요되기 때문에 재고 보유수준별로 지원 우선순위를 설정하고 있다. 지원 우선순위를 보면 보급지원협정이 명목상 미군과 동일하게 신속한 군수지원을 구매국에 보장한다고 하지만, 실제로는 보급지원협정이 미군의 효율적인 군수지원을 위한 제도임을 분명히 알 수 있다. 〈자료 3-6〉과 같이 보유 중인 재고가 최소 보유수준 이하로 떨어진 경우에는 재고 보유수준에 따라 미군을 우

자세한 내용은 이 책의 '제3장 대외군사판매 제도'의 '8. 구매국을 위한 비표준품목 군수지원'에서 확인할 수 있다.

선적으로 지원(우선순위 1~8)하며, 구매국은 미군 지원순위 '9' 이상에 해당되는 수준으로 지원하고 있다.

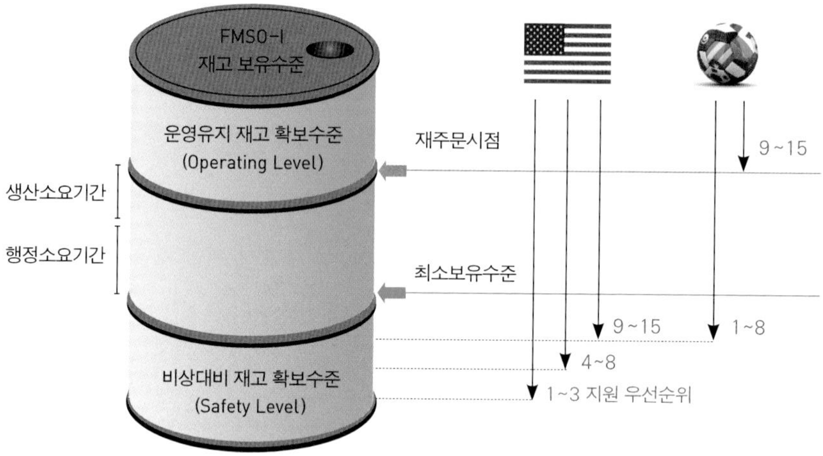

자료 3-6 보급지원협정 재고 보유수준별 지원 우선순위

미국 정부는 발주 1호를 통해 평시 **운영유지 재고 확보수준**(Operating Level) 이상을 확보하여 저장하고, 발주 2호를 통해 청구된 구매국의 소요를 지원하는데, 보유재고가 재주문시점(Reorder Point)에 도달하면 재고 보충을 위하여 조달계약을 추진한다. 이는 계약행정이나 제작/생산기간 등으로 인한 지연시간을 고려하여 필요한 품목을 적시에 확보하여 지원하기 위함이다. **비상대비 재고 확보수준**(Safety Level)은 긴급 또는 우발상황에 대비하여 평시에도 확보하고 있어야 할 안전수준으로 재고량이 이 수준 이하로 떨어지면 〈자료 3-6〉에서 보는 바와 같이 재고 보유수준 및 부대별 임무 우선순위를 고려하여 순차적으로 지원하고 있다. 재고 지원 우선순위 1~8은 미군이며, 구매국에 관해서는 9~15에 해당되는 수준으로 지원되고 있어 구매국에 대한 지원 우선순위는 미군에 비해 크게 떨어지고 있음을 알 수 있다. 결국 보급지원협정은 미군의 입장에서 최소한의 유지비용으로 최고의 전투지원태세를

유지하기 위한 경제적이고 유용한 군수지원 제도라고 할 수 있겠다.

1) 계약 형태별 비교

(1) 조달소요기간

지정판매와 총괄판매의 경우 미국 정부는 구매국을 위한 재고를 별도로 사전에 보유 또는 저장하고 있지 않다. 따라서 미군이 운영재고를 기준 이상으로 많이 보유한 경우에는 초과 재고 보유물량을 구매국에 신속하게 지원할 수 있지만, 대부분의 경우 구매국으로부터 구매요청이 들어오면 생산업체와의 계약을 통해 조달을 추진하게 되는데 입찰공고부터 계약업체 선정, 협상, 계약체결, 제작/생산, 품질검사 등 모든 조달절차를 거쳐야 하므로 신속한 조달이 제한될 수 있다. 또한 구매수량이 최소구매수량(MOQ: Minimum Order Quantity)을 충족시키지 못하는 경우 미군이나 다른 국가들의 추가적인 청구가 있을 때까지 기다려야 한다.[21]

반면 보급지원협정은 반복적으로 구매소요가 있으나 조달에 오랜 기간이 걸리는 품목에 대한 소요를 사전에 예측하고 공동자금을 투자하여 재고를 일정한 수준 이상으로 유지함으로써 신속한 군수지원이 가능하며, 특히 계약이 체결되면 보유재고를 즉시 활용할 수 있기 때문에 총괄판매에 비해 후속군수지원 측면에서 훨씬 유리하다. 〈자료 3-7〉에서 보는 바와 같이 미 국방군수본부(DLA) 및 육군의 통계자료에 의하면 보급지원협정을 통해 반복적으로 청구되는 품목의 약 90% 이상이 청구 이후 한 달 이내에 보급원에서 불출되는 데 비해, 총괄판매 또는 지정판매를 통해 청구되는 품목의 경우 약 90% 이상을 조달하는 데 4개월 이상 소요되고 있는

---

21 방산업체가 생산라인을 가동시키기 위한 최소구매수량. 최소구매수량을 충족시키지 못하는 경우 추가적인 소요가 들어올 때까지 기다리거나 구매수량을 증가시켜야 한다. 긴급한 경우나 필요에 따라 구매국의 요청에 의해 최소구매수량 이하로 계약하여 조달할 수도 있지만, 이러한 경우 대부분 구매단가가 크게 상승한다.

것으로 알려져 있다. 이처럼 보급지원협정은 소요 예측에 의해 반복적인 소요 품목은 상대적으로 많은 운영재고를 사전에 확보하여 저장하기 때문에 지정판매나 총괄판매에 비해 획기적으로 빠른 시간 내에 조달이 가능하다.

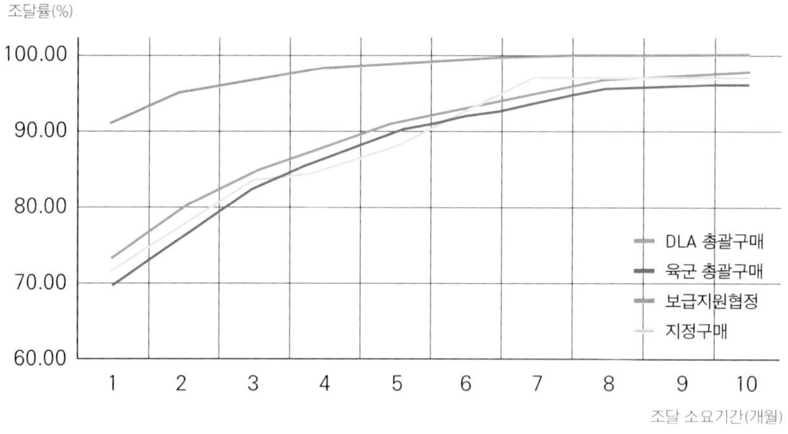

자료 3-7 계약 형태별 조달 소요기간 비교

(2) 구매품목 결정

지정판매는 오퍼 수락과 동시에 구매품목과 수량이 결정되는 데 비해 총괄판매와 보급지원협정은 대금을 우선 지불하고 필요한 품목을 나중에 구매하는 형태이다. 오퍼를 수락한 이후에 필요한 품목이 발생할 때마다 구매품목을 결정하여 청구한다는 측면에서 보급지원협정은 일종의 총괄판매라고 할 수 있으나, 총괄판매는 소요가 발생하면 이를 일정 수량 이상 통합하여 계약을 체결하는 주문형 판매 형태인 데 비해 보급지원협정은 비교적 지속적으로 반복적인 소요가 있는 소모품이나 정비를 위한 수리부속의 소요를 미리 예측하고 사전에 확보하여 창고에 보관한 후 필요할 때마다 청구하는 일종의 회원제 창고형 판매 형태라는 점에서 크게 다르다.

(3) 구매단가

오퍼 수락과 동시에 구매단가가 결정되는 지정판매와는 달리 총괄판매와 보급지원협정은 구매시점 및 재고 보유 여부에 따라 단가에 차이가 발생할 수 있다. 총괄판매의 경우 재고가 있으면 일반적으로 보급지원협정의 구매비용 및 조달기간에 큰 차이는 없다. 하지만 가용한 재고가 없으면 새로이 조달계약을 추진하여 구매해야 하는데 통상 구매수량이 적으면 단가가 높아지거나, 최저 구매수량을 충족시키기 위해 필요 이상으로 많은 수량을 구매하거나, 미군 혹은 다른 FMS 구매국의 소요가 발생할 때까지 기다려야 할 수도 있다. 구매국 입장에서 긴급히 필요한 품목이지만 충분한 구매소요가 확보되지 않은 경우 몇 배 혹은 몇십 배 이상의 높은 가격을 지불해야 하는 경우도 있다. 반면 보급지원협정은 미군과 구매국의 소요를 통합하여 재주문(Back Order) 시점에서 미리 대량으로 일괄구매를 추진하기 때문에 총괄판매에 비해 저렴한 단가로 계약을 체결할 수 있다. 이러한 이유로 총괄판매는 조달기간이 상대적으로 짧으면서 소요가 많지 않은 일회성 품목을 구매하는 데, 보급지원협정은 조달에 오랜 기간이 소요되거나 반복소요가 많은 품목을 구매하는 데 권장되고 있다. 기타 FMS 계약 형태에 따른 차이점은 〈자료 3-8〉과 같다.

구분	지정판매	총괄판매	보급지원협정
판매대상	• 주요완성장비 • 탄약류 • 기술자료 묶음 • 비밀물자 • 기술지원	• 수리부속 • 정비/지원장비 • 교육훈련 • 발간물 • 기술지원	• 구매국의 반복되는 소요품목 재고의 사전 확보 및 보충 • 지정된 표준 수리부속 • 발주 1호, 2호에 따라 판매 품목 일부 상이
대상품목	일회성 소요품목	일회성/단기조달 품목에 유리	반복적/장기조달 품목에 유리
군수지원	초도/후속군수지원	후속군수지원	후속군수지원
재고보유	구매국 재고 미확보	구매국 재고 미확보	구매국 소요 예측/저장
구매품목	LOA에 확정/자동 불출	미확정/청구 불출	미확정/청구 불출
대금지불	초입금은 오퍼 수락과 동시에 지불, 이후 분기별 청구서에 따라 지불		

자료 3-8 FMS 계약 형태에 따른 차이점 비교

3. FMS 계약 절차

미국 정부로부터 FMS로 무기체계를 구매하는 절차는 〈자료 3-9〉와 같이 크게 계약 전, 계약체결, 계약 시행/이행, 종결의 네 단계로 구분할 수 있다.

1) 계약 전 준비단계

미국 정부에 구매의사를 표현하기 위한 사전 준비단계로, 대부분 구매국에서 수행된다. 구매하고자 하는 무기체계의 성능 등에 대한 정보를 확인하고 구매계획을 구체화하는 **계획**(Planning), 미국의 FMS 관련 부서와 구매국 상호 간 기술정보 교환을 통하여 구매하고자 하는 무기체계의 사양, 군수지원 등을 포함해 세부적인 요구사항을 구체화하여 결정하는 **구매소요 식별**(Definition), 미국 정부에 공식적으로 구매를 요청하는 **오퍼 요청**(Offer Request)의 세 단계로 구분할 수 있으며 각 단계에서의 주요 활동은 〈자료 3-10〉에서 보는 바와 같다.

구분	주요 활동
계획 **(Planning)**	• 위협분석/평가를 통한 구매대상 무기체계 정보 획득 • 구매대상 무기체계 소요(Requirements) 결정
구매소요 식별 **(Definition)**	• 구매장비에 대한 세부적인 군 요구사항 확인(미국 관련 부서에서 기술정보 획득, 소요군 기술 검토) • 군 요구사항에 부합된 구매소요 구체화 식별(구체적인 구매품목 사양, 후속군수지원 등)
오퍼 요청 **(Offer Request)**	• 가격/가용성 오퍼(Price and Availability) • 구매오퍼(Letter of Offer and Acceptance)

자료 3-10 계약 전 준비단계(계획~오퍼 요청)

우리나라의 경우 주변국에 대한 현재 및 미래의 위협분석(Threat Analysis)과 평가를 통해 이에 대한 대응전략을 수립하는 기획단계에서 무기체계의 소요(Require-

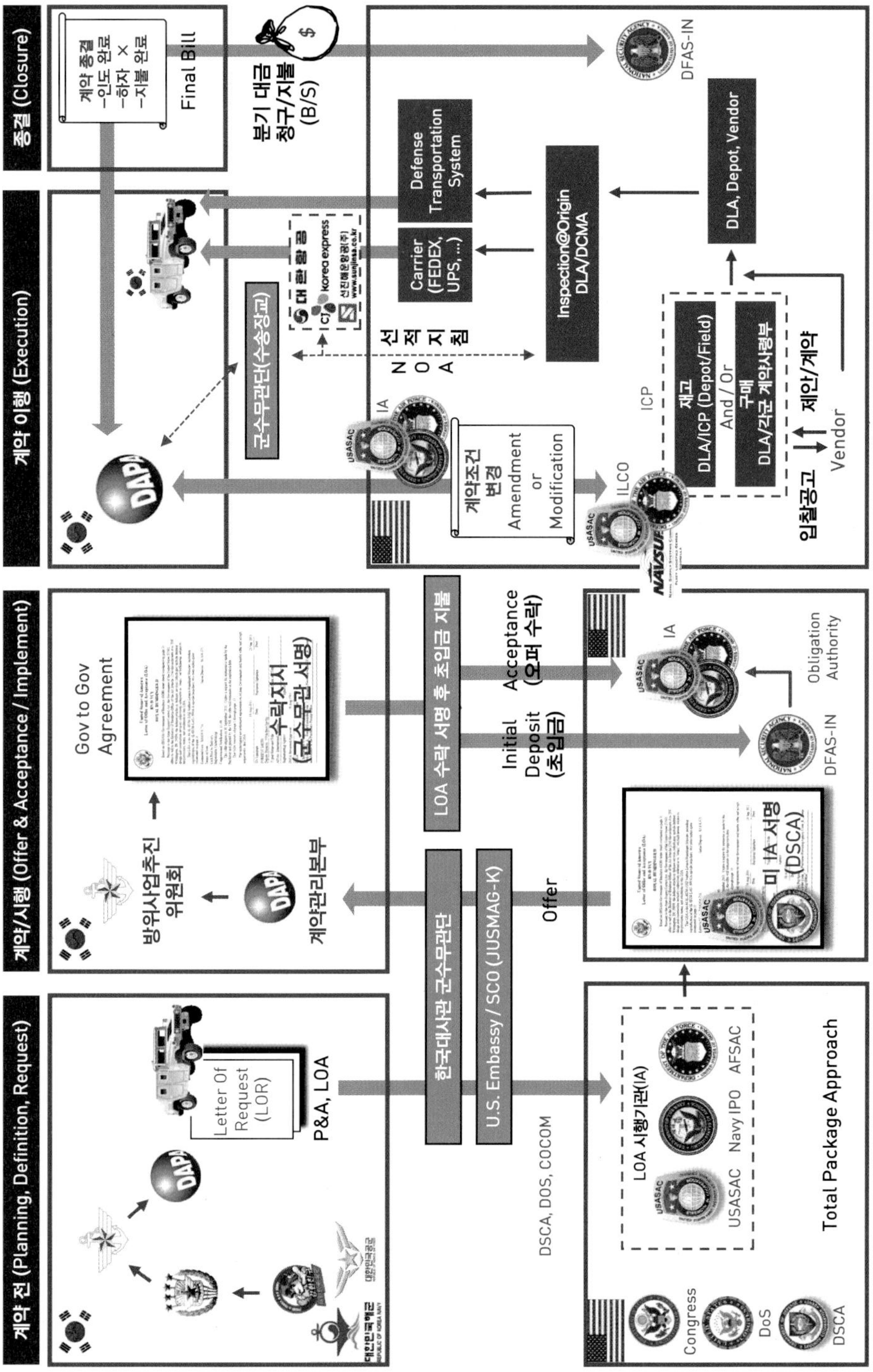

자료 3-9 FMS 수행절차도

ment)가 결정된다. 육 · 해 · 공군에서 원하는 무기체계에 대한 소요를 제기하면 합동참모본부에서 최종적으로 소요를 결정한다. 소요는 획득시기에 따라 장기소요 · 중기소요 · 긴급소요 등으로 결정되며 소요가 결정된 이후에는 선행연구 결과를 바탕으로 사업추진기본전략을 수립하여 군에서 원하는 무기체계에 대한 획득방안(구매 또는 연구개발)을 결정한다. 일반적으로 사업추진기본전략을 수립하는 과정에서 미국 정부에 가격 및 가용성(Price & Availability)[22]에 대한 사전 문의를 통해 구매 가능성을 확인하고 개략적인 구매예산을 확인한다. FMS 구매가 확정되면 방위사업청의 통합사업관리팀은 JUSMAG-K를 통해 미국 오퍼시행기관의 관련 부서와 구매할 무기체계에 대한 기술정보를 확인하고 소요군의 기술 검토 등을 통해 세부적인 구매소요를 식별하고 확정한다. 성공적인 FMS 사업을 위해서는 계약의 모든 과정에서 미국의 다양한 이해관계자와의 지속적이고 긴밀한 협조가 요구되지만, 무엇보다 계약 준비단계에서 소요군의 요구사항(Needs) 및 구매소요를 정확히 식별하는 것은 FMS 사업의 출발점으로 그 중요성은 아무리 강조해도 지나치지 않다고 할 수 있겠다. 〈자료 3-11〉에서 보는 바와 같이 미국 국방부를 포함한 행정기관, 오퍼이행기관, 방산업체 등 FMS 관련 부서가 구매국의 구매요청에 따라 오퍼 발행업무를 동시에 진행하기 때문에 정확한 구매소요 식별은 행정기간을 최소화하면서 최단시간 내 오퍼를 발급받을 수 있는 최선의 방법이다. 일반적으로 미국 정부는 이 단계에서 구매국이 정확한 구매소요를 식별할 수 있도록 구매국 현지의 안보협력

22 가격/가용성 오퍼요청서(LOR for Price and Availability): 오퍼요청서는 가격/가용성 오퍼요청서(LOR for Price and Availability)와 구매오퍼(Letter of Request)의 두 가지로 분류되는데, 가격/가용성 오퍼요청서는 미국 정부의 판매 여부 및 과거 판매 데이터를 토대로 대략적인 비용을 확인하기 위해 구매 계획단계에서 활용 가능하다. 하지만 미국 정부의 공식적인 판매 제안이 아니라 단순한 참고자료, 즉 예산편성 자료로 사용하는 것은 제한된다. 반면 오퍼(Letter of Offer and Acceptance)는 구매국의 오퍼요청서에 의해 발급된 가장 정확한 가격자료로 구매국에 대한 미국 정부의 판매제안이다.

기구(SCO: Security Cooperation Organization)를 통해 구매국을 지원하고 있으며, 구매소요 식별은 구매국이 최종적으로 오퍼를 수락하기 전까지 지속적으로 수행된다.

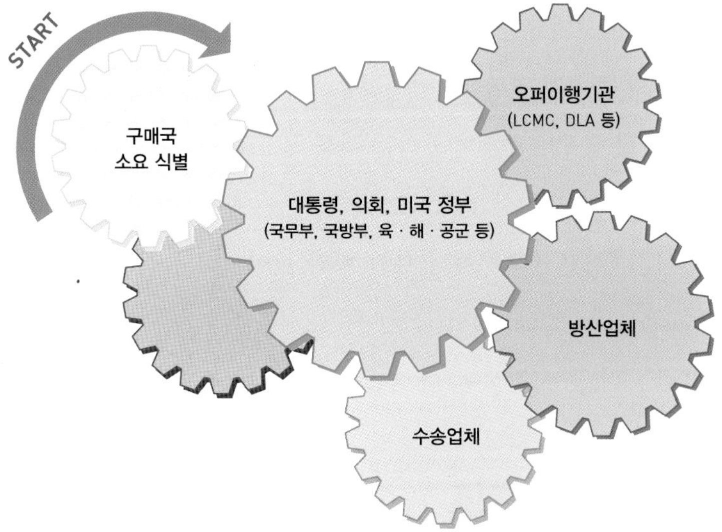

자료 3–11 FMS에서 구매소요 식별의 중요성

무기체계의 구매소요가 구체적으로 식별되면, 구매국은 미국 정부에 공식적으로 구매요청을 하게 된다. 즉 구매요청은 앞서 식별된 구매소요를 오퍼요청서(LOR: Letter Of Request)라고 불리는 서한에 구매품목 및 수량 등을 포함한 요구조건을 문서화하는 과정이다. 오퍼요청서에는 구매하고자 하는 무기체계, 수량, 가용예산, 인도조건 등을 포함하여 요구사항을 최대한 구체적으로 작성한 후, 구매국 명의로 미국 정부에 전달함으로써 공식적인 구매요청이 이루어진다. 오퍼요청서는 구매비용과 구매 가능성을 확인하기 위한 가격/가용성 오퍼요청서(P&A, LOR for Price and Availability)[23]와 실제 구매를 요청하는 오퍼(LOR)로 분류되는데, 가격/가용성 오

23 이하 P&A

퍼요청서는 미국 정부가 구매국이 원하는 품목을 판매할지 여부 및 대략적인 비용을 확인하기 위한 것으로 실제적인 구매요청은 구매 오퍼요청서를 통해 이루어진다. 모두 개략적인 추정금액(Estimate Price)이기는 하지만, P&A는 기존의 데이터를 바탕으로 작성된 참고자료인 반면 오퍼는 가장 최근의 정확한 데이터를 근거로 작성된 미국 정부의 공식적인 판매제안서라는 점에서 크게 다르다. 이에 따라 미국은 P&A를 45일 이내에 구매국에 제공하는 것을 목표로 하고 있는 데 비해 오퍼는 무기체계에 따라 30~90일 이상 소요되고 있다.

오퍼요청서는 〈자료 3-12〉에서 보는 바와 같이 방위사업청의 통합사업관리팀(IPT: Integrate Program Team)에서 작성하여 대정부계약팀을 경유하여 주미 군수무관단에서 미국의 각 군 오퍼시행기관[24]에 공식적으로 요청됨과 동시에 안보협력기

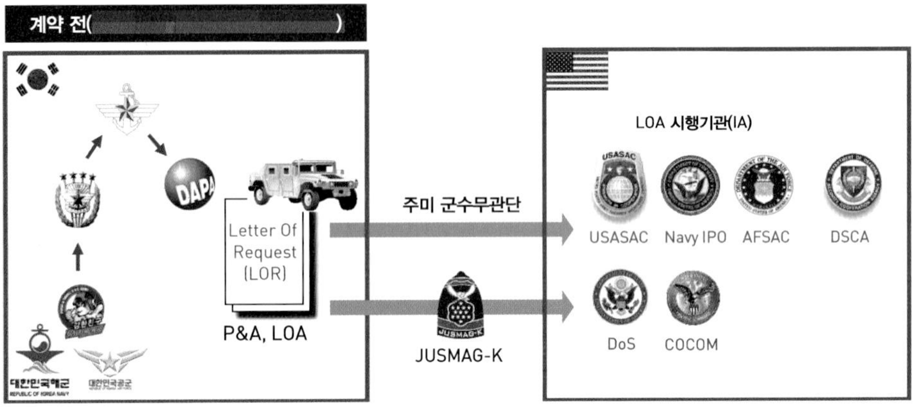

자료 3-12 계약 전 준비단계(오퍼 요청)

---

24 오퍼시행기관(IA: Implementing Agency): 안보지원 프로그램을 준비하고 시행하는 책임이 있는 육 · 해 · 공군 및 국방부 관련 기관. FMS에 있어서 오퍼를 작성하고 수락 및 시행하는 등 전반적인 관리 기관으로 육군 USASAC-HQ, 해군 Navy IPO, 공군 AFSAC이 해당되며 무기체계에 따라 다양한 오퍼시행기관이 지정되어 있다. 오퍼를 이행하는 국제군수통제기구(ILCO: International Logistics Control Organization)와는 구별된다. 육군 USASAC-NC, 해군 NAVSUP-WSS OF, 공군 AFSAC이 국제군수통제기구에 해당된다. 공군의 AFSAC은 IA와 ILCO를 겸하고 있다.

구인 JUSMAG-K를 통해 국방부 안보협력본부(DSCA), 국무부(DoS), 지역전투사령부(Combatant Commands) 등에도 함께 통보되고 있다.

2) 계약 및 시행단계 Offer & Acceptance, Implementation

오퍼요청서(LOR)를 제출한 이후 미국 정부가 제안한 오퍼를 구매국에서 수락함으로써 구매계약이 체결되고 시행되는 단계를 말한다. LOA(Letter Of Offer & Acceptance)는 '청약 및 수락서'로서 방위사업관리규정[25]에서는 LOA를 FMS 구매에 있어서 미국 정부가 구매국에 물자 및 용역의 판매의사를 표시하는 청약문서로, 구매국이 수락한 경우 계약의 효력이 발생하며 일반적으로 '오퍼'로 불린다고 정의하고 있다. 일반적으로 국제상거래에서 청약(Offer, 請約)은 청약자(Offerer)가 피청약자(Offeree)와 일정한 조건으로 계약을 체결하고 싶다는 의사표시를 말하며, 승낙(Acceptance, 承諾)은 피청약자가 청약자의 청약을 수락하여 계약을 성립시키고자 하는 의사표시로 청약에 대하여 승낙이 있어야 비로소 계약이 성립된다.

FMS에 있어서 LOA는 구매국에서 제출된 오퍼요청서에 따라 미국 정부가 구매국에 국방물자/장비 및 용역의 판매의사를 표시(Offer, 請約)하여 제공한 청약문서에 대하여 구매국이 수락(Acceptance, 承諾)함으로써 계약의 효력이 발생한다. 즉 계약단계에서 구매국으로부터 오퍼요청서가 접수되면 관련 법률과 규정에 따라 육·해·공군의 오퍼시행기관(IA: Implementing Agency) 주도 하에 구매국에 제공할 오퍼를 작성한다. 엄밀한 의미에서 이 단계에서의 오퍼는 구매국에 국방물자/장비 및 용역의 판매의사를 표시하여 제공하는 청약문서라고 할 수 있다.

오퍼 작성절차는 〈자료 3-13〉과 같다. 육군을 기준으로 오퍼 작성절차를 설명

---

25 방위사업청 훈령 제319호(2014년 12월 23일)

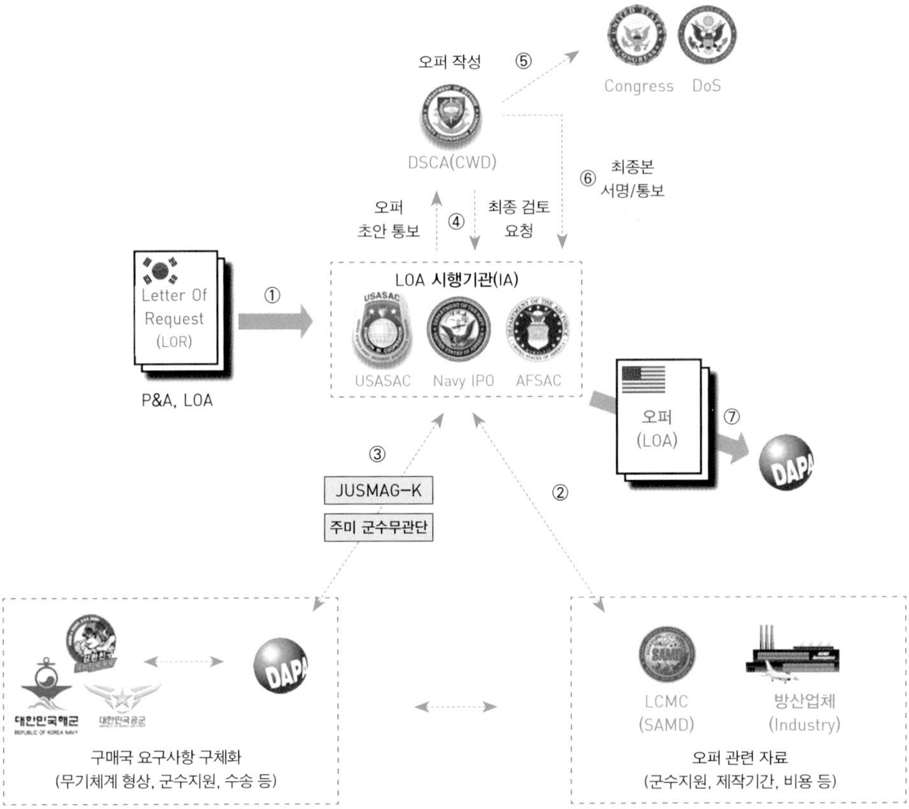

자료 3-13 오퍼 작성절차

하면 오퍼요청서가 육군의 오퍼시행기관인 안보지원사령부(USASAC)의 사업관리 담당자(Country Program Manager)에게 공식적으로 접수(①)되면 USASAC은 오퍼 요청서를 검토하여 무기체계별로 오퍼를 누가 작성할지를 지정하여 통보하는데, 육군의 표준품목인 경우 해당 무기체계를 담당하는 수명주기관리사령부(LCMC: Life Cycle Management Command)에서 작성하며 국방부 군수관리본부(DLA) 관리품목 및 기타 품목은 USASAC에서 직접 작성한다.

USASAC에서는 내부적으로는 해당 무기체계와 관련된 수명주기관리사령부의 안보지원관리국(SAMD: Security Assistance Management Directorate)[26] 및 방산업체와 협조하여 제작기간, 단가 등에 대한 데이터를 수집(②)하며, 동시에 구매국에 주재하고 있는 해외공관 및 안보협력기구(SCO: Security Cooperation Organization) 등을 통해 무기체계 형상, 군수지원, 수송 방법 등 구매국의 요구사항을 구체적으로 식별(③)하여 오퍼 작성 전산프로그램인 국방안보지원관리체계(DSAMS)[27]에 입력한다. LOA 준비과정에서 일반적으로 국방물자/장비 및 용역 케이스는 수명주기관리사령부에서, 교육훈련 케이스는 교육훈련/교리사령부(TRADOC) 예하의 안보지원교육훈련지원단(SATFA)에서 주로 작성되나, 때로는 무기체계 종류에 따라 기타 기관에서 작성되기도 한다.

일반적으로 주요군사장비(Major Weapon System)는 구매국의 전력화 초기에 장비를 효율적으로 운용하고 유지하는 데 필요한 모든 요소들을 통합하여 제공하는 총괄 패키지 지원 개념에 따라 판매되기 때문에 일단 오퍼요청서가 접수되면 해당 무기체계의 전 수명주기를 관리하고 있는 수명주기관리사령부 및 관련 업체 등이 한자리에 모여 구매국의 정확한 구매 요구사항을 구체화하기 위해 필요한 정보를 교환한다. 구매 요구사항이 세부적으로 식별되면 해당기관은 국방안보지원관리체계에 오퍼 데이터를 각각 입력한다. 예를 들어 구매국으로부터 미국 육군의 헬기를 구매하기 위한 오퍼요청서가 접수된 경우, 통상적으로 헬기 외에도 레이더 · 유도

26 육군은 물자사령부 예하에 무기체계별로 4개의 수명주기관리사령부를 운영하여 무기체계 수명주기 전 과정에서 미군의 획득 및 운영유지에 대한 관리책임을 지고 있다. 수명주기관리사령부 예하에는 각각의 안보지원관리국을 편성하여 FMS 구매국에 대한 판매를 전담하고 있다.

27 국방안보지원관리체계(Defense Security Assistance Management System): 구매국으로부터 오퍼요청서가 접수되면 미 국방부, 각 군 오퍼이행기관, 방산업체 등 다양한 이해관계자들이 참여하여 오퍼를 작성하게 되는데, 이러한 과정을 좀 더 효율적으로 수행하고 오퍼 수락 이후 종결까지의 전 과정을 관리할 수 있는 전산체계 필요성에 따라 1990년대 후반부터 국방안보지원관리체계를 개발하기 시작하여 2000년부터 DSAMS를 통해 오퍼 발행업무를 수행하였다. 주로 오퍼 작성 및 시행에 사용되는 미국 국방부 표준 전산체계를 뜻한다.

탄 · 전자/암호장비 등 탑재장비, 교육훈련장비 및 조종사/정비사 교육훈련 등을 패키지로 구매하게 되므로 헬기와 유도탄은 육군 항공유도사령부(AMCOM: Aviation and Missile COMmand), 헬기 내부의 전자/암호장비는 통신전자사령부(CECOM: Communication-Electronics COMmand), 조종사 훈련용 훈련장비는 시뮬레이션 · 훈련 · 계측장비 사업집행국(PEO-STRI: Program Execution Office-Simulation, TRaining and Instrumentation), 조종사 및 정비사의 해외 운용/정비교육은 안보지원 교육훈련 관리부(SATMO: Security Assistance Training Management Organization)에서 각각 담당하고 있기 때문에 최초 오퍼요청서가 접수되면 FMS 관련 기관 협조회의를 통해 대상장비의 기종, 수량, 후속군수지원, 전력화 시기 등 구매국의 요구사항을 정확히 식별한 후 기관별로 해당되는 분야에 대한 기초 데이터를 DSAMS에 각각 입력한다.

1차적으로 각 관련 기관에서 입력한 오퍼의 기초 데이터는 안보지원사령부(USASAC)의 검토를 거쳐 국방안보협력본부(DSCA) 오퍼작성부서(Case Writing Division)로 제출되며, 오퍼작성부서에서는 오퍼시행기관으로부터 받은 데이터를 바탕으로 오퍼를 작성(④)하여 의회 및 국무부에 통보(⑤)하는데, 이 과정에서 비순환비용[28] 면제 등의 문제들이 결정된다. 오퍼를 작성하는 데 있어 오퍼시행기관과

28 비순환비용(NRC: Non Recurring Cost): 해외에 무기체계를 수출하면서 미국 국방부가 해당 무기체계 개발을 위해 투자한 연구개발 및 시험평가(Research, Development, Test & Evaluation) 비용을 FMS 구매국으로부터 회수할 목적으로 구매국에 부과하는 금액으로, 일반적으로 주요군사장비(Major Defense Equipment)를 구매하는 경우에 부과된다. 여기에는 단순히 연구개발에 소요되는 비용 외에 생산라인 구축 등 개발 이후 양산을 위해 소요되는 일회성 비용도 포함된다(출처: The Management of Security Cooperation, p.AB-28). 통상 FMS를 통해 미군이 사용하는 표준품목을 구매하지만, 구매국의 특별한 필요에 의해 표준장비를 개조 · 개발하여 구매국에 판매하는 경우도 있다. 이때 개조 · 개발된 무기체계를 제3국에서도 동일하게 구매하기를 원하는 경우 미 연방규정집[CFR: Code of Federal Regulations 165. 6 (d)]에서는 제3국으로 하여금 최초 구매국의 개조개발 비용을 분담토록 하고 있는데, 이를 NRE(Non Recurrg Engeerg) 또는 Special NRC(Non Recurrg Cost)라고 한다. 결론적으로 NRC는 미국 정부에서 무기체계를 연구개발하는 데 소요된 비용을 회수하기 위해 구매국에 부과하는 분담비용이며, NRE는 구매국(A)이 미국 정부로부터 구매 시 구매국 요구에 의해 구매국 부담으로 개조 · 개발된 무기체계와 동일한 품목을 제3국에 판매

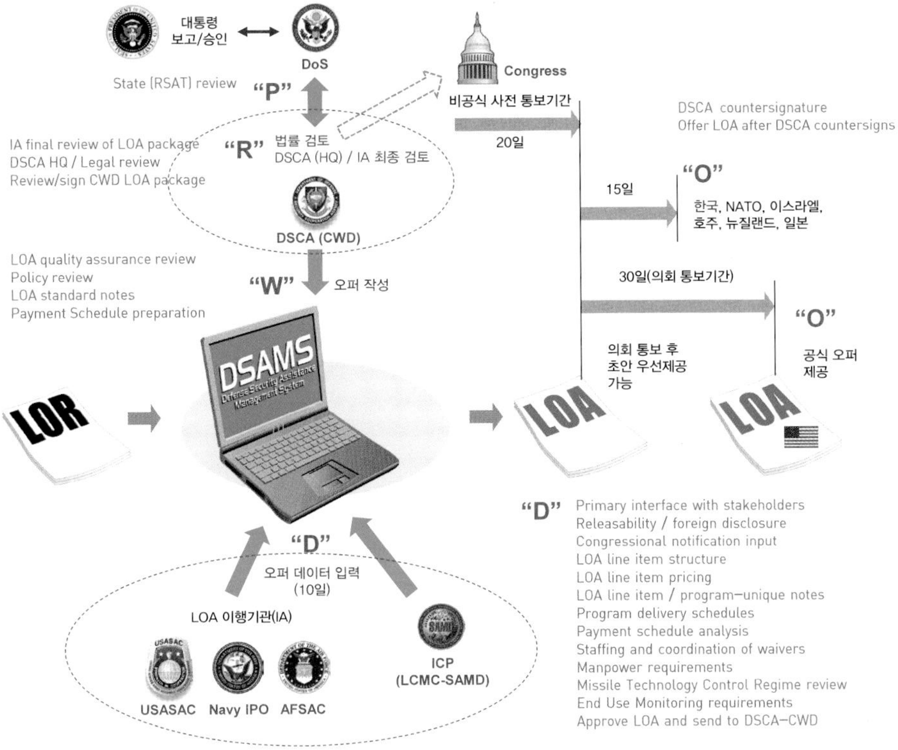

자료 3-14 오퍼 작성 세부절차

국방안보협력본부가 주도적으로 관여하게 되는데, 오퍼시행기관은 오퍼를 작성하는 데 필요한 각종 데이터를 제공하며 국방안보협력본부는 오퍼 세부항목에 대하여 정책적 · 법률적인 검토를 거쳐 오퍼를 완성하게 된다. 오퍼시행기관은 아래와

하는 경우 구매국에서 기지불한 비용을 보상하기 위해 제3국에 부과하는 분담비용을 말한다. 2008년 10월 무기수출통제법(Arms Export Control Act)이 개정되어 우리나라의 FMS 구매국 지위가 향상됨에 따라 비순환비용을 면제받을 수 있는 범위가 확대되었다. 즉 종전에는 구매국이 높은 오퍼 금액을 이유로 수락하지 않아 미국이 판매기회를 상실(loss of the sale)할 위기에 있거나 미군과 함께 공동구매하여 대량구매로 인한 비용절감이 NRC 비용을 상쇄하는 경우에 면제할 수 있는 AECA 21(e)(2)(B) 규정을 적용받았으나, 지위 향상 이후에는 AECA 21(e)(2)(A)에 따라 표준화로 미 국익에 도움이 되는 경우 면제토록 변경되었다. 하지만 사전에 요청하지 않으면 비순환비용이 면제되지 않기 때문에 사업관리자는 반드시 오퍼 요청단계에서 비순환비용 면제를 요청해야 한다.

같은 오퍼 데이터를 시스템에 입력[29]하며, 구매국의 구체적인 요구사항을 식별하기 위한 주요 의사소통 채널로 해당 무기체계에 적용된 과학기술의 중요도, 구매국에 대한 지원 필요성, 의회통보 여부 등에 대한 검토 결과와 함께 구매 품목별 수량, 가격, 인도 일정, 절충교역 등의 데이터를 오퍼요청서 접수 이후 10일 이내에 DSAMS에 입력한다. 필요 시 구매품목별 주기(Note)에 특수조건을 명시한다.

모든 오퍼 데이터 입력이 완료되면 국방안보협력본부(DSCA)의 오퍼작성부서(CWD)에서는 대금지불일정, 표준/특수조건, 상위 규정과의 일치 여부 등 오퍼 전반에 대하여 검토하여 오퍼 초안을 완성[30]한다. 초안이 완성되면 법률 검토 및 오퍼시행기관의 의견수렴/확인을 거치고 오퍼 초안에 제기된 내용을 보완하여 최종적인 오퍼를 완성[31]한다. 국방안보협력본부는 완성된 오퍼를 국무부(정치군사차관보실)에 통보[32]하며 필요한 경우 의회에도 동시에 통보한다. 의회에 통보한 이후에는 구매국의 요청에 따라 초안을 우선 제공해주기도 한다. 국무장관은 대통령에게 보고하여 판매 여부를 승인받아 결과를 국방안보협력본부에 통보하며, 국방안보협력본부는 오퍼에 서명하여 오퍼시행기관에 통보한다. 오퍼시행기관은 DASMS에서 오퍼를 출력하여 공동서명한 후 최종본을 구매국에 제공[33]한다. 무기수출통제법(AECA)에서는 대통령이 해외에 국방물자/장비 및 용역 등을 판매하는 경우 〈자료 3-15〉의 기준에 따라 사전에 서면으로 의회에 통보(Advance Written Notification)토록 명시하고 있다.

---

29 오퍼 데이터 입력이 완료되면 SCIP에 오퍼 진행상태 부호 'D'로 표시된다.

30 오퍼 초안이 완성되면 SCIP에 'W'로 표시된다. 'W' 및 'R'은 미국 정부의 시스템에서만 식별되며, SCIP에는 모두 'D'로 표시되기 때문에 구매국에서는 진행사항을 확인할 수 없다.

31 SCIP에 'R'로 표시

32 SCIP에 'P'로 표시

33 SCIP에 'O'로 표시

구분		NATO+5개국[34]	기타 구매국	관련 법규
구매금액 통보기준	총 구매금액	1억 달러	5,000만 달러	AECA 36조 (b)(1)
	중요군사장비	2,500만 달러	1,400만 달러	
	설계/건설 용역	3억 달러	2억 달러	
의회 검토기간		15일	30일(+20일)	

자료 3-15 의회 통보기준[35]

구매국으로부터 오퍼요청서를 접수받은 오퍼시행기관은 의회통보 대상 여부를 우선 판단하며, 국방안보협력본부는 오퍼를 작성하여 국무부에 통보하여 수출 가능 여부에 대한 사전 검토(Pre-Consultation)를 받는다. 국무부를 통해 대통령의 판매승인이 결정되면 국방안보협력본부는 의회에 이를 통보한다. 비공식 사전 통보기간(20일)이 경과한 후에는 공식적으로 의회에 무기체계의 수출을 통보하는데, 의회 승인에는 구매국의 지위에 따라 15~30일이 소요된다. 의회는 규정된 기간 내에 이를 검토하고 필요 시 공동결의를 통해 판매를 금지토록 강제할 수 있다. 의회는 이를 통해 방산수출이 안보지원정책에 부합되는 범위 내에서 수행되도록 행정부를 통제하고 있는데, 의회가 행정부의 무기체계 수출을 금지한 대표적인 경우로 1986년 부시 행

34 NATO 회원국을 포함한 5개국(한국, 이스라엘, 호주, 뉴질랜드, 일본)으로 과거 NATO 회원국보다 많은 무기체계를 미국으로부터 구매하였고 한반도에서 한국의 전략적 중요성에도 불구하고 상대적으로 낮은 구매국 지위를 부여받아왔으나, 2008년 10월 한국의 FMS 구매국 지위격상법이 미국 상하원을 통과함으로써 한국은 이스라엘과 함께 3그룹에서 2그룹으로 격상되었다. FMS 구매국 지위향상에 따라 미국 의회 심의기간 단축, 구매금액 통보기준 상향 등의 혜택을 받고 있다. 이와 함께 FMS뿐만 아니라 DCS 구매 시에도 한국은 전보다 격상된 지위와 혜택을 보장받게 되었다. 참고로 미국은 FMS 구매국을 4개의 그룹으로 구분하여 FMS 판매 간 구매국의 지위에 따라 차별적인 혜택을 부여하고 있다. FMS 구매국은 NATO 일부 회원국으로 구성된 1그룹(NATO), NATO 기타 국가와 한국, 호주, 뉴질랜드, 이스라엘, 일본으로 구성된 2그룹(NATO+5), 이집트, 요르단, 바레인, 태국, 파키스탄 등이 포함된 3그룹(Major Non-NATO Ally), 기타 우방국으로 구성된 4그룹(Friendly Foreign Nations)으로 구분된다.

35 무기수출통제법(AECA) 36조 (b)(1)

정부의 사우디 판매사례[36]를 들 수 있다. 당시 부시 행정부는 사우디에 AIM-9 사이드와인더(Sidewinder) 미사일 1,700기, 하푼(Harpoon) 미사일 100기, 스팅거(Stinger) 미사일 600기 등 200억 달러 이상 규모의 최첨단무기를 대량으로 사우디에 판매하기 위해 의회에 수출계획을 통보하였다. 그러나 일시에 많은 수량의 미사일을 수출함으로써 발생할 수 있는 안보위협 및 대형피해 등에 대한 우려로 의회는 공동결의를 통하여 사우디에 대한 판매를 반대하였다. 이에 따라 미국 행정부는 사우디의 안보를 위해 긴급히 필요한 약 70억 달러 상당의 하푼 및 스팅거 미사일로 판매규모를 축소하는 것으로 계획을 수정함으로써 의회의 수출승인을 받을 수 있었다.

검토기간 이내에 의회가 해외판매를 승인하거나 검토기간 경과 시까지 공식적인 반대가 없는 경우에도 의회가 승인한 것으로 간주하며, 이때 비로소 구매국에 오퍼를 공식적으로 제공한다. 오퍼 수락 이후에는 미국 정부가 구매국을 대신하여 모든 계약관리를 대행하기 때문에 통상 오퍼요청서를 제출한 이후 구매국의 관심은 대부분 언제쯤 오퍼를 발행해줄 것인가에 집중되어 있다. 오퍼요청서를 제출한 이후 오퍼 발행에 소요되는 예상 오퍼발행기간(Anticipated Offer Date)은 오퍼를 작성하는 데 필요한 모든 정보가 구매국으로부터 정확하게 제공된 시점으로부터 요청된 오퍼를 구매국에 제공하기 위한 목표로 오퍼 케이스에 따라 〈자료 3-16〉과 같이 분류된다.

구분	예상 오퍼 발행기간
총괄판매, 보급지원협정, 교육훈련	75일 → 30일 이내
지정판매	120일 → 30일 이내
복잡한 지정판매	120일 → 90일 이내

자료 3-16 예상 오퍼발행기간[37]

36 미국 의회 연구보고서, Arms Sales Congressional Review Process(2012년 2월 1일), p.6

37 국방안보협력본부 정책메모 13-16(2013년 8월 9일) 오퍼 발행 소요기간/목표 수정(DSCA Policy 13-16: Revision to LOA Document Processing Performance Metric)

기존에는 〈자료 3-17〉에서 보는 바와 같이 75~120일 이내에 요청된 오퍼의 85% 이상을 발행하는 것을 목표로 하였으나, 오퍼 발행 지연에 대한 구매국의 높은 불만을 해소하기 위해 2013년 8월 15일부로 정책을 변경하여 30~90일 이내에 요청된 오퍼의 100%를 발행하는 것을 목표로 하고 있다. 이것은 과거에 비해 획기적으로 빨라진 것으로 미국 내의 오퍼이행기관의 저항에도 불구하고 별도의 조직이나 인력의 증원 없이 추진되었다. 또한 과거와 달리 세계 방산시장의 경쟁이 심화되고 있는 상황에서 구매국의 가장 큰 불만을 해소하기 위한 미국 정부의 강력한 의지로 해석되며 근본적으로는 내부적으로 잘 구축된 전산체계로 인하여 가능했을 것으로 판단된다.

자료 3-17 미국 육군의 기존 오퍼 발행절차/목표일(단순 지정오퍼 기준)[38]

38 Army Performance Tools and Process Improvements(The DISAM Journal, November 2009), p.19

세부적으로는 복잡하지 않은 무기체계에 대한 지정판매, 세부품목을 결정하지 않고 총 구매금액만 설정하고, 오퍼를 수락한 이후에 소요가 생길 때마다 청구하는 총괄판매나 보급지원협정, 상대적으로 단순한 교육훈련 등의 오퍼는 30일 이내에 발행하는 것을 목표로 하고 있다. 체계통합이나 오퍼금액 산정이 복잡한 경우, 다수의 오퍼시행부서 협조가 필요하거나 FMS 구매국 고유의 특별한 요구사항 등이 포함된 복잡한 지정판매의 경우에는 90일 이내에 발행하는 것으로 목표를 설정하고 있어 과거에 비해 획기적이라는 평가를 받고 있다. 세부적인 오퍼 발행단계별 소요기간은 〈자료 3-18〉에서 보는 바와 같다.

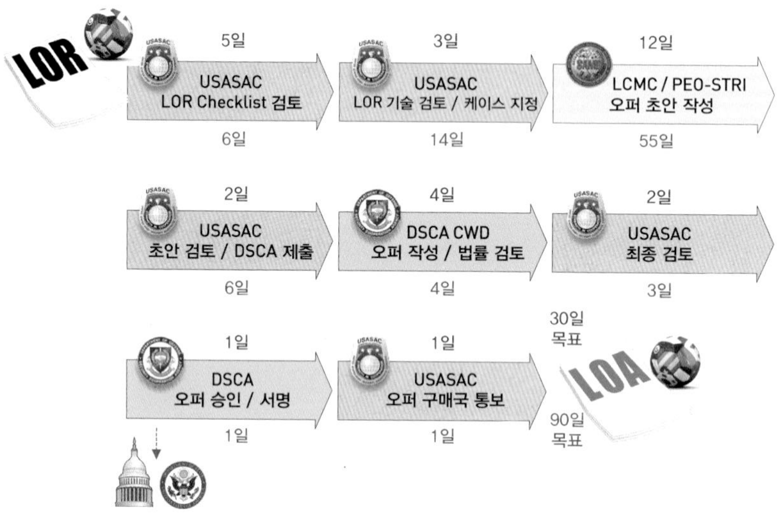

자료 3-18 미국 육군의 변경된 오퍼 발행 목표일[39]

여기에서 LOR에 대한 기술 검토(Technical Review)는 총괄구매, 보급지원협정 오퍼 발행과정에서는 불필요하기 때문에 지정판매에 비해 빨리 오퍼가 발행될 수

39 Revision to Letter of Offer and Acceptance(LOA) Document Processing Metric, DSCA Policy 13-16 (DSCA Memorandum, September 2013)

있다. 하지만 앞서 살펴본 바와 같이 심화되는 경제위기를 타개할 목적으로 FMS 판매확대와 구매국의 불만을 해소하기 위해 오퍼 발행 소요기간을 획기적으로 단축하였지만, 기존 인력/조직에 대한 보충 없이 국방안보협력본부 주도로 정책변경이 추진되었기 때문에 실무기관에서는 정책에 대한 부정적인 의견이 많다. 실제로 LOA 발행기간을 산정하는 기준이 오퍼요청서를 제출하는 시점이 아니라 구매국으로부터 오퍼를 작성하는 데 필요한 모든 자료가 정확하게 제출된 시점을 기준으로 하기 때문에 구매국의 요구사항이 오퍼요청서에 명확하게 반영되어 있지 않거나 미국 오퍼시행기관에 정확하게 전달되지 않는 경우 이를 이유로 오퍼 발행이 지연될 수 있다. 따라서 구매국은 오퍼요청서 작성단계에서 구매 요구조건을 정확하게 식별하고 이를 세부적으로 작성하여 오퍼요청서에 모두 포함되도록 하는 노력이 필요하다.

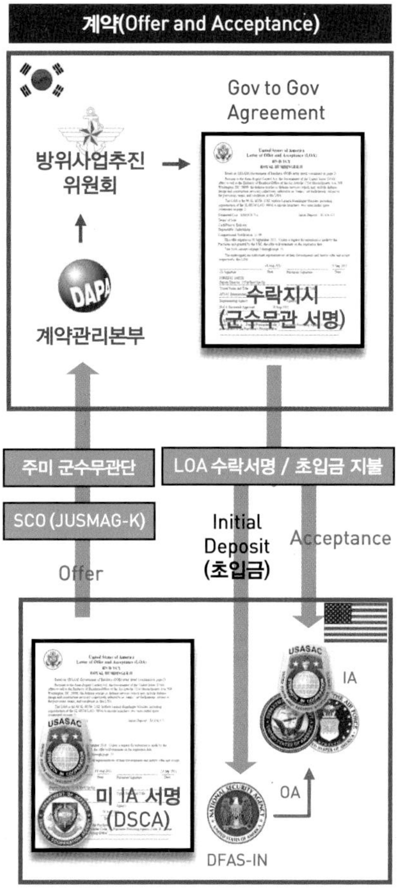

자료 3-18 계약절차

오퍼는 미국에 주재하고 있는 구매국의 대사관 또는 구매국 내에 파견된 안보협력기구(SAO)를 통해 구매국에 통보된다. 모든 오퍼에는 오퍼 유효기간(Offer Expiration Date)이 명시되어 있다. 오퍼 유효기간은 오퍼시행부서가 오퍼 데이터를 DSAMS에 입력하여 국방안보협력본부에 통보한 시점으로부터 85일 동안 유효하다. 85일에는 미국 정부가 오퍼를 발행하는 데 소요되는 행정기간 25일과 구매국의 검토 및 수락을 위한 60일이 포함된다. 검토에 추가적인 기간이 필요한 경우 오퍼시행기관에 협조하여 유효기간을 연장할 수도 있다. 오퍼 수락을 위해서는 구매국 정부기관의 서명이 포함된 오퍼를 오퍼시행기관 및 국방재무회계본부(DFAS-IN)에 통보하여야 하며, 이와 더불어 오퍼에 명시된 초입금[40]을 국방재무회계본부에 입금해야 한다. 초입금이 입금되면 국방재무회계본부는 오퍼시행기관에 계약이행권한(OA: Obligation Authority)[41]을 부여하는데, 통상 10~15일이 경과한 시점부터 비로소 계약이행이 시작된다. 오퍼 수락과 동시에 FMS 계약이 체결되지만 오퍼 수락 이후 초입금이 입금되어야 비로소 계약이 발효되며 계약이행권한이 부여됨으로써 계약이행이 시작된다. 우리나라의 경우 미국 주미군수무관단을 경유하여 방위사업청 국제계약부로 오퍼가 통보되면, 소요군 및 통합사업관리팀을 비롯한 관련 기관의 검토를 거쳐 방위사업추진위원회에서 오퍼 수락 여부를 최종 결정한다. 위원회 의결에 따라 오퍼 수락이 결정되면 방위사업청은 주미군수무관에게 수락을 지시하며, 군수무관은 오퍼에 수락서명 후 이를 오퍼시행기관에 통보함과 동시에 방위사업청 국제계약부에서는 초입금을 입금함으로써 비로소 FMS 계약이 발효된다.

3) 계약 이행

오퍼 이행은 FMS 계약 전 과정에서 가장 오랜 기간이 소요되는 단계로 오퍼에 명시된 계약목적물(Deliveries)을 구매국에 인도하는 계약이행 과정이다. 국방재무회계본부로부터 계약이행권한이 부여되면 이는 DSAMS 전산체계를 통해 각 군의

---

40 초입금(Initial Deposit): FMS 오퍼를 수락한 이후 오퍼금액의 전부 또는 일부를 미국 정부에 지불하는 비용으로 일종의 착수금 또는 선금이라 할 수 있다. 오퍼를 수락했다고 하더라도 초입금을 입금하지 않으면 계약이 이행되지 않는다.

41 계약의무 이행권한(Obligation Authority): 오퍼를 이행함에 있어서 구매국에서 지불한 오퍼자금을 사용할 수 있도록 권한을 부여하는 것

FMS 오퍼이행기관에 통보되며 이때부터 오퍼이행기관은 계약이행을 위해 케이스 자금을 사용할 수 있게 된다. 지정판매는 오퍼 수락과 동시에 계약품목과 수량 등이 확정되기 때문에 계약이행권한이 부여되면 구매국 청구행위 없이 자동적으로 조달 절차가 진행되는 반면, 총괄판매 및 보급지원협정은 계약금액만 결정하고 구체적인 품목과 수량 등은 확정되지 않았기 때문에 구매국의 청구가 접수되어야 비로소 조달절차가 진행된다. 오퍼 이행과 관련된 주요 조직으로는 국제군수통제기구(ILCO)와 재고관리소(ICP)가 있다. 국제군수통제기구는 자체적으로 군수품의 획득, 저장 및 운반 등을 수행할 수 있는 조직 또는 시설 등을 보유하고 있지는 않지만, FMS 계약이행을 총괄적으로 관리하며 계약이행 전 과정에서 구매국과 미군의 군수조직을 연결해준다. 즉, 국제군수통제기구는 자체적인 군수지원 능력을 보유하고 있지 않으면서 FMS 계약이행을 위해 재고통제소 등 미군 보급지원체계와 구매국 사이에서 교량 역할을 수행한다. 반면 재고통제소는 군수품의 획득, 저장 및 운반 등 자체적으로 군수지원 조직과 능력을 보유하고 미군에 대한 군수지원을 직접 수행하면서 국제군수통제기구를 통해 FMS 구매국에 대한 군수지원을 수행한다는 점에서 그 임무와 역할이 다르다. 세부적인 오퍼 이행절차는 육·해·공군 및 오퍼 형태에 따라 조금씩 다르지만 전체적으로 유사하므로 미국 육군을 예로 들어 설명하겠다. 〈자료 3-19〉에서 보는 바와 같이 육군의 경우 안보지원사령부가 국제군수통제기구이며, 수명주기관리사령부(LCMC) 및 국방부 군수관리본부(DLA) 등이 재고통제소이다. 육군에서 사용하는 고유품목은 물자사령부(AMC) 예하 4개의 수명주기관리사령부에서, 3군 공통품목인 경우 국방부 예하의 군수관리본부에서 각각 군수지원 임무를 수행하고 있다. 안보지원사령부는 수행업무에 따라 앨라배마 주 헌츠빌에 위치한 본부와 펜실베이니아 주 뉴컴벌랜드에 위치한 운영부서로 구분할 수 있다. 안보지원사령부 본부(USASAC-HQ)는 오퍼시행기관으로서 계약 전 과정을 관리감독하며 오퍼 발행에 깊이 관여하는 반면, 안보지원사령부 운영부서(USASAC-

NC)[42]는 오퍼 이행업무를 주로 담당하고 있다. 따라서 오퍼시행기관과 국제군수통제기구가 각각 별도로 구분된 해 · 공군과는 달리 육군은 안보지원사령부가 오퍼시행기관 및 국제군수통제기구의 역할을 동시에 수행하고 있다. 안보지원사령부 본부의 케이스 매니저(CCM, Country Case Manager)는 오퍼 수락 이후 종결까지의 전 과정에서 군수(Logistics) 및 자금(Finance)을 관리하는 인원으로 ① 총괄판매 및 보급지원협정 케이스는 일반적으로 국제군수통제기구인 안보지원사령부 운영부서에서, ② 지정판매 케이스의 경우 완성장비는 수명주기사령부의 무기체계사업담당관실(Weapon System Program Office), 수리부속은 안보지원사령부 운영부서에서, ③ 교육훈련 케이스는 안보협력 교육훈련기관에서 각각 관리 · 수행하고 있다. 총괄판매 및 보급지원협정 케이스는 구매국 청구가 접수되어야 진행되기 때문에 구매국이 국제군수통제기구에 필요한 품목과 수량을 요청하면 국제군수통제기구가 3군 공통품목의 경우 국방군수본부에 구매국의 청구를 진행해줄 것을 요청하며, 각 군의 고유품목인 경우에는 재고관리소와 협조한다. 재고관리소에서는 국제군수통제기구를 통해 접수된 FMS 구매국의 요구

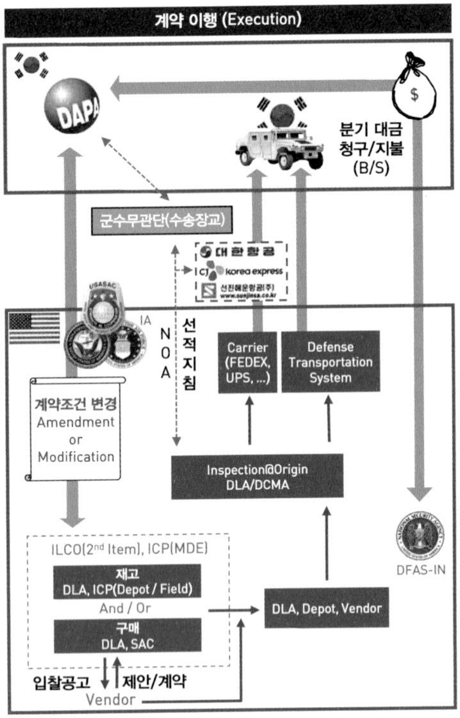

자료 3–19 계약 이행절차

42 안보지원사령부 본부 및 운영부서를 구분하기 위해 편의상 본부(Head Quarter)는 USASAC-HQ로, 운영부서는 부대가 위치하고 있는 도시인 뉴컴벌랜드(New Cumberland) 이름을 따서 USASAC-NC로 구분하고 있다.

를 충족시키기 위해 재고품목 중에서 지원할 것인지 또는 추가적으로 구매하여 지원할 것인지를 결정하여 해당 품목을 불출한다.

계약이행 단계는 획득(청구), 보급/수송, 교육훈련, 정비, 하자관리, 오퍼 자금관리 등 군수지원/자금관리뿐 아니라 오퍼를 이행하는 도중에 구매국이 변경을 요구하거나 오퍼이행기관의 여건 등이 변화되어 오퍼를 변경하는 활동도 포함된다. **오퍼의 계약조건 변경**은 최초의 기본오퍼[43]가 수락된 이후에 사업범위 변경 여부에 따라 신규 오퍼 개설, 오퍼 개정, 오퍼 수정의 형태로 이루어진다. 중요군사장비(SME)를 추가 또는 취소하는 등 사업범위가 현저하게 변경되는 경우에는 오퍼를 새로이 개설해야 한다. 만약 인도시기 변경, 케이스 계약항목(Line Item)의 추가/삭제, 케이스 계약항목 간 자금의 재편성 또는 재배정, 계약 요구사항 추가/삭제, 구매수량 변경 등 사업범위가 일부 변경되는 경우에는 기존의 기본오퍼를 **개정**(Amendment)한다. 계약목적물에 대한 인도일정(Delivery Schedule)의 변경, 오퍼금액/대금지불계획의 경미한 변경, 행정오류 정정 등 사업범위에 영향이 없는 변경사항은 기본오퍼를 **수정**(Modification)한다. 이와 같이 오퍼를 변경하는 모든 경우에는 구매국의 서명이 필요하다. 신규 개설된 오퍼나 개정오퍼의 경우에는 사업범위가 변경되기 때문에 반드시 구매국의 동의서명이 필요하지만, 수정오퍼의 경우 사업범위에 영향이 없기 때문에 구매국의 동의 없이 미국 정부에 의해 일방적으로 변경될 수 있다. 이러한 이유로 수정오퍼의 구매국 서명은 단지 수정오퍼를 미국 정부로부터 이상 없이 접수하였다는 증거에 불과하다고 하겠다. 이와는 별개로 신규 또는 개정오퍼를 구매국에 제공하여 수락하기 전에 식별된 사소한 정정사항은 '**펜 앤 잉크**(Pen and Ink

---

43 최초에 개설된 오퍼를 기본오퍼(Basic Offer)라고 하며, 기본오퍼를 개정하면 개정오퍼, 수정하면 수정오퍼가 된다. 공군의 케이스 KS-B-ZAA를 예로 들면, KS-B-ZAA가 기본오퍼이며, KS-B-ZAA A1이 첫 번째 개정오퍼, KS-B-ZAA A2가 두 번째 개정오퍼이다. 수정오퍼의 경우 KS-B-ZAA M1, M2, M3, … 등으로 명명된다.

Change)'를 통해 수정할 수 있다. 펜 앤 잉크는 숫자나 행정적인 오류 등 사소한 변경을 위한 수단으로, 전체 오퍼금액에 영향을 미치지 않는 초입금이나 대금지불계획의 조정, 오퍼 유효기간 연장 등을 별도의 행정절차 없이 바로 정정 가능하다. 하지만 수정오퍼에서는 '펜 앤 잉크'가 인정되지 않는다. 신규 및 개정오퍼의 경우 '펜 앤 잉크'를 통해 수정하더라도 최종적으로 구매국의 수락을 통해 확정되는 데 반하여, 오퍼 수정은 구매국의 사전 승인 없이 미국 정부가 임의로 변경할 수 있기 때문에 오퍼 수정에서는 아무리 사소한 변경사항이라 하더라도 반드시 수정계약절차에 따라 조치토록 하고 있다. 또한 구매국에 의한 '펜 앤 잉크' 수정은 허용되지 않는데, 이는 오퍼시행기관의 사전 승인 없이 임의로 구매국이 오퍼를 수정하는 경우 새로운 반대오퍼(Counter Offer)로 인정되어 이전 오퍼가 무효로 처리되기 때문이다.

구매국에서 오퍼요청서를 접수하면 DSAMS를 통해 오퍼를 발행하고 오퍼 수락 후 계약이 이행되는 전 과정에서 국제군수통제기구는 자체 **오퍼이행 전산체계**를 통해 업무를 수행하고 있다. 〈자료 3-20〉에서 보듯이 육군 USASAC에서는 CISIL, 해군 NAVSUP-WSS에서는 MISIL, 공군 AFSAC에서는 SAMIS[44]를 통해 각각 청

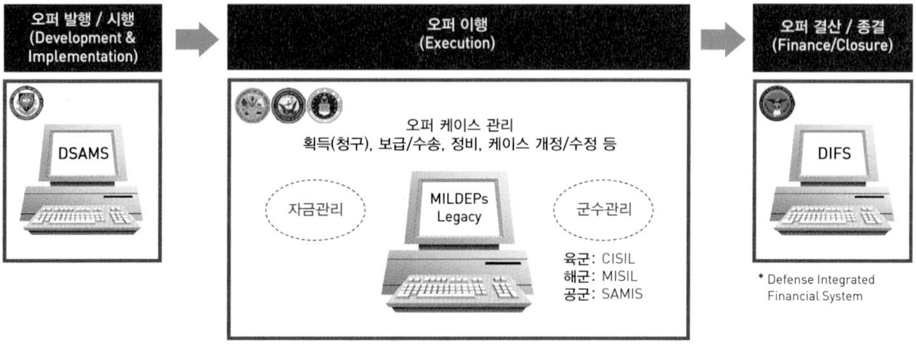

자료 3-20 FMS 주요 전산체계

44 오퍼이행 전산체계: 육군 CISIL(Centralized formation System for International Logistics), 해군 MISIL(Management formation System for International Logistics), 공군 SAMIS(Security Assistance Management Information System)

구 · 정비 · 하자 등 계약이행에 관련된 모든 사항을 관리하고 있다. 계약 이행에 따른 모든 자금관리 및 오퍼 종결은 국방재무회계본부(DFAS-IN)에서 국방통합자금관리전산체계(DIFS)를 통해 관리한다.

4) 계약 종결Case Closure

오퍼에 명시된 모든 장비 및 용역의 인도가 거의 완료되는 시점에서 케이스 매니저는 오퍼 이행내역과 자금을 정산(Reconcile)하여 오퍼를 종결할 준비를 한다. FMS 오퍼를 종결한다는 것은 계약이 완료되어 종결하는 것으로 계약서에 명시된 모든 품목의 인도가 완료되고 구매국 및 미국 오퍼이행 관련기관의 대금지불이 완료되고 진행 중인 하자가 없어야 오퍼 종결절차가 진행될 수 있다. 오퍼 종결과 관련된 이해 당사자는 오퍼시행기관, 국방재무회계본부, 구매국 정부로서 오퍼 종결은 진행단계에 따라 군수지원종결 및 자금종결의 두 단계로 나눌 수 있다.

군수지원종결(SSC: Supply & Service Completion)은 오퍼에 명시된 모든 장비 및 용역의 인도가 완료되어 구매국으로부터 추가적인 청구행위가 없으며[45] 보증기간이 경과하고 하자가 모두 종결되어 오퍼의 계약조항들이 완전히 충족된 상태를 말한다. 오퍼의 군수지원이 종결된 것으로 확인되면 오퍼시행기관은 군수실적 및 자금현황을 정산하여 오퍼 군수지원종결 확인서를 국방재무회계본부에 통보한다. 이에 따라 국방재무회계본부는 군수실적 및 자금현황을 검토하여 구매국에 최종 청구서(Final Bill) 또는 최종 계정명세서(DD Form 645)를 통보한다. 이는 오퍼대금 지불계획에 따라 미국 정부에 지불한 초입금 및 분기별 대금과 실제 계약집행금액을

---

45 지정판매는 미국 정부의 케이스 매니저가 관리하나, 총괄판매 및 보급지원협정의 경우 구매국의 청구행위가 완료되어야 한다. 총괄판매의 경우 최종 청구품목이 인도된 이후 180일 이상 추가적인 구매국의 청구가 없는 경우 미국의 케이스 매니저는 오퍼 종결을 검토하게 된다.

정산하는 과정으로, **자금종결**(Financially Closed)이 끝나야 비로소 오퍼가 종결된 것으로 간주된다.

오퍼 종결절차에는 조기종결(ACCP: Accelerated Case Closure Procedure)과 일반종결(Non-ACCP)의 두 가지가 있는데, 〈자료 3-21〉은 이러한 종결절차에 대하여 설명하고 있다.

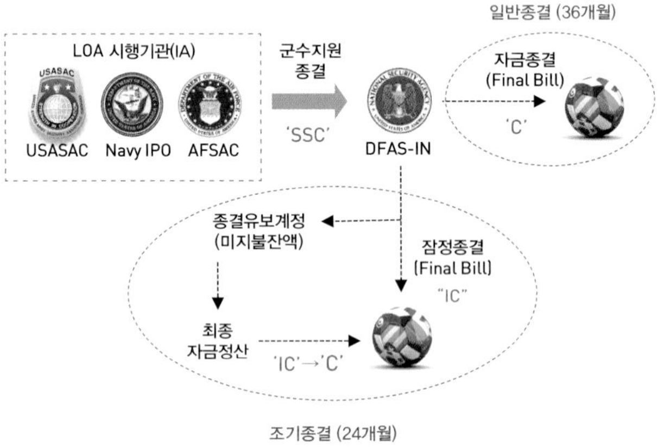

자료 3-21 오퍼 종결절차

일반종결은 군수지원이 종결되면 오퍼 종결절차가 시작되는데, 종결이 완료되기까지는 평균적으로 36개월이 소요되며 중요군사장비의 경우에는 더 오랜 기간이 소요되기도 한다. 오퍼 정산 결과 지불한 총 금액보다 실제 계약집행금액이 더 많은 경우 구매국의 불만과 함께 대금회수에 어려움을 겪을 수도 있기 때문에 통상 오퍼를 발행하는 과정에서 오퍼대금을 여유있게 설정하는 경향이 있으며 이로 인하여 오퍼가 종결되면 지불하고 남은 종결잔액을 되돌려 받는 경우가 많다.[46] 따라서

---

46 FMS에서 오퍼금액으로 제시되는 금액은 추정금액(Estimates)으로 최종 정산까지는 정확한 금액을 알 수 없다. 오퍼 표준조건에 의해 FMS의 최종 정산금액이 오퍼에 명시된 추정금액을 초과하는 경우 구매국에 추가 지불을 요구할 수 있도록 하고 있으나, 대부분의 경우 최종 정산금액은 오퍼의 추

구매국은 오퍼 종결을 신속하게 완료함으로써 종결잔액을 빨리 돌려받기를 원하며 이에 따라 대부분 조기종결 절차를 요구한다. 이러한 기대에 부응하기 위하여 미국 정부는 **조기종결** 절차를 시행하고 있으며, 군수지원 종결 이후 24개월 이내에 오퍼를 종결하는 것을 목표로 하고 있다. 구매국도 대부분 조기종결을 선호하고 있기 때문에 일반적으로 오퍼는 조기종결 절차에 따라 종결된다.

일반종결에서는 군수지원종결은 물론 자금정산 결과 자금이 부족한 경우 구매국에 추가적인 지불을 요구하거나 잔액이 발생하는 경우 이를 구매국에 환불하여 자금정산이 완전히 종결되어야 비로소 오퍼가 종결되는 데 비해, 조기종결은 케이스에 미지불잔액[47]이 있더라도 우선적으로 오퍼의 중간종결(Interim Closure)을 허용한다. 즉, 케이스 매니저는 미지불잔액을 예측하고 이 금액을 구매국에 청구하여 케이스 종결유보계정(Case Closure Suspense Account)에 입금하며 국방재무회계본부은 구매국에 최종 청구서(Final Bill)를 통보하여 오퍼가 잠정적으로 종결(Interim Closure)된 것으로 처리한다. 이후 케이스 종결유보계정에서 오퍼 자금정산이 최종적으로 완료되면 잠정 종결되었던 케이스가 최종적으로 완전히 종결(Final Closure)[48] 된다. 또한 오퍼는 계약이행 중이더라도 구매국 또는 미국 정부의 취소결정에 따라 종결될 수 있다. 다만 구매국이 취소하는 경우 계약취소에 따른 모든 종결비용을 구매국이 책임져야 하지만, 반대로 미국 정부가 자국의 이익을 위해 필요하다고 판단되는 경우에는 구매국 의사와 무관하게 일방적으로 오퍼를 취소할 수 있다.

정금액보다 낮게 결정된다. 이는 아마도 추가 지불 요구에 대한 구매국의 저항을 고려하여 오퍼 발행 단계에서 다소 높게 추정금액을 설정하는 것으로 판단된다.

47 미지불잔액(ULO: Unliquidated Obligation Value): 예상되는 최종 오퍼대금과 현재까지 오퍼 이행을 위해 지출된 집행금액의 누계

48 SCIP에서는 위와 같이 케이스 종결상태에 따라 군수지원종결('SSC'), 잠정종결('IC'), 최종종결('C')로 표시된다. 결국 모든 케이스 종결은 오퍼 종결처리 방식에 관계없이 최종적으로 SCIP에 'C'로 표시된다.

4. FMS 물자 청구

1) 개념

청구(請求)는 계약 상대방에 대하여 일정한 행위나 급부를 요구하는 것으로 FMS의 경우에는 오퍼의 종류에 따라 청구 방법에 차이가 있다. 지정판매는 오퍼 수락과 함께 구매국의 청구행위 없이 오퍼를 근거로 계약이 자동적으로 이행되나, 총괄판매 및 보급지원협정의 경우 구매국에서 필요할 때마다 수시로 청구함으로써 계약이 이행된다.

2) 미군 보급지원

미국 국방부는 국방물자를 주요품목(Primary Item)과 보조품목(Secondary Item)으로 구분하고 있는데, 주요품목은 전차 · 헬기 · 전투함 · 전투기 등 전투수행 목적상 또는 특정 기능부대의 임무 수행상 필수 불가결한 주요완성장비(Major End Item) 등의 필수품목을 말하며, 보조품목은 필수품목으로 분류되지 않은 수리부속, 소모품 등 기타 모든 품목을 말한다. 〈자료 3-22〉에서 보는 바와 같이 국방부는 각 군의 주요완성장비 등을 포함한 주요품목은 육 · 해 · 공 · 해병대 자체적으로 독립적인 군수지원을 수행하고 있다. 보조품목의 경우 각 군에서 모두 사용되는 공통품목은 국방부 국방군수본부에서 지원하며, 일부 각 군에서만 사용되는 고유품목은 각 군 자체적으로 지원하고 있다. 미군에서 소요되는 보조품목에 대한 보급지원 비중의 약 93% 이상은 국방군수본부에서, 나머지는 각 군에 의해 수행되고 있다. 비록 각 군의 보조품목에 대한 군수지원 비중이 7% 미만에 불과하지만 대부분 주요완성장비의 성능발휘에 중대한 영향을 미치는 품목들이다.[49]

---

49 상대적으로 적은 소요물량으로 인한 단가상승 문제를 해결하고 적정량의 보급지원 수준을 유지하

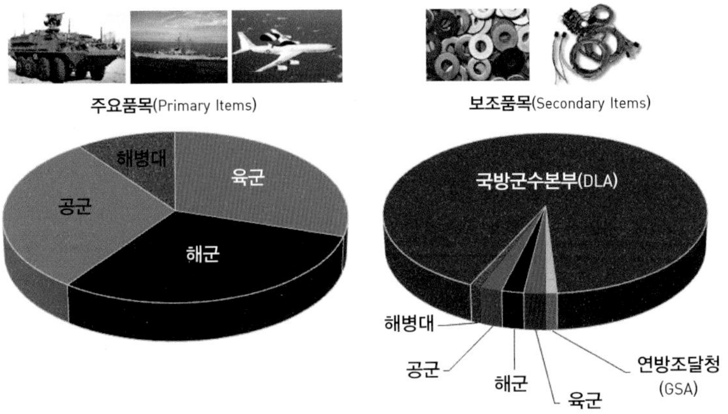

자료 3-22 미군의 기관별 보급지원 현황[50]

3) 청구지원체계 및 절차

앞서 살펴본 바와 같이 구매국에서 오퍼를 수락함과 동시에 초입금을 입금하면 국방재무회계본부는 오퍼시행기관(IA)에 오퍼 계약을 이행할 것을 지시(Obligation Authority)함으로써 FMS 계약이 실질적으로 이행되기 시작한다. 〈자료 3-23〉에서 보는 바와 같이 지정판매는 오퍼에 의해 자동적으로 진행되며, 총괄판매나 보급지원협정은 구매국의 청구행위가 있어야 비로소 조달절차가 진행된다. 수리부속, 발간물, 소모품 등 후속군수지원 품목들은 총괄판매 또는 보급지원협정 오퍼를 근거로 국제군수통제기구(International Logistics Control Organization)에 청구하면 국제군수통제기구에서 오퍼자금이 충분히 가용한지, 청구 품목정보가 정확한지를 확인하

기 위하여 미군은 이러한 품목들에 대해 구매국과 함께 보급지원협정을 체결함으로써 자군 보급지원의 융통성을 확보하고 있다.

50 Primary & Secondary Item Management(Logistics Orientation p.8. DISAM)
※페인트, 수공구, 가구 등 일반비품과 사무용품류는 정부조달기관인 연방조달청(GSA: General Services Administration)에서 조달하고 있다. 연방조달청은 우리나라의 조달청과 유사한 기능을 수행하고 있다.

여 이를 재고통제소(Inventory Control Point)에 통보한다. 재고통제소는 재고 보유량과 미군의 소요를 검토하여 FMS 구매국에 재고품목을 지원할 것인지 아니면 새로운 조달계약을 통해 지원할 것인지를 결정한다. 재고통제소는 미군 및 FMS 구매국을 대상으로 전차, 차량, 헬기 등 주요완성장비 및 관련 후속군수지원 품목에 대한 보급지원 업무를 수행하는 데 반해, 국제군수통제기구는 오직 FMS 구매국을 위한 보급지원업무만 수행한다. 즉, 국제군수통제기구는 자체적인 군수지원 기능과 조직을 보유하지 않으면서 다만 재고통제소와 FMS 구매국을 연결하는 역할을 수행한다. 육군을 예로 들어 청구절차를 살펴보면 구매국에서 총괄판매 케이스로 전차

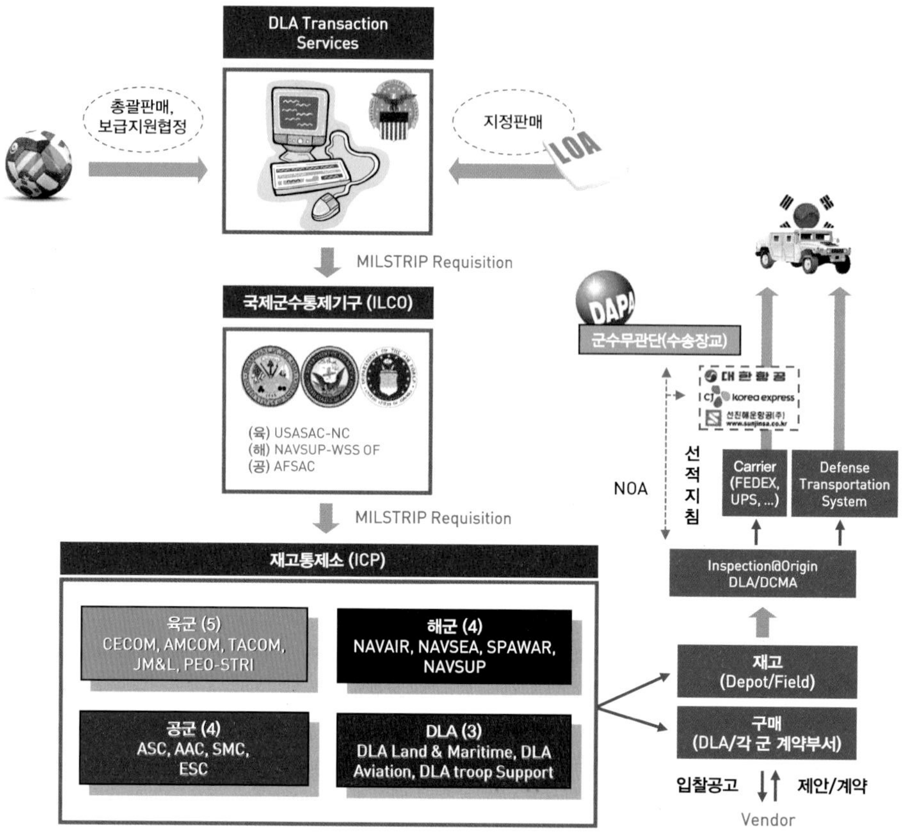

자료 3-23 FMS 청구 진행절차

의 수리부속을 청구하는 경우 구매국은 육군의 국제군수통제기구인 안보지원사령부(USASAC-NC)에 품목정보와 함께 청구를 요청한다. 구매국의 청구를 접수한 안보지원사령부의 케이스 매니저(Country Case Manager)는 해당 오퍼에 충분한 자금의 보유 여부 및 청구품목 관련 정보를 확인하고 수명주기관리사령부 중 전차를 관리하는 기동장비사령부(TACOM)의 품목담당자(Item Manager)에게 오퍼이행관리전산체계인 CISIL[51]을 통해 구매국의 청구품목을 확보토록 요청한다. 기동장비사령부 품목담당자는 보급창(Supply Depot) 또는 야전부대(Field Unit)의 보유재고 및 미군의 소요 등을 확인하여 FMS 구매국에 재고를 지원할 것인지 아니면 조달계약을 통해 지원할 것인지를 결정한다. 하지만 재고를 FMS 구매국에 지원하는 경우에는 반드시 미국 내에 위치한 보급창 또는 야전부대에서 보관하고 있는 재고만 불출하는 것을 원칙으로 하고 있다. 이는 해외주둔 부대에서 보유하고 있는 재고는 해당 지역에 주둔하고 있는 미군을 위한 운영재고이기 때문에 다른 국가들을 위해 지원하는 것이 불가능하며, 법적으로도 모든 FMS 품목은 미국 국내에서 해외수출 시 수출허가(Export License) 및 수출승인(Export Authority)을 받도록 제한하고 있기 때문이다.[52]

재고에 여유가 없어 지원이 불가능한 경우에는 국방부의 조달절차에 따라 방산

51 국제군수통합전산체계(Centralized Integrated System for International Logistics): 미 육군의 오퍼이행을 위한 자동전산체계로 구매국에서 청구한 이후부터 구매국(또는 수송대행업체)에 인도되어 국방재무회계본부(DFAS-IN)에서 비용이 청구될 때까지 오퍼 이행사항을 추적 관리한다. 해군은 MISIL, 공군은 SAMIS의 오퍼이행 전산체계를 각각 보유하고 있다.

52 Security Assistance Export Guidance(DSCA Policy Memo 04-34, 2004년 8월 20일) FMS로 해외수출 시 반드시 미국 정부의 수출허가(Export License) 및 수출승인(Export Authority)을 받아야 한다. 구매국과의 구매협정서인 LOA가 일종의 수출허가서이며 DSP 94는 AECA 및 ITAR에 의해 FMS로 해외에 수출되는 모든 국방물자에 대한 공식적인 수출승인 문서로서 발급일로부터 2년간 유효하다. 따라서 모든 FMS 품목은 관세통과 시 수출허가서인 오퍼 및 DSP 94 수출승인서를 제출해야 한다(http://guidebook.dcma.mil/61/dc05-092atch.pdf).

업체와 조달계약을 체결하는데, 수시로 계약을 체결하는 것이 아니라 대부분 일정 수량 이상의 주문물량이 확보될 때까지 기다리기 때문에 조달에 오랜 시간이 소요되기도 한다. FMS 구매국 입장에서는 답답한 상황이지만, 몇 개씩 청구되는 모든 품목을 그때마다 발주하는 경우 행정소요도 많을뿐더러 무엇보다 방산업체가 소량 품목을 판매하기 위해 생산라인을 가동하려 하지 않기 때문이다. 따라서 방산업체의 생산라인을 가동하기 위한 최소한의 생산물량을 확보할 때까지 기다리지만, 긴급히 필요한 경우에는 최소주문수량을 충족시키기 위해 부득이하게 소요 이상으로 많은 수량을 청구하기도 한다. 조달계약은 일반적으로 생산지점 인도조건(FOB Origin)[53]을 적용하여 선적준비가 완료되면 최초지점(Origin)에서 국방군수본부 또는 국방계약관리본부(DCMA: Defense Contract Management Agency)에 의한 품질검사를 수행하는데 구매국에 계약목적물을 선적하기 전에 제작업체로부터 납품된 품목에 이상이 없는지를 확인하고 수락하는 과정으로 품목의 상태, 종류, 수량, 문서와의 일치 여부 등을 확인한다. 품질검사를 통과하면 구매국에 해당 품목이 미국의 보급원(SOS: Source of Supply)으로부터 불출될 준비가 되었음을 통보하는데, 이를 불출통보(NOA: Notice Of Availability)라 한다. 비밀물자 또는 폭발물 등 위험물자인 경우에는 반드시 주미군수무관단의 수송장교에게 불출통보를 하여 어떠한 운송수단을 통해 수송할 것인지에 대한 수송지침을 받아 선적하며, 기타 일반품목의 경우 오퍼에 명시된 수송조건에 따라 미군의 국방수송체계(DTS: Defense Transportation System) 또는 민간의 상업수송체계를 이용하여 구매국 또는 수송대행업체(Freight Forwarder)로 인도한다. 청구업무를 수행하는 기관은 육 · 해 · 공군의 국제군수통제기구 및 재고통제소이며 각 군별 여건에 따라 명칭과 기능이 약간씩 다르게 운영

---

53 FOB Origin(Freight On Board-Origin): 계약목적물의 소유권이 판매자의 생산업체에서 구매자에게 이전되는 조건으로 일단 생산업체에서 구매자에게 불출되는 순간 계약이 이행된 것으로 판단한다.

되기는 하지만 전체적인 업무내용과 절차는 비슷하다.

(1) 육군

물자사령부(AMC)가 육군의 모든 군수지원에 대한 책임을 지고 있으며, 예하에 4개의 수명주기관리사령부와 1개의 사업집행국(Program Executive Office - Simulation, Training & Instrumentation)에서 미군 및 FMS 구매국에 대한 군수지원을 책임지는 재고통제소 기능을 수행하고 있다.

구분		지원품목
수명주기 관리사령부 (LCMC)	항공유도사령부(AMCOM)	헬기, 유도탄
	통신전자사령부(CECOM)	전자 및 암호장비
	기동장비사령부(TACOM)	전차, 기동장비, 유도탄
	합동탄약사령부(JM&L)	탄약
사업집행국(PEO-STRI)		시뮬레이션, 훈련/계측장비

자료 3-24 육군 재고통제소 및 지원품목

수명주기관리사령부는 육군의 주요완성장비에 대한 주요품목 및 수리부속 등의 보조품목을 함께 관리하고 있으나, 대부분 완성장비인 주요품목의 경우 지정판매케이스로 안보지원사령부(USASAC-HQ)가 오퍼시행기관으로서 오퍼 발행에 관여하고 오퍼가 수락되면 별도의 청구절차 없이 재고통제소에서 자동적으로 계약이행절차가 진행된다. 반면 보조품목의 경우 안보지원사령부 운영부서(USASAC-NC)가 오퍼 발행에 관여할 뿐 아니라, 오퍼 수락 후에는 국제군수통제기구로서 구매국을 대신하여 수명주기관리사령부 및 사업집행국과 협조한다.

(2) 해군

4개의 체계사령부가 재고통제소로서 해군의 모든 군수지원에 대한 책임을 지고 있다. NAVSUP은 주로 해군의 보급규정 및 절차 등 보급체계운영에 대한 책임을 지고 있으며, 예하의 NAVSUP - Weapon Systems Support가 국제군수통제기구로서 체계사령부와 협조하여 FMS 구매국에 대한 후속군수지원 업무를 수행하고 있다.

구분	지원품목
항공체계사령부(NAVAIR)	항공기, 공대공 유도탄
해상체계사령부(NAVSEA)	전투함, 잠수함, 함대공 유도탄
해상항공체계사령부(SPAWAR)	통신, 위성, 기상장비
보급체계사령부(NAVSUP)	후속군수지원 품목(보조품목), 발간물

자료 3-25 해군 재고통제소 및 지원품목

(3) 공군

1개 수명주기관리사령부 예하에 3개 수명주기관리센터 및 1개 사업집행국(Program Executive Office-space & Missile Systems Center)에서 FMS 구매국에 대한 군수지원을 책임지는 재고통제소 기능을 수행하고 있다. 예하의 공군안보지원사령부(AFSAC: Air-Force Security Assistance Command)가 국제군수통제기구로서 FMS 구매국을 대신하여 수명주기관리센터 및 사업집행국과 협조한다.

구분	지원품목
항공장비체계센터(Aeronautical Systems Center)	항공기
전자장비체계센터(Electronic Systems Center)	전자장비체계
항공무장센터(Air Armament Center)	무장 · 항법 · 유도체계
사업집행국(PEO-Space & Missile Systems Center)	위성, 기상장비

자료 3-26 공군 재고통제소 및 지원품목

(4) 국방군수본부

예하의 3개 재고통제소를 통해 육 · 해 · 공군 · 해병대의 공통품목에 대한 군수지원 임무를 수행하고 있다. FMS 구매국은 각 군의 국제군수통제기구인 USASAC-NC(육), NAVSUP-WSS(해), AFSAC(공)에 공통품목에 대한 군수지원을 요청하면, 국제군수통제기구가 DLA 재고통제소와 협조한다. 국방군수본부는 국방부 보급지원체계에서 지원되는 품목의 약 93% 이상의 품목에 대한 재고관리 및 군수지원 업무를 수행하는 것으로 알려져 있다.

국방군수본부
(Defense Logistic Agency)

지원센터
(Service Center)

- DLA Disposition Services (초과물자 처리센터)
- DLA Logistics Information Services(군수정보지원센터)

보급센터
(DLA Distribution Centers)

- 미 본토(17개소)

Albany, GA
Anniston, AL
Barstow, CA
Cherry Point, NC
Corpus Christi, TX
Hill, UT
Jacksonville, FL
Norfolk, VA
Oklahoma City, OK
Puget Sound, WA
Red River, TX
Richmond, VA
San Diego, CA
San Joaquin, CA
Susquehanna, PA
Tobyhanna, PA
Warner Robins, GA

- 해외(7개국)

Germany
Guam
Hawaii
Italy
Japan
Korea
Kuwait

재고통제소
(Inventory Control Center)

- DLA Land and Maritime (지상 및 해상 재고통제소)
- DLA Troop Support (부대지원 재고통제소)
- DLA Aviation(항공 재고통제소)

구분	지원품목
지상/해상 재고통제소(DLA Land & Maritime)	지상 · 해상 · 유도무기 수리부속
부대지원 재고통제소(DLA Troop Support)	식량, 의복, 의약품 등
항공 재고통제소(DLA Aviation)	항공 수리부속

자료 3-27 국방군수본부의 재고통제소 및 지원품목

4) 국방표준청구/불출절차MILSTRIP: Military Standard Requisition and Issue Procedures

FMS의 모든 청구 · 불출 · 수송은 국방표준청구/불출절차에 따라 국방군수본부 자료전송체계(DLA Transaction Service)[54]를 거쳐 진행된다. 국방표준청구/불출절차는 미군 및 구매국의 수많은 청구품목에 대한 보급지원 업무를 효율적으로 수행하기 위하여 1950년대에 개발된 일종의 보급지원 언어로서 미군의 모든 보급 관련 기관들이 공통적으로 사용하는 약어이다. 과거에는 수기문서 또는 천공카드(Key-punch Cards)를 사용하기도 하였으나 지금은 컴퓨터를 활용하여 〈자료 3-28〉과 같은 문서에 보급지원 내용을 입력하여 관련 기관 상호 간에 전자적 의사소통을 하고 있다. 이 문서는 80개의 기록 칸들로 구성되어 있으며 처음에는 미군이 사용할 목적으로 개발되었으나 FMS 구매국을 위한 별도의 조직이나 제도를 갖추지 않고 있기 때문에 이 양식을 FMS에도 그대로 적용하여 사용하고 있다.

DOCUMENT IDENTIFIER	ROUTING IDENTIFIER	M&S	STOCK NUMBER: CLASS	STOCK NUMBER: NIIN – NCB CODE	STOCK NUMBER: NIIN		UNIT OF ISSUE	QUANTITY
1 2 3	4 5 6	7	8 9 10 11	12 13	14 15 16 17 18 19 20	21 22	23 24	25 26 27 28 29
A 0 1	B Y 7	0	5 9 3 0	0 1	0 0 6 9 7 0 8		E A	0 0 0 0 5

DOCUMENT NUMBER	DATE: YEAR	DATE: DAY	SERIAL NUMBER	DEM/SUF	SUPPL ADDRESS: SVC	SUPPL ADDRESS	SIGNAL CODE	FUNDING CODE	DIST	PROJ CODE	PRIORITY CODE	RAD/RDD	ADVICE CODE/STATUS CODE	SUPPLY/SHIPMENT STATUS
30 31 32 33 34 35	36	37 38 39	40 41 42 43	44	45	46 47 48 49 50	51	52 53	54 55 56	57 58 59	60 61	62 63 64	65 66	67 68 69 70 71 72 73 74 75 76 77 78 79 80
B B N L 5 4	7	0 7 8	3 0 0 1	N	P	Z 2 B A A	L		0 0 1		0 7		2 C	

자료 3-28 국방표준청구/불출절차(MILSTRIP)의 입력문서

54 국방군수본부 거래전송체계(DLA Transaction Service): 보급문서를 전자적 수단으로 자동으로 관련 기관에 전송하는 전산시스템

하지만 수많은 코드와 복잡한 부호 등으로 인하여 업무수행에 오랜 시간과 노력이 소요되고, 문서 종류에 따라 동일한 코드에 여러 의미가 중복되어 있는 등의 문제로 현재 미국 국방부는 XML 기반의 새로운 언어로 대체하기 위해 국방군수관리표준체계(DLMS: Defense Logistics Management Standards)를 개발 중에 있다. 하지만 각 군의 오퍼이행기관 전산체계인 MISIL, CISIL, SAMIS 등이 국방표준청구/불출절차(MILSTRIP)만 인식하도록 개발되었기 때문에 DLMS가 개발되기 전까지는 국방표준청구/불출절차를 계속 사용하는 수밖에 없다.

5. FMS 정비

해외에서 무기체계를 구매하는 경우 무기체계와 함께 모든 정비시설도 함께 갖추어 고장이 발생한 경우 자국 내에서 신속하게 정비하는 것이 장비를 운용하는 측면에서는 가장 바람직할 것이다. 그러나 이를 위해서는 정비시설 및 정비장비/공구를 추가로 구매해야 하고 정비인력에 대한 교육훈련을 실시해야 하는 등 막대한 예산과 오랜 시간이 소요되기 때문에 일반적으로 부대정비(Organization Maintenance) 및 야전정비(Field Maintenance)는 구매국에서 자체적으로 수행하고 창정비(Depot Maintenance)는 미군의 정비시설을 이용하는 것이 더 효율적일 수 있다.[55] 이처럼 미

55 검사, 교환, 재생 등 정비 내용별로 요구되는 기술적인 수준을 '정비계단(Level of Maintenance)'이라고 하는데, 일반적으로 정비를 수행하는 주체에 따라 3계단 또는 5계단으로 구분하고 있다. 5계단 정비의 경우 1계단(사용자 정비)은 장비를 사용하는 각개 병사가 직접 실시하며, 2계단(정비병 정비)은 정비교육을 받은 사용부대의 정비병에 의해 실시된다. 3계단(근접 정비)은 사용부대를 직접 지원하는 정비부대에 의해 실시되며, 4계단(일반정비)은 숙련된 정비인원 및 정비시설을 갖추고 지역 단위로 지정된 군지사급 부대에서 수행하는 정비이다. 5계단(창정비) 정비는 고도로 숙련된 기술요원에 의해 정비창으로 후송하여 수리 및 분해수리나 재생이 요구되는 완제품, 부분품 및 결합체에 대하여 실시하는 정비이다. 3계단 정비는 부대정비(1 · 2계단), 야전정비(3 · 4계단), 창정

국 정부는 우방국에 무기체계를 판매한 이후에도 수명주기 동안 지속적인 정비지원을 보장하기 위하여 구매국과 정비지원협정(Maintenance Support Agreement)을 맺고 있다. 정비지원협정은 FMS로 구매한 장비에 대하여 미군의 정비시설과 인력 등을 이용하여 정비지원을 제공하는 일종의 정비계약으로 계약 형태에 따라 지정판매, 총괄판매 및 보급지원협정으로 구분된다. 지정판매 정비는 정비품목 및 수량을 확정하여 체결하는 계약이며, 총괄판매 정비는 구체적인 정비품목과 수량을 결정하지 않고 정비대상 무기체계 및 총 정비금액만 결정하고 정비소요가 발생할 때마다 요청한다. 보급지원협정은 총괄판매와 같은 개념이지만 미군에서 재고로 보유 중인 동일한 장비(대체장비)를 우선적으로 구매국에 지원하고 해당 장비는 정비하여 미군의 재고로 충당한다는 점에서 구분된다. 앞서 설명한 바와 같이 일반적으로 FMS 정비는 부대정비 또는 야전정비가 아닌 창정비만 대상으로 하며 미군의 육·해·공군 부대별 특성 및 임무 등에 따라 다양한 형태의 정비조직과 정비체계를 갖추고 있으며 운용여건에 따라 조금씩 차이는 있으나 전체적인 FMS 정비 수행방식은 크게 다르지 않기 때문에 여기에서는 미국 육군을 중심으로 살펴보겠다.

1) 육군의 정비조직

미국 육군은 새로운 무기체계가 개발된 이후 야전에 배치·운용·폐기까지의 전 수명주기 동안의 효율적인 군수지원을 위하여 물자사령부(AMC) 예하에 무기체계별로 4개의 수명주기관리사령부(LCMC)를 운영하면서 미군을 포함한 FMS 구매국에 대한 정비도 함께 지원하고 있다. 실제 정비를 수행하는 곳은 수명주기관리사령부 예하의 정비창이지만, 정비와 관련된 FMS 구매국의 모든 업무는 국제군수통

비(5계단)로 구분한다. 미군과 우리 군은 모두 3계단 정비를 적용하고 있다.

제기구인 안보지원사령부의 운영부서(USASAC-NC)를 통해 진행되고 있다.

자료 3-29 미 육군 수명주기관리사령부 예하 주요 정비창 현황

(1) 물자사령부AMC: Army Materiel Command

물자사령부는 육군 획득군수기술 차관보실(ASA, ALT) 및 국방부 수송사령부(U.S. TRANSCOM)와 협조하여 무기체계 수명주기 동안의 통합된 군수지원 및 세계 각지에 배치된 미군 전투병력에 대한 수송/보급지원 업무를 수행하고 있다. 예하의 수명주기관리사령부와 안보지원사령부를 통하여 미군 및 FMS 구매국에 대한 정비지원 업무를 수행하고 있다. 실제 정비는 무기체계별로 수명주기관리사령부 예하의 정비창에서 수행하지만, FMS 구매국은 반드시 안보지원사령부를 통하여 정비와 관련된 모든 행정절차를 진행하도록 하고 있다.

(2) 국제군수통제소ILCO: International Logistics Control Organization

안보지원사령부는 구매국으로부터 정비요청이 접수되면 해당 무기체계를 관리하는 수명주기관리사령부와 협조하여 가용한 정비시설을 확인하고 해당 정비시설로 정비대상품목을 보낼 것을 지시하는 선적지시서를 구매국에 통보한다. 안보지원사령부는 별도의 정비시설 및 장비, 인력을 보유하고 있지 않기 때문에 실제 정비를 수행하지 않으며 미군을 위한 정비지원 업무도 수행하지 않는다. 단지 FMS 구매국을 위하여 미국 육군의 정비부서와 행정적으로 협조할 뿐이다.

(3) 재고통제소ICP: Inventory Control Post

육군에서는 물자사령부 예하의 4개 수명주기관리사령부가 재고통제소 역할을 수행하고 있다. 미군은 2003년부터 총 수명주기 체계관리 개념을 도입하여 무기체계의 기획단계에서부터 획득 · 운영유지 및 폐기단계에 걸친 수명주기 전반의 비용요소에 초점을 맞추어 사업을 관리하고 있으며, 이에 따라 각각의 수명주기관리사령부는 해당 무기체계에 대한 효율적인 운영유지를 위하여 〈자료 3-30〉에서 보는 바와 같이 정비창을 각각 운영하고 있다.

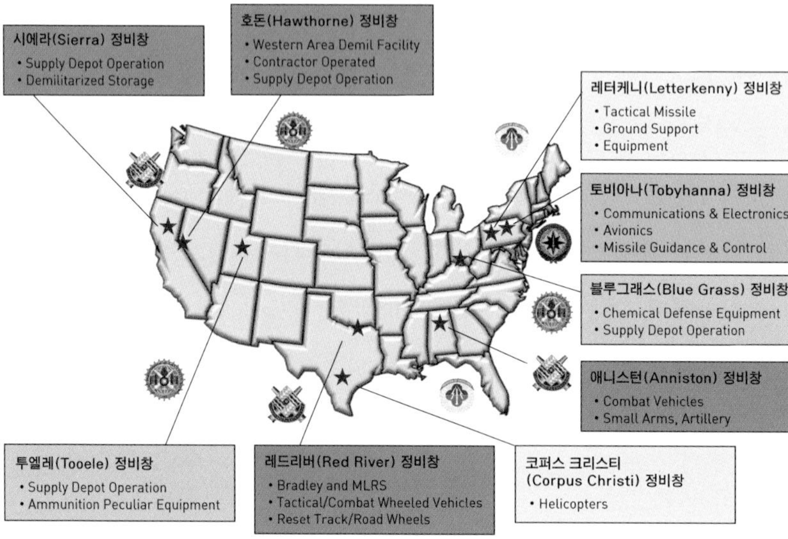

자료 3-30 미 육군의 주요 정비창

① 항공유도사령부AMCOM

코퍼스 크리스티(Corpus Christi) 정비창 및 레터케니(Letterkenny) 정비창을 직접 운용하면서 헬기 등 미군 및 구매국의 항공기/유도탄에 대한 정비를 수행하고 있다.

• 코퍼스 크리스티 육군 정비창(CCAD)[56]

텍사스 주에 위치한 항공유도사령부 예하의 정비창으로 1961년에 창설되어 미국 육군 및 FMS 구매국의 UH-60 블랙호크, CH-47 시누크, AH-64 아파치 등 헬기의 기체 및 엔진 구성품에 대한 정비를 수행한다. 세계에서 가장 큰 규모의 헬기 회전익[57] 정비시설을 보유하고 있다.

• 레터케니 육군 정비창(LEAD)[58]

펜실베이니아 주에 위치한 항공유도사령부 예하의 정비창으로 1942년에 창설된 이후 패트리어트, 호크, 다련장 로켓포(MLRS) 등 유도무기체계 및 HMMWV 등 차륜형 기동장비 정비를 수행하고 있다. 패트리어트 유도탄의 재인증(Recertification)[59]도 레터케니 정비창에서 수행되고 있다.

56 CCAD: Corpus Christi Army Depot

57 Rotary Wing: 헬기의 상단 회전축에 설치되어 그 축 주위에 회전운동을 하면서 양력을 발생하는 날개. 항공기의 고정익에 대비되는 용어이다.

58 LEAD: LEtterkenny Army Depot

59 일반적으로 군의 무기체계는 성능을 수시로 점검하고 정비를 통해 장비가 정상적인 기능을 발휘할 수 있도록 하고 있다. 또한, 장비 수명연한이 도래하면 창정비를 통해 장비를 완전히 해체/분해하여 수명이 도래한 부품들은 교체하여 장비가 원래 기능을 완전히 발휘할 수 있도록 하고 있다. 하지만 성능을 수시로 점검할 수 있는 일반적인 무기체계와는 달리 유도탄은 발사하기 전까지는 성능을 확인하는 것이 제한된다. 따라서 유도탄의 경우 제작 후 품질검사를 통해 특정한 수명기간 동안 이상 없이 성능을 발휘할 수 있음을 인증(Certification)한다. 이후 안전상의 문제로 유도탄은 창정비가 불가하기 때문에 수명이 도래하기 전에 유도탄에 대한 분석 및 발사시험 등을 수행하여 수명

② 통신전자사령부 CECOM

• 토비아나 육군 정비창(TYAD)[60]

펜실베이니아 주에 위치한 통신전자사령부 예하의 정비창으로 2012년에 창설되었다. C4ISR[61] 체계, 유도탄 유도조정장치, 유도탄 경고체계, AN-TPQ 36 · 37 등 대포병 탐지레이더 등에 대한 정비를 주로 수행하고 있다.

CCAD

LEAD

TYAD

③ 기동장비사령부 TACOM

• 애니스턴 육군 정비창(ANAD)[62]

앨라배마 주에 위치한 기동장비사령부 예하의 정비창으로 1941년에 애니스턴 병기창(Anniston Ordnance Depot)으로 창설되었으며, 1952년부터 정비 업무를 수행하기 시작하여 M 계열 전차를 포함한 궤도형 및 차륜형 전투차량에 대한 정비를 수행하고 있다.

이 도래한 구성품을 교체하여 수명을 더 연장할 수 있는지를 확인하며, 가능한 것으로 결정되면 기존 유도탄의 일부 구성품을 교체하여 연장된 기간 동안 사용할 수 있음을 인증하는데, 이를 재인증(Recertification)이라고 한다. 미국의 International Defence Review(5th Issue, 2013년 4월 2일)에 따르면 미 육군은 레이시온사와 함께 3년간에 걸쳐 패트리어트 유도무기에 대한 재인증을 실시한 결과 일부 수명이 도래한 구성품을 교체하여 패트리어트 유도탄의 수명을 기존 30년에서 45년으로 연장하는 것을 승인하였다. 이는 최초 재인증을 통해 패트리어트 유도탄의 수명을 15년에서 30년으로 연장한 이후 두 번째 재인증에 의한 결정이었다.

60 TYAD: TobYhanna Army Depot

61 C4ISR: Command, Control, Communication, Computers, Intelligence, Surveillance, Reconnaissance.

62 ANAD: ANniston Army Depot

- 레드리버 육군 정비창(RRAD)[63]

텍사스 주에 위치한 기동장비사령부 예하의 정비창으로 1941년에 창설되었다. 처음에는 탄약정비 업무를 수행하였으나, 제2차 세계대전 중에는 전차 정비를 추가로 수행하면서 기능이 확대되어 현재는 브래들리 전차, HMMWV, HIMARS, MLRS 등 지상 전투 및 전술차량에 대한 정비를 수행하고 있다.

- 시에라 육군 정비창(SIAD)[64]

캘리포니아 주 및 네바다 주에 걸쳐 위치한 기동장비사령부 예하의 정비창으로 1942년에 창설되었다. 육군의 가장 큰 규모의 정비창으로 1만 피트에 이르는 이 · 착륙장도 보유하고 있어 대규모 수송이 가능하기 때문에 세계 각국으로의 수송지원도 겸하고 있다. 중장비 수송차량(Heavy Equipment Transporter), M109 자주포, M1A1 전차 등 기동장비 정비 및 재활용 업무를 수행한다.

④ 통합 탄약/살상무기사령부 JM&L

- 블루그래스 육군 정비창(BGAD)[65]

켄터키 주에 위치한 통합 탄약/살상무기사령부 예하의 정비창으로 1941년에 창설되었다. 미국 육 · 해 · 공군의 재래식 탄약, 유도탄, 비표준 탄약 등의 저장 · 불출 · 개량 · 분해 · 정비 · 비군사화(Demilitarization) 등의 업무를 수행한다. 미국 육군의 5개 화학무기 저장시설 중의 하나로 화학무기와 함께 재래식 탄약도 저장하고 있으며, 특수작전부대(Special Operation Forces)에 대한 비표준탄약을 지원하기도 한다.

---

63 RRAD: Red River Army Depot

64 SIAD: SIerra Army Depot

65 BGAD: Blue Grass Army Depot

• 호돈 육군 정비창(HTAD)[66]

네바다 주에 위치한 통합 탄약/살상무기사령부 예하의 정비창으로 1930년에 해군 탄약창으로 창설되었으나 1994년에 육군창으로 변경되었다. 재래식 탄약을 저장 · 불출하며 탄약성능검사, 정비 및 성능개량을 하며 초과 · 단종 · 사용 불가 탄약 등을 폐기(Demilitarization)한다. 또한 전쟁 등 위기상황이 발생하는 경우 초기 30일간 사용할 수 있는 재래식 탄약을 저장하고 있다.

• 투엘레 육군 정비창(TEAD)[67]

캘리포니아 주 및 네바다 주에 걸쳐 위치한 통합 탄약/살상무기사령부 예하의 정비창으로 1942년에 창설되어 제2차 세계대전 수행을 위한 탄약, 보급품, 전투차량 등의 보급창으로 사용되었으나, 지금은 재래식 탄약의 저장 · 불출 · 개량 · 분해 · 정비 · 폐기 등의 업무를 수행한다.

2) FMS 정비지원 형태

국방부는 FMS 구매국에서 정비를 요청하는 경우 가능하면 미군의 정비시설에서 정비할 수 있도록 우선적으로 고려하고 있으나, 정비능력 범위를 초과하거나 미군의 정비소요가 많은 경우에는 민간 정비업체를 통해 상업정비를 추진하고 있다. 구매국으로부터 최초 정비요청이 들어오면 가용한 정비시설을 확인하여 구매국의 정비품목을 해당 정비시설로 보내도록 통보하는데, 이 과정에서 우선적으로 미군의 군직 정비시설이 가용한지를 확인하는 것은 구매국을 위한 조치라기보다 미군

66 HTAD: HawThorne Army Depot

67 TEAD: TooEle Army Depot

의 정비시설과 인력을 100% 활용하기 위한 목적으로 판단된다. 즉, 미군의 정비시설은 미군의 정비를 위해 우선적으로 사용하면서 정비시설 및 인력의 유휴화를 최소화하기 위해 가용한 능력범위 내에서 FMS 정비를 지원하는 것이다.

(1) 군직정비

FMS 구매장비에 대하여 지원하는 미국 국방부의 군직정비[68]는 **회송정비**(Repair and Return)와 **대체정비**(Repair and Replace)의 두 가지로 구분된다. 회송정비는 구매국에서 미국 내 정비시설로 보내어 정비를 완료한 후 구매국으로 회송(回送)하는 데 비해, 대체정비는 미군의 재고 중 동일 모델의 장비로 우선 대체(代替)하여 구매국에 지원하고 해당 장비는 정비하여 재고로 충당하는 점에서 명확하게 구분된다. 〈자료 3-31〉은 회송정비와 대체정비의 차이점에 대하여 설명하고 있다.

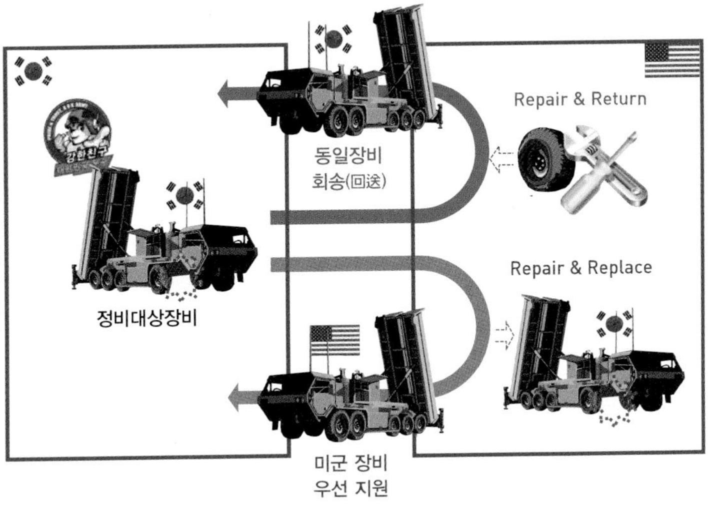

자료 3-31 회송정비와 대체정비

68 군직정비(軍直整備): 정비를 장비 생산업체 또는 외부 정비업체보다는 군에서 직접 실시하는 형태. 외부에서 실시하는 정비는 '외주정비'라고 한다.

① 회송정비Repair & Return

구매국으로부터 정비요청이 접수되면 미국에 위치한 정비시설에서 정비를 실시한 후 해당 장비를 구매국에 다시 돌려보내는 방식으로 육군 및 공군에서는 Repair and Return(R&R), 해군에서는 Repair of Repairable(RoR) 등의 명칭으로 불린다. FMS 정비대상품목은 미군이 운용하고 있는 표준품목으로 창정비대상품목에 한하며, 비표준품목의 경우에는 미군이 수용하는 품목에 한해서만 정비가 가능하다. 미군의 정비지원을 받기 위해서는 사전에 미국 정부와의 정비계약이 체결되어 있어야 한다. 즉, 지정판매 또는 총괄판매 케이스를 통해 사전에 FMS 정비계약이 체결되어야 미군의 정비지원을 받을 수 있다. 정비를 완료하여 구매국에 불출하는 데 소요되는 시간을 '정비회송시간(Turn Around Time)'이라 하는데, 〈자료 3-32〉에서 보는 바와 같이 미국 육군에서 2011~2013년간 수행한 회송정비의 경우 평균 400일 이상의 정비회송시간이 소요되었다.

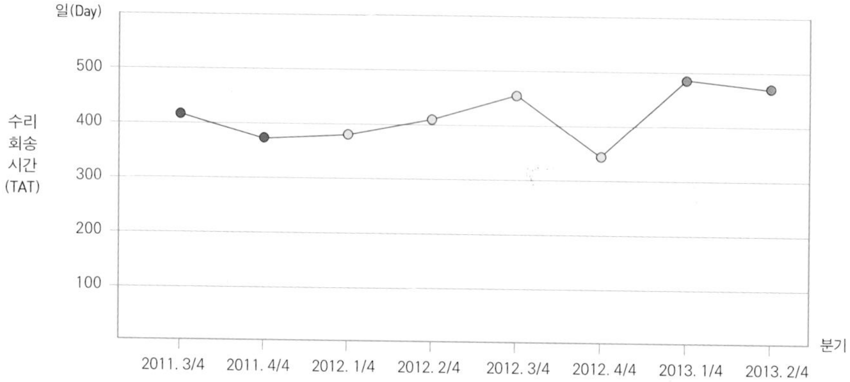

자료 3-32 미국 육군의 2011~2013년 회송정비 평균 수리회송시간[69]

69 Repair & Return USASAC-NC Information Briefing (AMCOM SAMD R&R Team Lead)[2013년 7월]

회송정비 절차는 〈자료 3-33〉에서 보는 바와 같이 선적지시서 발행, 정비품목 선적, 분해검사, 정비시설 입고/정비, 인도 및 정비대금 정산의 5단계로 진행된다.

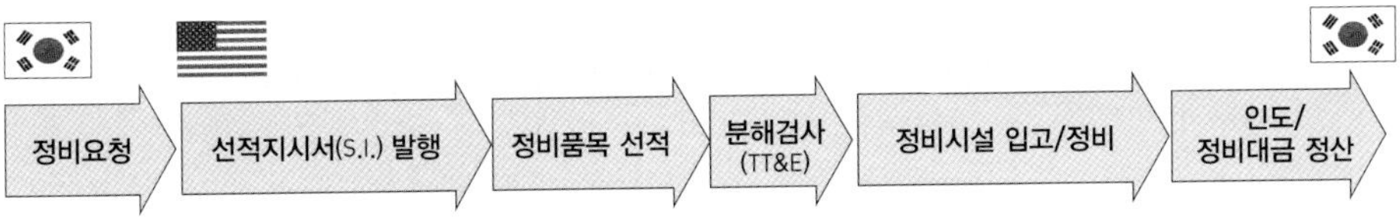

자료 3-33 회송정비 절차

• 선적지시서(Shipping Instruction) 발행

구매국에서 정비소요가 발생하여 국제군수통제기구에 정비를 요청하면 국제군수통제기구는 가용한 정비시설을 선정하고 정비 품목을 해당 정비시설로 직접 보낼 것을 지시하는 선적지시서를 발행하여 구매국에 통보한다.

〈자료 3-34〉에서 보는 바와 같이 구매국이 국제군수통제기구의 케이스 매니저에게 정비를 요청(①)하면, 품목담당자는 정비대상품목에 대한 정보를 정비 전산체계에 입력하며, 이는 자동적으로 해당 무기체계 수명주기관리사령부 SAMD의

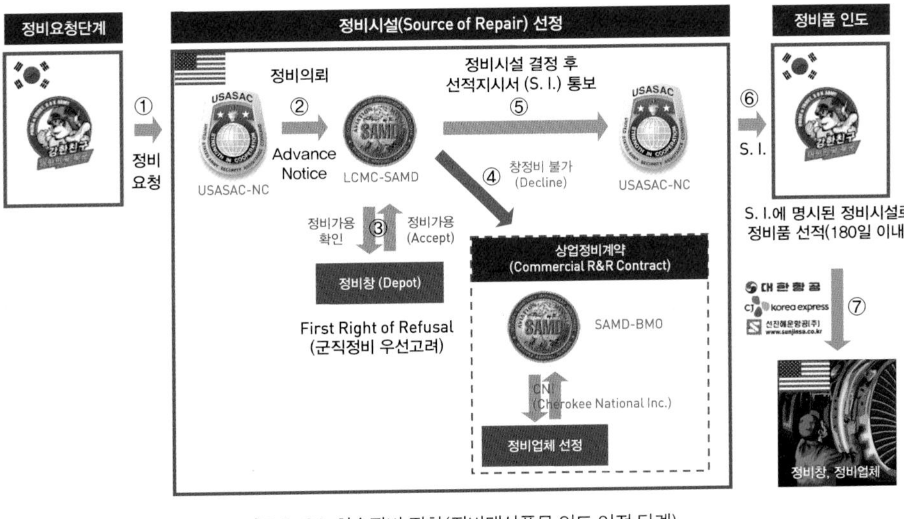

자료 3-34 회송정비 절차(정비대상품목 인도 이전 단계)

품목담당자(Item Manager)에게 〈자료 3-35〉와 같은 정비요청 전자메일이 전송(②)되는데 이를 '사전 통보(Advance Notice)'[70]라고 한다. 품목담당자는 정비 전산체계에서 육군에서 창정비가 가능한 품목인지 여부와 정비대상품목의 과거 평균 정비비용을 확인하여 연방군수자료(FED-LOG)[71]의 표준구매단가 대비 정비한계비용(MEL)[72]을 초과하는지 여부를 판단한다. 정비한계비용 초과에 대한 승인요청

From	sflsr@redstone.army.mil [mailto:sflsr@redstone.army.mil]
Sent	Wednesday, January 10, 2007 4:06 PM
To	testrr3@us.army.mil
Subject	SAMD R&R Advance Notice Request

You have a new Advance Notice awaiting your Disposition Instructions

Document Number: KU5117001
Serial Number: 0139&0045
Nomenclature: TRANSPORT MAGNETIC
CCL: KU-UKD-001
Weapon System: PATRIOT
Advance Notice Date: 02/15/2007

자료 3-35 사전 통보 사례

70 사전 통보(Advance Notice): 구매국의 정비요청이 들어오면 우선적으로 미군이 정비 우선권을 갖기 때문에 안보지원사령부의 케이스 매니저는 수명주기관리사령부의 품목담당자에게 군직정비가 가능한지 여부를 우선적으로 문의하는데, 이를 사전 통보라고 한다.

71 연방군수자료(FED-LOG: FEDeral LOGistics): 미국 국방부에서 발간 및 관리하는 군수자료로 육·해·공군 및 해병대의 보급지원체계에서 지원하고 있는 모든 군수품에 대한 표준단가, 생산업체, 부품번호, 수송자료 및 품목 특성 등의 정보가 수록되어 있다. 국가재고번호로 개별 품목을 식별하며 약 840만여 품목이 수록되어 있다. 반면 연방물자정보체계(HAYSTACK)는 민간업체(HIS社)에서 발간하며 연방군수자료에 수록된 자료를 대상으로 발간하기 때문에 품목정보는 동일하지만, 거래실적가격이 수록되어 있으며 민간에도 제공되고 있다.

72 정비한계비용(MEL: Maximum Expenditure Limit): 고장 유형에 따라 정비비용은 크게 차이가 있지만 정비 초기에는 이를 식별하기 어렵다. 따라서 과도한 정비비용에 대한 구매국의 불만을 방지하기 위하여 사전에 경제적인 정비한계비용을 설정하여 초과하지 않는 범위 내에서 정비를 추진하고, 초과 시에는 구매국의 승인을 받아 정비를 진행하도록 하고 있다. MEL은 미국의 FED-LOG에 명시된 국방부 표준 판매단가를 기준으로 설정하고 있는데, 일반적으로 정비대상품목 신품 판매단가의 65%를 MEL로 설정하고 있다. 우리나라 육·해·공군도 65%를 적용하나, 이스라엘(40%), 네덜란드(45%)와 같이 예외적인 경우도 있다.

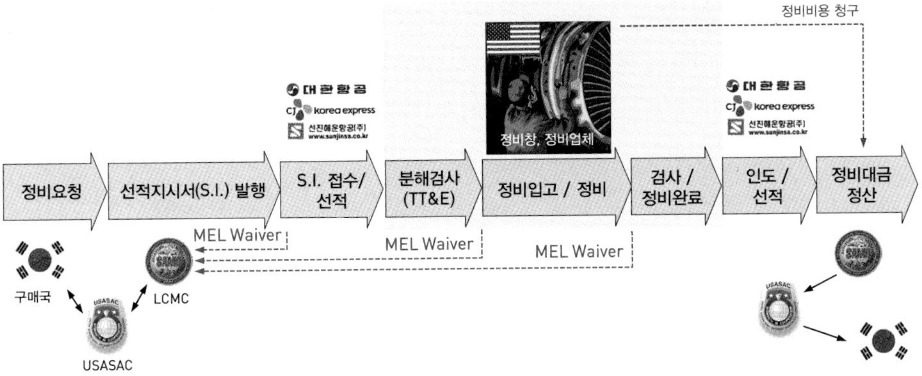

자료 3-36 정비한계비용 초과 여부 통보

은 통상 〈자료 3-36〉과 같이 세 경우로 나눌 수 있다. 첫째, 위와 같이 선적지시서를 발급하는 과정에서 과거 정비실적 데이터를 근거로 특정한 고장 유형에 대한 정비비용을 확인할 수 있다. 이 과정에서 정비한계비용 초과가 예상되는 경우 구매국에 정비를 계속 진행할 것인지 여부에 대한 승인요청을 할 수 있다. 둘째, 분해검사를 통해 구체적으로 정비비용을 산정하여 정비한계비용 초과가 예상되면 구매국에 통보하는데, 대부분의 정비한계비용 초과 여부는 분해검사 단계에서 식별된다. 마지막으로 정비를 수행하는 과정에서 정비비용이 추가되는 경우이다. 이처럼 사전에 협의된 정비비용을 초과하는 경우 수시로 구매국의 승인을 받아야 하는데, 이는 정비비용을 적정한 수준에서 통제할 수는 있지만 승인과정에서 많은 시간이 소요되어 신속한 정비를 저해할 수 있다. 따라서 적정수준의 정비한계비용을 설정하여 최적의 비용으로 가장 신속하게 정비를 추진하는 것이 필요하다.

다시 〈자료 3-34〉로 돌아가서, 창정비대상품목이며 정비한계비용을 초과하지 않으면 품목담당자는 예하 정비창에 정비 가능 여부를 확인(③)하고 정비시설을 결정한 후 선적지시서를 발행하여 이를 국제군수통제기구를 통해 구매국에 통보(⑤, ⑥)한다. 이때 정비창에서는 정비가 불가능하거나 정비소요가 많아 정비에 장기간이 소요될 것으로 판단되는 경우 군직정비를 거절할 수 있는데, 이를 '정비거부 우선권(First Right of Refusal)'[73]이라고 한다. 정비창에서 정비가 불가능한 경우, SAMD는 구매국의 의사와는 상관없이 자동적으로 상업정비를 추진(④)한다. 이는 구매국에서 정비를 요청할 때 정비비용이 사전에 상호 간 합의된 정비한계비용을 초과하지 않는 한 정비를 진행하는 데 동의한 것으로 간주하기 때문에 군직정비가 불가능한 경우 상업정비로 추진하는 데 대한 구매국의 동의를 별도로 받지 않고 상업정비를 추진하는 것이다. 상업정비는 SAMD가 CNI[74]에 상업정비 추진을 요청하는데, CNI는 정비업체에 견적(RFQ: Request For Quote)을 요청하고 정비업체는 정비대상품목의 과거 정비실적 데이터를 근거로 견적가를 산출하며 이를 CNI에 통보하여 정비계약을 체결한다. 견적가가 정비한계비용을 초과하는 경우 구매국에 견적가격과 함께 정비한계비용 면제(MEL Waiver)[75]를 요청하여 정비를 진행할 것인지 여부를 승인받는다. 계약체결 후 SAMD는 정비대상품목을 해당 정비업체로 선적할 것을 지시하는 선적지시서를 구매국에 통보(⑤, ⑥)한다. 미국 육군의 경우 군직정비는 30일 이내, 상업정비는 69일 이내에 정비시설을 선정하고 선적지시서를 구매국에 통보하는 것을 목표로 하고 있으나, 2013년의 경우 선적지시서 발행에 평균 86일이 소요되었는데 주된 지연 원인은 군직정비가 불가능한 경우 상업정비업체를 찾는 데 많은 시간이 소요되었기 때문이다.

---

73 정비창에서는 1~3일 이내에 정비 가능 여부를 통보한다. 수명주기관리사령부(LCMC)에서 통상 24시간의 검토시간을 부여하고 있으나, 48시간 또는 최대 72시간까지 선택적으로 부여할 수 있다.

74 통합 체로키 내셔널 기업(Consolidated Cherokee Nations Industries): 미국 육군의 FMS 품목에 대한 정비업무를 수행하는 상업정비 주 공급업체(Prime Vendor). 미군은 FMS 구매국에 미군의 창정비를 우선적으로 지원하지만 정비능력을 초과하는 경우 사전에 계약된 정비 주 공급업체인 CNI를 통해 정비가 가능한 업체를 찾아 상업정비를 지원하고 있다. 공군의 경우에는 PROS(Parts and Repair Ordering System)를 통해 주 공급업체를 선정하여 공군에서 지원할 수 없는 비표준 항공 수리부속에 대하여 FMS 구매국에 지원토록 하고 있다.

75 MEL Waiver(최대한계비용 면제): 일반적으로 정비대상품목을 미군 정비시설에서 분해검사(TT&E)하여 예상 정비비용을 산정하는데, 65%의 MEL을 초과하는 경우에는 구매국에 예상정비비용과 함께 정비 진행 여부를 문의하여 승인된 경우에 한하여 정비를 계속 진행한다. 따라서 MEL을 초과하는 경우 65%의 정비비용 제한을 면제토록 구매국에 요청한다는 의미에서 이를 MEL Waiver Request라고 한다.

• 정비품목 선적

구매국은 선적지시서를 통보받은 이후 수송대행업체를 통해 정비대상품목을 180일 이내에 지정된 정비시설(⑦)로 직접 보내야 하는데, 선적지시서가 통보된 이후 120일이 지날 때까지 지정된 정비시설에 해당 정비품목이 도착하지 않으면, SAMD는 국제군수통제기구를 통해 구매국에 정비대상품목에 대한 선적서류를 요구하여 구매국에서 미국으로 선적시켰는지 여부를 확인한다. 이후 180일이 경과해서도 정비대상품목이 도착하지 않으면 정비는 자동적으로 취소된다. 2013년 육군 AMCOM의 정비실적을 기준으로 육군의 정비시설에서 FMS 구매국으로부터 정비대상품목을 인수받는 데 평균 248일이 소요되었으며, 우리나라 육군의 경우에는 평균 142일이 소요되었다. FMS 정비 순서는 선적지시서를 발행한 순서가 아니라, 정비대상품목이 미국 정비시설에 도착한 순서에 따라 선착순으로 진행된다. 왜냐하면 정비대상품목이 도착하는 시기가 구매국별로 각각 다르며, FMS 구매국으로부터 인수받는 기간이 평균 248일로 기준 180일을 훨씬 초과하기 때문에 정비대상품목이 도착할 때까지 무작정 기다릴 수 없기 때문이다. 따라서 선적지시서가 접수되는 대로 최대한 빠른 시간 내에 정비대상품목을 지정된 정비시설로 보내야 대기시간을 최소화시켜 정비기간을 단축시킬 수 있다.

• 분해검사

미군 정비시설 또는 정비업체로 정비대상품목이 인도되면 〈자료 3-37〉에서 보는 바와 같이 고장 원인을 진단하고 정비비용을 예측하기 위하여 분해검사(TT&E)[76]

---

76 분해검사(TT&E, Tear down, Test and Evaluation): 정비를 요청하면서 구매국은 고장 증상에 대하여 통보하며 미 정비시설에서는 정비창에 입고하기 이전에 해당 품목을 분해하여 검사한 후 고장 원인 및 유형, 정비소요 등을 평가하여 대략적인 정비 예상비용을 산출한다. 따라서 TT&E가 완료되기 전까지는 정비 예상비용을 알 수 없다. 이에 따라 구매국에 정비한계비용(MEL: Maximum Expenditure Limit)을 사전에 설정하여 정비 예상비용이 MEL 이하인 경우 구매국에 별도의 통보 없이 자동으로 정비를 진행하며, MEL을 초과하는 경우 구매국에 정비 진행 여부를 확인토록 하고 있다. TT&E 이후 정비를 취소하는 경우 그 이전까지의 모든 비용을 정비 취소비용으로 지불해야 한다. 정비 초기에 TT&E를 수행하는 이유는 정비비용이 과다하게 소요됨으로 인하여 발생할 수 있는 구매국과의 분쟁을 미연에 방지하기 위함이다.

를 실시(①)한다. 분해검사를 통해 정비비용이 정비한계비용을 초과하는지 검토(②)하여 초과 시에는 구매국의 정비 진행 여부에 대한 승인(MEL Waiver)을 받아 정비를 진행한다. 정비에 필요한 수리부속 중 조달에 오랜 기간이 소요되는 장기조달품목(Long Lead Item)의 경우 정비가 결정된 이후에 주문하게 된다. 육군 AMCOM은 36일 이내에 분해검사를 완료하는 것을 목표로 하고 있으나, 2013년을 기준으로 평균 61일이 소요되었다. 이는 정비대상품목의 종류 및 고장 유형에 따라 분해검사에 소요되는 시간이 다르며 정비한계비용 초과 시 구매국 승인을 받아야 하고, 특히 정비에 장기조달 수리부속이 포함된 경우 더 많은 기간이 소요되기 때문이다. 분해검사 과정에서 정비한계비용 초과 여부와 함께 경제적 수리한계(BER: Beyond Economical Repair) 초과 여부도 함께 판단한다. 즉, 정비하는 것보다 신품을 구매하는 것이 더 유리하다고 판단된 경우 구매국에 이를 통보하고 정비를 계속할 것인지 여부 및 정비대상품목의 처리 방안(구매국으로 회송 또는 미국 현지에서 폐기)에 대하여 문의한다.

• 정비시설 입고 및 정비

구매국으로부터 정비대상품목이 정비시설에 입고되는 순간부터 정비가 개시되며(③), 정비과정을 거쳐 성능확인시험(Post Repair Verification Testing)을 통과함으로써 정비가 최종적으로 완료(④)된다. 미국은 정비대상품목을 정비시설에 입고한 이후 평균 180일 이내에 정비를 완료하는 것을 목표로 하고 있으나, 정비 과정에서 정비한계비용을 초과하거나, 조달에 오랜 기간이 소요되는 수리부속이 필요하거나, 미군에서는 이미 도태된 장비를 정비하는 경우 훨씬 더 많은 정비기간이 소요되는데 2013년 육군 AMCOM의 데이터에 의하면 입고 이후 정비에 소요된 기간은 FMS 구매국 전체 평균 274일, 우리나라 육군은 227일이 소요되었다.

• 구매국 인도 및 정비대금 정산

정비가 완료되면 국제군수통제기구는 정비 후 불출준비가 되었음을 구매국에 통보(NOA: Notice Of Availability)하고, 구매국의 수송지침에 따라 수송대행업체를

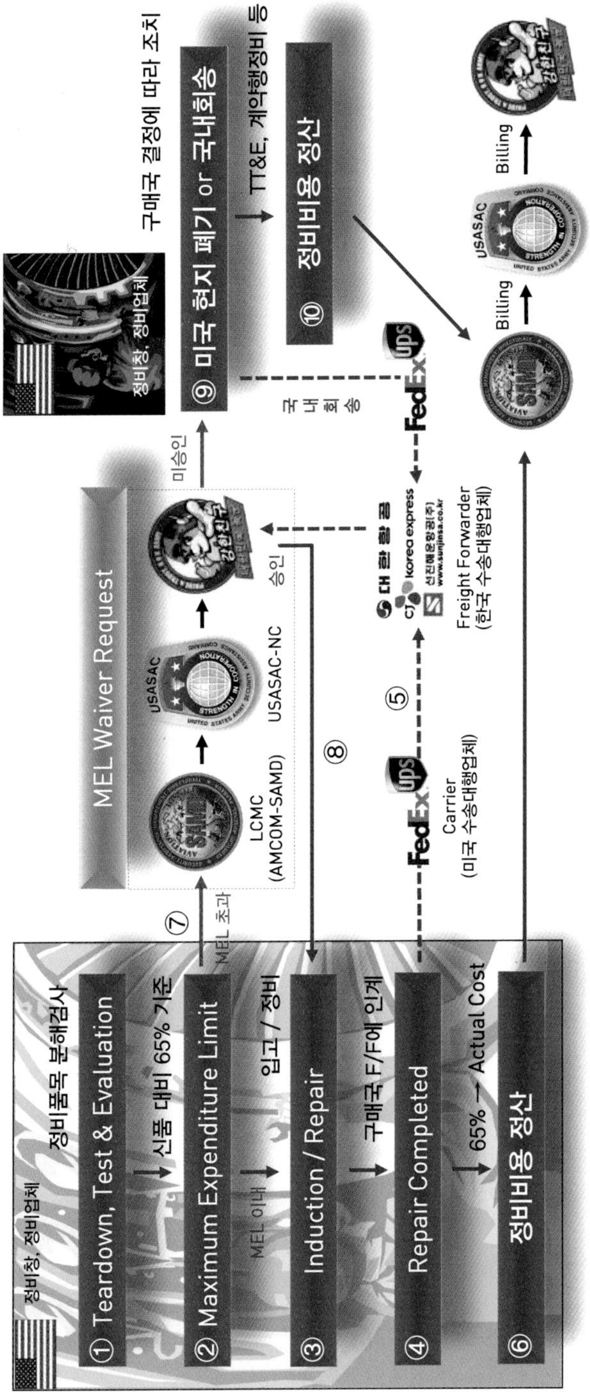

자료 3-37 회송정비 절차(정비대상품목 인도 이후)

경유하여 구매국에 인도(⑤)한다. 동시에 최초 65%로 산정한 예상 정비비용을 실제 정비비용(Actual Repair Cost)으로 정산(⑥)하여 구매국에 확정된 정비비용을 청구한다. 정비비용이 확정되기 전까지 정비는 가청구(假請求, Pseudo Requisition) 상태로 진행되며[77] 정비가 완료되면 분해검사 비용, 정비에 소요된 수리부속, 노무비, 수송비, 정비 추진에 따른 행정비 등 소요된 모든 비용이 포함된다. 하지만 정비비용을 청구하는 과정에서 정비내역도 함께 구매국에 제공되어야 하나, 실제로는 제공하지 않고 있어 어떠한 정비가 수행되었는지, 정비비용은 타당하게 산정되었는지에 대한 확인이 제한된다. 미국 육군은 정비내역을 제공하기 위해서는 별도의 행정업무가 소요되기 때문에 제공해줄 수 없다는 입장이지만 분해검사를 통해 고장 원인을 분석하고 정비범위가 명시된 정비지시서(Work Order)에 따라 정비가 수행되기 때문에 최소한 정비지시서라도 확보할 수 있도록 FPG, ICUG[78] 등의 구매국 협의체 등을 통해 공동으로 해결방안을 모색해야 할 것이다. 정비한계비용을 초과하는 경우 구매국에 문의(⑦)하여 승인 시 정비를 진행(⑧)하며, 미승인 시에는 폐기 또는 회송 여부에 대한 구매국 결정에 따라 조치(⑨)한다. 구매국의 내부 사정이나 정비한계비용 초과가 미승인되어 정비를 취소하는 경우에는 정비과정에서 소요된 분해검사비용, 정비계약 취소비용, 수송비, 행정비 등을 정산하여 구매국에 청구(⑩)한다.

② 대체정비Repair & Replace

정비대상품목이 정비창에 입고되면, 미군이 보유 중인 재고 가운데 사용 가능한

77 구매국이 정비를 요청한 초기 단계에서는 정비비용을 정확히 산정할 수 없으므로 구매국과 미국 정부 상호 간에 미 연방군수자료(FED-LOG)의 표준단가 중 일정 비율을 정비한계비용(MEL)으로 설정하여 정비를 추진한다. 정비과정에서 MEL을 초과하는 경우에는 구매국에 정비 진행 여부를 승인받도록 하고 있다.

78 미국으로부터 FMS로 무기체계를 구매한 구매국들은 다양한 국제협력기구를 구성하여 공동으로 문제를 해결하기 위해 노력하고 있다. 해외구매국협의회(FPG: Foreign Procurement Group) 및 국제사용자협의회(ICUG: International Customer User Group)는 대표적인 FMS 구매국 국제협력기구로 자세한 내용은 이 책의 '제3장 대외군사판매 제도'의 '10. FMS 국제협력기구'에서 확인할 수 있다.

품목을 우선적으로 구매국에 지원하고, 구매국으로부터 인도받은 장비는 정비 후 미군 재고로 다시 보충하는 정비 형태이다. 미국의 해군 및 공군에서는 FMS 구매국에 회송정비(Repair & Return)와 함께 대체정비(Repair & Replace)를 제공하고 있으나, 육군[79] 및 해병대는 회송정비만 운영하고 있으며 이에 따라 육군 및 해병대 정비계약은 지정판매 및 총괄판매만 가능하다.

• 해군의 대체정비[80]

미국 해군은 회송정비는 지정판매와 총괄판매 케이스를 통해서, 대체정비는 보급지원협정을 체결한 FMS 국가에 대하여 재고를 우선적으로 지원하고 있다. 하지만 대체정비는 모든 품목에 대하여 지원 가능한 것이 아니라 사전에 승인된 대체 가능 목록에 포함된 품목에 한하여 제한적으로 지원 가능하다. 구매국이 보급지원협정 케이스를 통해 대체정비를 요청하면 즉시 대체품목을 구매국에 불출하며, 구매국은 동시에 해군이 지정한 정비창으로 정비대상품목을 보내야 하고, 정비가 완료되면 해당 품목은 해군 재고로 보충된다. 정비비용은 최초에는 예상 평균정비비용이 청구되며 정비가 완료된 후에는 실제 정비비용이 확정된 후 최종적으로 정비대금을 정산한다. 정비비용은 대체장비의 신품 구매단가에서 정비대상품목에 대한 가치평가액을 제외한 금액이 부과된다. 예를 들어 미군 대체품목을 새로 구매하는 비용이 1억 원이고, 수리부속 및 정비비용을 제외한 정비대상품목의 가치가 9,000만 원이라면 1,000만 원이 정비비용이다. 하지만 정비가 불가능한 것으로 판정되는 경우에는 대체장비의 신품 구매단가에 해당되는 1억 원을 정비비용으로 지불해야 한다.

---

79 육군은 이전에는 Direct Exchange라는 이름으로 Repair & Replace도 함께 운영하였으나, 2003년부터 시작된 육군의 군수 현대화계획(LMP: Logistics Modernization Program)에 따라 현재는 Repair & Return만 운영하고 있다.

80 해군의 대체정비는 RIRO(Repairable Item Replacement Option, 정비가능품목 대체 선택)로도 불린다.

• 공군의 대체정비

공군은 구매국이 직접 공군 보급원의 대체 가능한 목록을 확인하여 보급지원협정 또는 총괄판매 케이스를 통해 요청할 수 있다. 재고가 가용하면 공군은 구매국의 정비대상품목을 지정된 미국 공군 정비창으로 먼저 보낼 것을 요구한다. 미군이 구매국의 정비대상품목을 인도받으면 구매국으로 대체장비를 선적한다. 정비비용은 미군과 동일하게 부과되며 실제 소요된 정비비용을 청구하는 회송정비와는 달리 예상 평균정비비용(Estimated Average Repair Cost)을 기준으로 포장, 취급, 수송 및 행정비용 등을 추가하여 부과된다. 정비대상품목이 정비가 불가능한 것으로 판명된 경우에는 신품 장비의 구매단가에 해당하는 비용이 청구된다.

③ 정비체계의 차이점

대체정비의 경우 정비가 필요한 구매국의 장비와 동일한 장비를 미군의 재고에서 우선적으로 신속하게 지원해준다는 장점이 있다. 특히 정비과정에서 정비한계비용에 대한 승인절차 없이 정비를 진행하고 정비 완료 후에는 실제 정비비용으로 정산되기 때문에 구매국 입장에서도 매우 편리하며, 특히 긴급한 품목에 대한 즉각적인 조치가 가능하다. 하지만 사전에 미군에 의해 승인된 품목에 한해서만 대체정비가 가능하기 때문에 적용 가능한 품목이 제한적이며, 신품 또는 최근에 구매한 경우 미군이 이미 사용했던 품목을 정비한 재생품(Refurbished Item)을 받게 될 수도 있음을 유념해야 한다. 미군은 군수비용 절감 차원에서 이러한 재생품도 정상적인 기능을 발휘하는 경우 'A'급으로 신품과 동일하게 취급하고 있으며 FMS 구매국에도 동일한 개념을 적용하고 있다. 이는 미국의 유명한 IT 업체인 애플의 초기 고객지원 서비스와 같은 개념이다. 비록 소비자의 불만을 무마하기 위해 최근에 서비스 방침을 변경하기는 했지만 초기 애플은 고객의 고장난 스마트폰을 수리해주는 것이 아니라, 애플에서 보유하고 있던 재생폰(Refurbished Phone)으로 교환해주었다.[81] 이처럼 재생품을 사용한 정비는 회송정비나 대체정비 모두에서 동일하게 적용되고 있는데, 호크(Hawk), 패트리어트(PAC-2) 등과 같이 미군이 운용하지 않는 비표준 장비의 경우 대부분 부품생산이 중단되어 수리부속을 구하기가 어렵기 때문에 더 이상 사용하지 않는 장비를 해체하여 필요한 수리부속을 찾아 정비를 수행하고 이를 신품가격으로 정비비용을 청구하는 경우도 있다.[82] 표준장비의 경우에도 재생품을 사용하여 정비 후 신품과 동일한 비용을 청구하고 있는 실정으로 품질의 차이가

---

81 "애플은 왜 리퍼폰을 주나……, 그 비밀은"(조선일보, 2013년 3월 6일)

나이키는 미국 내 150개 매장에서 브랜드와 상관없이 헌 운동화를 수집하여 밑창 고무 부분을 분리/분쇄해 재생(再生) 소재를 만든다. 이는 운동장과 체육관 바닥재나 새 운동화를 만드는 데 쓴다. 나이키는 지금까지 2,800만 켤레를 수집, 재생소재로 새 제품을 생산했다. 선진국에서는 버려진 자원을 단순히 회수하는 수준을 넘어 새것과 같은 품질을 가진 제품으로 만드는 '재제조' 사업이 주목을 받고 있다. 스마트폰과 태블릿 PC의 출시 간격이 짧아지면서 재제조의 중요성이 더욱 강조되는 실정이다. 삼성전자는 미국에 1,151곳, 캐나다에 16곳의 제품회수 거점을 운영하여 지난해 폐가전제품을 회수 · 재활용한 분량은 3만 5,516톤에 이른다. 자동차부품도 재제조 방식으로 생산해 완성차업체에 납품하는 업체가 늘고 있다. 그러나 국내에선 재제조 부품이 별로 좋은 반응을 얻지 못하는 실정이다. 중고부품을 다시 쓰는 데 대해 부정적인 인식을 갖고 있기 때문이다. 애플은 고객이 구입한 스마트폰이 고장나면 리퍼폰(Refurbished Phone)으로 바꿔주는 제도를 운영하다가 소비자의 불만이 높아지자 제도를 변경했다. 리퍼폰이란 회수된 제품을 분해해 사용 가능한 제품으로 재조립한 것을 말한다.

*재제조(Remanufacturing): 중고품을 분해 · 세척 · 보수 · 재조립해 새 제품을 만드는 식으로 재활용하는 것. 성능은 새 제품과 비슷하나, 원자재 비용이 적게 들어 가격을 낮출 수 있다.

"자동차 '순정품'만 찾으시나요? 이젠 알고 쓰세요"(SBS 8시 뉴스, 2014년 6월 30일)

자동차에 들어가는 제동부품 브레이크 패드입니다. 현대 모비스 홀로그램이 붙은 순정품은 6만 8,000원, (중략) 재생품은 3만 5,200원에 불과합니다. (중략) 지금까지 나온 관련 기관들의 시험 결과를 보면 실제론 순정품과 규격품 사이에 성능은 거의 차이가 없습니다. 수명이 조금 짧을 가능성이 있을 뿐 재생품도 마찬가지입니다.

[유병근/자동차공업사 대표: 규격품과 재생품과 정품은 큰 차이는 없다고 봅니다.]

82 이러한 경우 중고부품을 새 제품 가격으로 받는다고 FMS 구매국에서 불평할 수 있지만, 생산이 중단되어 더 이상 해당 품목을 구할 수 없기 때문에 새로 생산하는 경우에는 FED-LOG의 단가보다 훨씬 더 비싸기도 하지만 쉽게 구하기도 어렵다. 또한 FED-LOG 단가는 대량으로 구매한 가장 최근 실적가를 기준으로 책정되었기 때문에 오랫동안 계약실적이 없고 특히 단종된 경우 수십 배 이상 비용이 상승될 수 있다.

없다고 하더라도 구매국 입장에서는 재생품 사용에 따른 정비비용 인하 요구 등의 조치가 필요할 것으로 판단된다. 더불어 FMS 구매시점부터 미군의 장비운용시점과 도태예정시기 등에 대한 정확한 판단으로 원활한 후속군수지원을 합리적인 비용에 보장받을 수 있도록 하는 노력이 필요하다. 기타 회송정비와 대체정비의 차이점은 〈자료 3-38〉과 같다.

구분	회송장비	적용 케이스	정비비용	운영기관
회송정비 (Repair & Return)	동일장비	지정판매 총괄판매	실제 정비비용	육 · 해 · 공 · 해병
대체정비 (Repair & Replace)	대체장비	총괄판매 보급지원협정	실제 정비비용	해군
			평균 정비비용	공군

자료 3-38 회송정비와 대체정비 비교

(2) 상업정비

미국 정부는 구매국에서 정비를 요청하는 경우 군직정비를 통한 정비지원을 우선적으로 고려하지만, 정비창의 정비능력을 초과하는 경우에는 차선책으로 정비업체와의 상업 정비계약을 통해 정비지원을 제공하고 있다. 구매국의 요청이 있는 경우 단순정비 외에도 FMS 장비의 개조(Modification) 및 개량(Upgrade)도 가능하다. 육군은 2011년에 CNI(Consolidated cherokee Nations Industries)와 정비계약을 체결하여 수행되고 있다. CNI는 미국 육군의 상업정비 주 계약업체로 정비업체의 검색 및 확보, 정비업체 정비수행능력 확인, 정비진행 데이터베이스 업데이트 등 육군을 대리하여 민간업체의 상업정비를 총괄적으로 관리하고 있다. 보잉(Boeing), 레이시언(Raytheon), 하니웰(Honeywell), 록히드마틴(Lockheed Martin) 등 주요 방산업체들이 CNI의 FMS 상업정비업체로 참여하고 있다.

3) FMS 정비 소요기간

대부분의 FMS 정비가 미국 내에서 수행되다 보니 정비에 많은 시간이 소요되며 이는 구매국의 장비 가동률[83]을 저하시켜 심각한 전력 공백을 유발할 수 있다. 〈자료 3-39〉에서 보는 바와 같이 미국 육군은 회송정비의 경우 구매국에서 정비요청이 접수되면 군직 창정비는 390일, 상업정비는 429일 만에 정비를 완료하는 것을 목표로 삼고 있다.

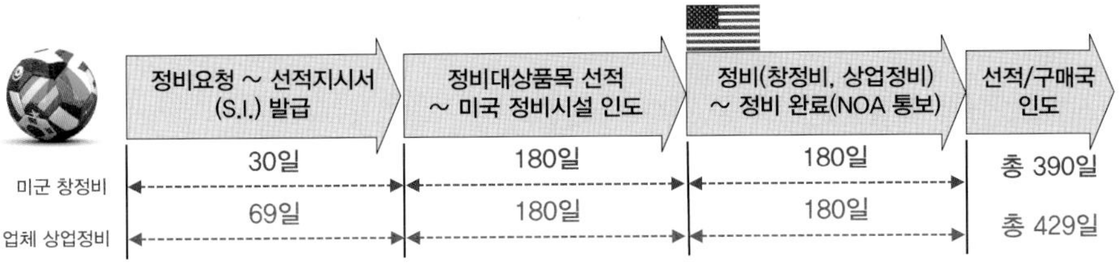

자료 3-39 육군의 회송정비 목표

(1) 군직정비(창정비)

창정비의 경우 최초 정비요청을 받은 이후 30일 이내에 선적지시서를 발급하며, 구매국은 선적지시서를 접수한 이후 180일 이내에 지정된 미군 정비창에 정비대상품목을 인도해야 한다. 만약 180일이 경과할 때까지 정비대상품목을 지정된 장소에 인도하지 않으면 선적지시서가 취소되어 다시 발급해야 하므로 정비가 지연되는 것은 물론 때로는 행정비용을 요구하기도 하므로 정비대상품목을 최단기간 내에 선적해야 한다. 정비창은 정비대상품목을 인수한 이후 180일 이내에 정비를 완료할 것을 목표로 하고 있다. 정비가 완료되면 그 사실을 구매국에 통보(Notice Of Availability)해야 한다.

---

83 가동률(稼動率, Available Rate): 보유하고 있는 장비 중에서 운용 가능한 장비의 비율. 수적으로 아무리 많은 장비를 보유하고 있다고 하더라도 가동률이 저조하면 전투력을 발휘하기 어렵다.

(2) 상업정비

상업정비는 미군 군직 창정비가 불가능한 것으로 확인된 이후에 추진되기 때문에 선적지시서를 발행하는 단계에서 창정비보다 39일을 추가하여 총 429일 이내에 정비를 완료하는 것을 목표로 하고 있다.

(3) 군직정비 및 상업정비 비교

육 · 해 · 공군별로 차이가 있겠지만 육군을 예로 들어 군직정비와 상업정비의 소요기간을 살펴보면, 전체적으로 FMS 정비가 많이 지연되었고 상업정비보다 군직정비가 좀 더 빠른 것을 알 수 있다.

구분		선적지시서 발급	미 정비시설 인도	정비입고 대기기간	정비 소요기간
목표	창정비	30일	180일	-	180일
	상업정비	69일	180일	-	180일
실제 소요	창정비	18일(▽12)	137일(▽53)	45일(△45)	196일(△16)
	상업정비	210일(△141)	95일(▽85)	34일(△34)	217일(△37)

자료 3-40 육군 AMCOM의 2012년 정비 소요기간 분석[84]

〈자료 3-40〉은 육군 AMCOM에서 2012년 FMS 구매국의 군직정비/상업정비에 소요된 정비기간으로 이를 구체적으로 살펴보면 다음과 같다. 첫째, 선적지시서 발급단계에서 미군은 창정비 가능 여부를 우선 확인하기 때문에 선적지시서 발급기간을 목표인 30일 대비 12일 단축할 수 있었으나, 창정비가 불가능한 품목을 상업정비로 추진하는 과정에서 정비업체를 찾는 데 많은 시간이 소요되어 목표 69일

84 Repair & Return USASAC-NC Information Briefing(2013년 4월, 미 육군 중령 William Denny, AMCOM SAMD R&R Team Lead)

대비 141일이 초과하여 전체적으로 정비를 지연시키는 주된 원인이 되고 있다. 둘째, 정비대상품목을 미국으로 인도하는 단계에서는 대부분의 구매국이 기준 180일 이전에 지정한 정비시설로 인도하였다. 셋째, 정비입고 대기기간은 정비시설에 인도된 이후 정비입고 순서를 기다리면서 창고에 보관 중인 기간으로 미군은 정비시설에 도착하는 즉시 정비입고를 하는 것으로 계획하고 있으나 실제로는 군직정비 및 상업정비 모두 1개월 이상 창고에 보관하였다가 정비입고된 것을 알 수 있다. 이처럼 정비대상품목을 인도하였다고 즉시 정비가 시작되지는 않지만, 선적지시서 발행 순서와는 관계없이 정비대상품목이 도착하는 순서에 따라 정비를 진행하기 때문에 신속한 정비를 위해서는 선적지시서를 받는 즉시 최단시간 내에 선적하는 것이 매우 중요하다. 왜냐하면 1주일 늦게 도착했다고 정비기간이 1주일 더 소요되는 것이 아니고, 앞서 입고된 다른 FMS 구매국의 정비가 장기간 지연되거나 대기 중인 정비소요가 많을 경우 몇 주에서 몇 개월 이상 정비입고가 지연될 수도 있기 때문이다. 따라서 구매국은 선적지시서를 받은 이후 180일 이내에 선적하면 된다는 생각에서 벗어나 최대한 빠른 시간 내에 지정된 정비시설로 정비대상품목을 보내는 노력이 필요하다. 넷째, 정비입고 후 정비 소요기간은 모두 목표인 180일을 초과하여 정비가 계획 대비 전체적으로 지연되었음을 알 수 있다. 앞서 살펴본 바와 같이 전체적으로는 군직정비가 상업정비보다 조금 더 빠른 것을 알 수 있다. 그렇다면 '상업정비보다 군직정비를 요청하면 좀 더 정비 소요기간을 줄일 수 있지 않을까?' 하는 의문을 제기할 수 있을 것이다. 하지만 미국 정부는 원칙적으로 구매국이 군직정비 또는 상업정비를 선택하는 것을 허용하지 않고 있으며 일단 FMS 정비를 요청하면 정비한계비용을 초과하지 않는 범위 내에서는 전적으로 오퍼이행기관 및 수명주기관리사령부의 판단에 따라 군직정비 또는 상업정비가 결정되고 있어 구매국의 선택이 제한된다. 이러한 정비 소요기간을 단축하기 위해서는 정비한계비용 면제 요청이 접수된 경우 정비 진행 여부에 대한 신속한 의사결정이 필요하다. 구매국의 FMS 정비소요를 예측할 수 없기 때문에 미군은 구매국의 정비에 필요한 수리부속을 재고로 확보하고 있지 않다. 따라서 분해검사를 수행한 이후에야 고장 원인 및 필요한 정비용 수리부속 등을 식별하여 정비비용을 예측할 수 있다. 정비한계비용을 초과하지 않으면 정비진행과 동시에 수리부속을 주문하는데, 때로는 수리부속 확보에 많은 시간이 소요되어 정비가 지연되는 경우가 종종 발생한다. 특히 비표준장비 수리부속이나 단종품목, 장기조달품목[85] 등의 경우 조달에 오랜 시간이 소요되고 있다. 이러한 수리부속 조달은 구매국의 정비승인이 최종 확정된 이후에 가능하기 때문에 정비한계비용을 초과하는 경우에는 구매국의 승인을 받는 과정에서 더 많은 기간이 소요될 수 있으므로 정비한계비용 면제 요청에 대한 구매국의 신속한 의사결정이 요구된다.

이처럼 정비에 필요한 수리부속의 조달기간, 정비입고 대기기간, 정비한계비용 검토기간 등의 요인에 따라 정비가 지연되는 경우가 많기 때문에 정비기간을 단축시키기 위해서는 신속하게 행정조치 및 정비를 진행해줄 것을 미국 정부에 요청하는 동시에 구매국 내부적으로도 정비기간을 단축시키기 위한 여타 노력이 필요하다. 미국 해군의 경우 이러한 정비한계비용 초과 승인을 포함한 모든 정비지원 절차가 전산화되어 'Web RoR'이라는 전산체계를 통해 신속하게 처리되고 있으며, 육군도 2015년 도입을 목표로 전산체계 개발이 진행 중이며 이후에는 공군에도 적용될 예정이다.

4) 정비취소비용Termination Fee

미국 정부는 구매국의 무분별한 정비 취소에 따른 불필요한 행정업무를 방지

85 장기조달품목(Long Lead Time Item): 변속장치, 엔진, 기어박스 등과 같이 주문 이후 제작/생산에 오랜 기간이 소요되는 품목으로 해당 품목이 확보되기 전까지 정비를 진행할 수 없는 경우가 많아 정비 지연의 주된 원인이 되고 있다.

하고 정비 중에 소요된 비용을 회수하기 위하여 정비취소비용을 부과하고 있다. 정비 진행 중 정비한계비용을 초과하여 과도하게 많은 정비비용이 소요되어 취소를 요청하거나 구매국 내부 사정으로 부득이하게 취소하는 경우에도 미국은 〈자료 3-41〉의 기준에 따라 정비취소비용을 부과하고 있다.

정비취소시점	군직정비	상업정비
선적지시서 발행 전	없음	정비견적요청(RFQ)에 대한 행정비용
선적지시서 발행 후	정비계약체결	계약취소비용 및 행정비용
	분해검사(TT&E)	분해검사비 및 행정비용
	정비입고	계약취소비용, 분해검사비, 행정비용

자료 3-41 정비취소시점에 따른 취소비용 부과기준

따라서 정비한계비용을 초과하는 정비의 승인 여부를 검토하는 경우에는 정비취소에 따른 손실, 즉 장비를 가동하지 못함으로 인한 전력공백, 정비취소비용, 해당 품목을 국내로 다시 선적하는 데 따른 수송비용 등을 종합적으로 고려해야 한다. 특히 상업정비의 경우 정비대상품목을 미국으로 발송하기 이전 단계에서 정비비용이 과도하여 취소하려고 할 때 정비견적에 대해서도 행정비용을 요구하고 있다는 점도 함께 고려되어야 할 것이다.

6. FMS 수송

해외에서 무기체계를 구매하는 경우 계약목적물을 해외 보급원에서 구매국으로 안전하게 인도하기 위한 수송은 중요한 계약조건 중 하나라고 할 수 있다. FMS 수송의 경우 미국 내 보급원에서 구매국의 수송대행업체(Freight Forwarder)[86]까지의 내륙수송 또는 보급원에서 선박이나 항공기에 선적하기 위한 선적항까지의 내륙수송, 미국 선적항에서 구매국 하역항[87]까지의 국제수송, 하역항에서 최종 목적지까지의 구매국 내륙수송의 세 단계로 구분할 수 있다. 이러한 수송 단계별로 소유권 이전, 운송계약, 위험의 이전 등에 대한 판매자와 구매자의 계약에 따라 수많은 조합이 가능하고 매우 복잡하기 때문에 국제 상거래에서는 계약과정에서의 오해, 분쟁 및 법정소송 등의 문제를 해소하기 위하여 국제무역거래조건(Incoterms)[88]을 적용하고 있으나, FMS에서는 미국 정부에 의해 설정된 수송조건 중에서 구매국이 선택하도록 하고 있다.

1) FMS 수송정책

FMS 수송정책은 국방부 획득기술군수차관실[89]의 부차관보실(Assistance Deputy Under Secretary)에서 관장하며, 미국의 보급원[90]에서 불출됨과 동시에 소유권이 이

86 수송대행업체(Freight Forwarder): FMS을 통해 구매한 장비/물자를 보급원으로부터 접수한 이후 구매국 정부를 대신하여 저장, 수송, 통관업무 등을 총괄적으로 수행하며, 단순히 지정된 목적지로 화물을 운반하는 FedEx, UPS 등의 운송업체(Carrier)와는 구분된다. 일반적으로 보급원에서는 운송업체를 통해 구매국의 수송대행업체로 장비/물자를 인도한다.

87 선적항은 선박 또는 항공기를 이용하여 미국에서 구매국으로 수송하기 위한 항만 또는 공항을 말하며, 하역항은 구매국의 항만 또는 공항을 의미한다.

88 국제무역거래조건(International Commercial Terms): 무역거래계약에 있어 소유권 이전, 운송계약, 위험의 이전 등 모든 비용에 대한 매도인과 매수인의 의무에 대해 규정하고 있다. 1936년에 국제상공회의소(International Chamber of Commerce)에서 처음으로 제정된 이후 10년 단위로 개정되었으며 현재 사용되고 있는 Incoterms 2010은 7번째 개정된 것으로 11개 거래조건에 대하여 규정하고 있다.

89 획득기술군수차관실: Under Secretary of Defense for Acquisition, Technology and Logistics

90 보급원(Source of Supply): FMS 장비 및 물자를 불출하는 기관으로 재고품목의 경우 미 국방부 보급창, 조달계약을 통해 불출되는 경우 해당 계약업체가 보급원이다.

양되어 구매국 책임 하에 계약목적물을 수송하는 것을 원칙으로 하고 있다. 이에 따라 FMS에 의한 모든 계약목적물에 대한 소유권은 사전에 별도 합의되지 않는 한 최초적송지점(最初積送支店, Initial Point of Shipment, Point of Origin)에서 구매국에 이전된다. 최초적송지점이란 계약목적물을 미군에서 구매국으로 인도하기 위해 수송이 시작되는 분기점으로 〈자료 3-42〉에서 보는 바와 같이 미국 국방부의 재고를 획득하는 경우 보급창 저장창고, 계약을 통해 조달되는 경우 계약업체의 저장창고/시설, 정비품목의 경우 정비창, 잉여국방물자(EDA)[91] 판매 프로그램을 통해 미군의 초과 잉여품목을 구매하는 경우 보관창고가 각각 최초적송지점이 된다.

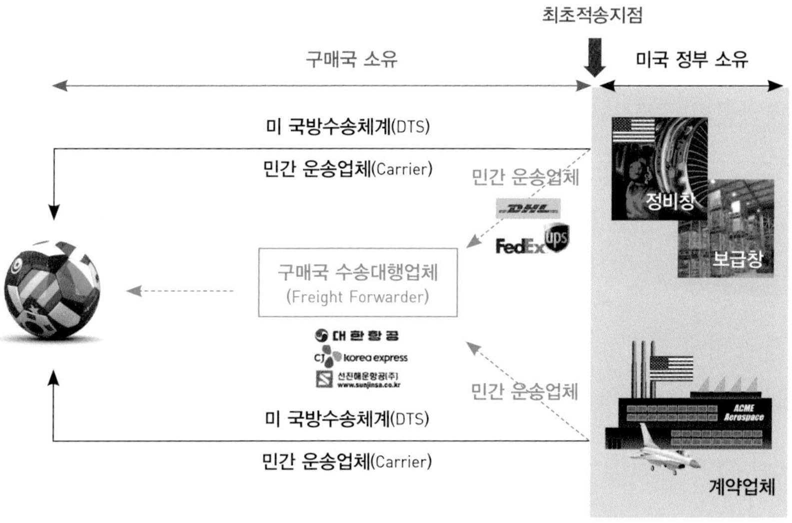

자료 3-42 소유권 이전 시점

91 잉여국방물자(Excess Defense Article): 미군에서 소요 대비 초과로 보유하고 있는 품목으로 제2차 세계대전 이후 미 국방부는 엄청량 양의 무기체계를 포함한 보급품들을 처리하는 과정에서 효율적인 처리 필요성이 대두되기 시작하였다. 과다한 잉여국방물자 보유로 인하여 저장 · 관리 및 폐기과정에서 막대한 비용이 소요됨에 따라 각 군별로 초과 비축량을 해결할 수 있는 제도를 연방법으로 제정하여 현재는 국방군수본부(DLA)에서 DLA Disposition Services를 통해 수행하고 있다.

따라서 최초적송지점에서 불출되어 수송이 개시되는 시점에서 계약목적물에 대한 모든 소유권은 미국으로부터 구매국으로 이전된다. 소유권 이전과 함께 보급원 불출 이후 최종 목적지까지의 수송책임도 구매국에 있다. 즉 보급원에서 불출된 이후 수송수단이나 기관 등에 관계없이 계약목적물에 대한 모든 수송비용 및 책임은 구매국이 부담해야 하며, 미국 정부는 일체 수송에 대한 책임을 지지 않는다.

2) 수송수단

(1) 수송지역에 따른 분류

FMS 수송은 오퍼에 명시된 수송조건에 따라 다르지만, 지역에 따라 미국 내에서의 내륙수송, 미국 선적항에서 구매국 하역항[92]까지의 국제수송, 구매국에서 최종 목적지까지의 내륙수송으로 나눌 수 있다. **미국 내륙수송**은 최초적송지점에서 구매국 수송대행업체의 창고까지 또는 선박이나 항공기 선적항까지의 수송을 말한다. 수송대행업체에 인도하는 경우 제작업체 창고 또는 미군 보급원에서 구매국 수송대행업체까지 미국 정부가 지정한 운송업체에 의해 계약목적물을 수송하지만, 수송조건에 따라 선적항까지 수송하기도 하며 국방수송체계를 이용하는 경우에는 미국 국방부가 지정한 선적항까지 수송한다. 내륙수송은 주로 우체국(USPS), 페덱스(FeDex), 유피에스(UPS) 등 운송업체를 통해 수행되며 우편, 철도, 선박, 항공 등의 수송수단을 모두 포함한다. **국제수송**은 미국 선적항으로부터 구매국 하역항까지 수송하는 것으로 수송대행업체가 용선(用船)한 선박 또는 항공기를 이용하거나 미군의 국방수송체계를 이용하여 수송한다. **구매국 내륙수송**은 구매국 하역항에서 최종 목적지까지의 내륙수송으로, 대부분 구매국의 수송대행업체가 수송을 담당한다.

---

92 선적항은 선박 또는 항공기를 이용하여 미국에서 구매국으로 수송하기 위한 항만 또는 공항을 말하며, 하역항은 구매국의 항만 또는 공항을 의미한다.

(2) 수송주체에 따른 분류

FMS 수송은 수송주체에 따라 국방부 국방수송체계를 이용한 운송 및 구매국의 수송대행업체를 이용한 운송으로 구분할 수 있다. 미국 정부는 소유권이 이전된 이후에는 구매국의 수송수단과 책임 하에 자체적으로 수송하기를 원하지만, 국제 수송체계를 갖추지 못하고 있거나 수송대행업체를 운용하는 것이 어려운 구매국을 위하여 또는 폭발물, 위험물자나 보안장비 등 안전 및 보안상의 이유로 민간수송수단을 이용하는 것이 제한될 수 있기 때문에 미군 국방수송체계(DTS: Defense Transportation System) 혹은 국방부와 계약이 체결된 수송수단을 이용하여 구매국의 수송을 대행하고 있다. 하지만 국방수송체계의 수송비가 상대적으로 비싸기 때문에 미국은 구매국의 수송대행업체를 이용하여 수송할 것을 권장하고 있으며, 대부분의 구매국은 미국 내에서의 내륙수송을 위해 수송대행업체를 지정하여 미국 내에 상주하면서 FMS 수송업무를 대행토록 하고 있다.

① 미군 국방수송체계DTS: Defense Transportation System

DTS는 오퍼에 명시되어 있는 LOA 수송조건 또는 구매국의 요구에 따라 FMS 계약목적물을 미군의 수송수단을 이용하여 구매국에 인도하기 위해 진행되는 수송체계로 국방부 수송사령부(USTRANSCOM: U.S. Transportation Command)에서 육·해·공군의 모든 FMS 국방물자수송체계를 총괄적으로 관리 및 감독하고 있으며, 수송사령부 통제에 따라 육·해·공군별로 SDDC, MSC, AMC에서 FMS 수송업무를 수행하고 있다. 육군 물자사령부 예하의 지상전개보급사령부(SDDC: Surface Deployment and Distribution Command)는 철도를 포함한 지상의 내륙수송을 담당하며, 해군 해상수송사령부(MSC: Military Sealift Command)는 국방부 수송계약에 따라 해군 수송선 및 선박회사의 해상수송을 총괄적으로 통제하고 있다. 공군 항공수송사령부(AMC: Air Mobility Command)는 국방부 수송계약에 의해 공군기지, 민간공항과 협조하여 군용화물에 대한 미 공군 및 민간 항공사의 항공수송 업무를 수행한다.

② 구매국 수송대행업체

수송대행업체는 최초적송지점으로부터 FMS 화물을 인수하여 일시적으로 보관, 저장, 관리하고 선적, 운송, 보험, 수출입 허가 및 통관수속을 대행하며 최종적으로는 지정된 구매국 목적지까지 수송한다. 미군 국방수송체계에 의한 수송을 제외한 대부분 FMS 화물은 구매국에서 지정한 수송대행업체에 의해 수송되고 있다. 통상적으로 미군 국방수송체계보다 저렴하기 때문에 대부분의 구매국이 선호하고 있으며 미국 정부도 수송대행업체를 이용한 수송을 권고하고 있다. 우리나라는 수송대행업체에 의한 FMS 화물의 수송/용역비용을 정부가 전액 지불하는데, 미국 보급원에서 불출되어 수송대행업체가 인수할 때까지의 내륙수송에 소요된 육상 · 해상 · 항공 수송비용은 수행대행업체에서 먼저 운송업체에 우선 지불하고 추후에 이를 포함하여 수송/용역비용을 구매국 정부에 청구한다. 전체적으로 FMS 수송은 미국 정부가 설정한 수송인도조건(DTC: Delivery Term Code)에 따라 보급원, 선적항 또는 지정된 장소에서 FMS 계약목적물을 인수하고, 수송대행업체는 미국으로부터 인수한 이후 우리나라 군 전용 통관지역까지 운송하며, 통관 이후의 국내 내륙운송은 대부분 국군수송사령부 또는 각 군에서 수행하고 있다.

3) FMS 수송조건DTC: Delivery Term Code[93]

구매국은 오퍼 요청단계에서 미국에서 구매국으로 어떻게 수송할 것인지를 결정하여 오퍼요청서를 통해 요구하게 되며, 오퍼이행기관은 수송조건의 적정성을

93 DISAM Chapter 11 Table 11-1.

판단하여 오퍼에 수송조건을 반영한다. 수송조건은 크게 구매국으로 반출되는 구매/청구수송, 미국으로 반입되었다가 다시 구매국으로 반출되는 정비수송으로 구분되며, 인도지점[94]에 따라 수송조건을 12개로 구분하여 〈자료 3-43〉과 같이 전자의 경우 DTC-2, 4, 5, 7, 8, 9의 수송조건을, 후자는 DTC-B, C, E, F, G, H, J를 각각 적용하고 있다.

자료 3-43 FMS 수송조건

(1) 구매수송, 청구수송

오퍼에 의해 지정구매된 완성장비를 구매국으로 인도하는 경우 또는 총괄구매·보급지원협정에 의해 수리부속 등 품목을 청구하여 구매국에 인도하는 경우에 적용되며, 세부적인 수송조건은 아래 〈자료 3-44〉에서 보는 바와 같다.

94 인도지점(Point Of Delivery): 소유권이 이전되는 최초적송지점과는 달리 장비/물자가 미국 정부에서 구매국으로 실질적으로 인계되는 지점으로, 이것에 의해 FMS 수송조건이 결정된다.

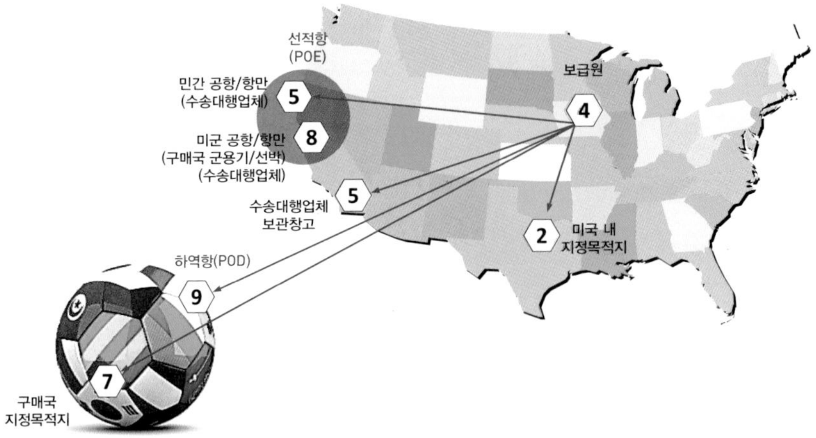

DTC	인도조건	수송요율(%)	인코텀즈[95]
2	미국 내륙의 지정된 목적지에서 구매국에 인도	3.75%	FCA
4	미국 내륙 보급원에서 구매국에 인도	-	EXW
5	미국 내륙 구매국 수송대행업체에 인도 (선적항[96] 또는 수송대행업체의 내륙 보관창고)	3.75%	FCA
7	구매국 내륙 지정목적지에서 인도	16.25%	DAP, DDP
8	미군 통제 하에 있는 선적항에서 구매국(또는 수송대행업체) 운송수단(항공기, 선박) 본선 인도	6.25%	FOB
9	구매국의 하역항[97]에서 인도	13.25%	DAT

자료 3-44 구매 및 청구에서의 FMS 수송조건

95 국제상업 운송조건(Incoterms 2010): 무역용어의 해석에 관한 국제규칙(International Rules for the Interpretation of Trade Terms)으로, 가격 및 인도조건을 다음과 같이 11가지로 구분하고 있다.

구분	가격 및 인도조건
Group E	EXW: Ex Works(생산공장 직접 인도)
Group F	FCA: Free Carrier(운송인 인도) FAS: Free Alongside Ship(선측 인도) FOB: Free On Board(본선 인도)
Group C	CFR: Cost & FReight(운임 포함 인도) CIF: Cost, Insurance and Freight(운임, 보험료 포함 인도) CPT: Carriage Paid To(운송비 포함 인도) CIP: Carriage and Insurance Paid To(운송비, 보험료 포함 인도)
Group D	DAP: Delivered At Place(도착장소 인도) DAT: Delivered At Terminal(도착터미널 인도) DDP: Delivered Duty Paid(관세지급 인도)

DTC-4는 미국의 보급원에서 구매국 또는 수송대행업체가 FMS 화물을 직접 인수하는 것으로, 인수와 동시에 소유권이 구매국으로 이전되며 제 수송비도 구매국에서 부담한다. 소유권 이전과 함께 구매국(또는 수송대행업체)이 FMS 장비/물자를 인도받기 때문에 소유권 이전과 수송책임이 동일 시점에 개시된다. FMS 장비/물자의 불출준비가 완료되면 이를 구매국 수송대행업체에 통보[98]하고, 수송대행업체는 운송업체를 선정하여 보급원으로부터 수송대행업체까지 내륙수송을 지시한다. 해당 품목을 인수한 수송대행업체는 통관을 포함한 항공 및 선박 수송업무를 수행한다. DTC-5는 미국 정부가 지정한 운송업체가 보급원에서 수송대행업체까지 수송하는 것으로 오퍼이행기관이 직접 운송업체에 수송비를 지불하는 반면, DTC-4는 운송업체의 수송비를 수송대행업체가 선지불한 후 구매국에 청구한다. DTC-5의 경우 미국 정부가 수송비를 직접 지불하는 것은 미국 국방부 재고품목의 단가에 수송비가 포함되어 있으며, 필요한 경우에는 오퍼이행기관에 의해 구매국의 오퍼케이스에서 지불되기 때문이다. 따라서 수송대행업체 입장에서는 FMS 장비/물자가 접수된 이후 수송업무를 수행하므로 운송업체의 수송비를 먼저 지불하고 구매국 정부에 다시 청구해야 하는 DTC-4에 비해 행정업무 소요가 크게 줄기 때문에 상대적으로 DTC-5를 선호한다. DTC-4는 인터콤즈의 EXW(EX Works: 생산공장에서 직접 인도), DTC-5는 FCA(Free Carrier: 운송인 인도)와 비슷한 형태의 인도방식이라고 할 수 있으며 우리나라의 경우 FMS 계약목적물의 90% 이상을 DTC-4로 국내수송하고 있다. DTC-4 및 DTC-5는 〈자료 3-45〉에서 보는 바와 같다.

---

96 선적항(POE: Port of Embarkation): 미국에서 구매국으로 수송하기 위해 선박 또는 항공기에 선적이 이루어지는 항만 또는 공항으로, 선적항에서 통관절차가 완료된다.

97 하역항(POD: Port of Debarkation): 미국에서 구매국으로 선박 또는 항공기에 의해 국제수송되어 하역이 이루어지는 구매국의 항만 또는 공항으로, 오퍼의 수송조건에 따라 하역항에서 구매국이 직접 인도(DTC-9)하거나 내륙수송에 의해 지정된 목적지에서 구매국에 인도(DTC-7)한다.

98 NOA(Notification Of Availability): FMS 장비/물자를 미 보급원에서 불출해도 된다는 불출통지서

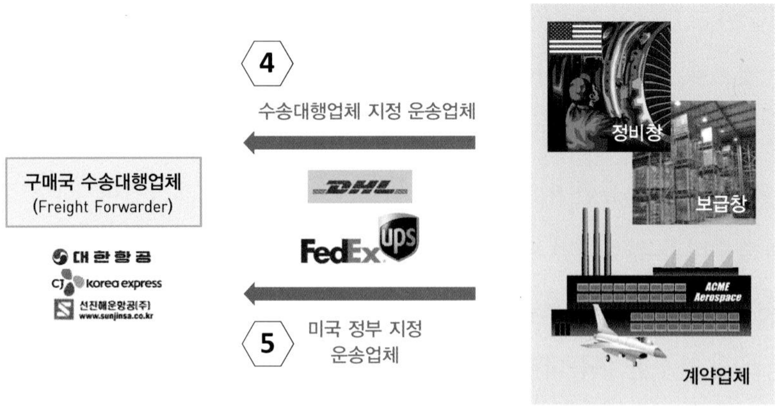

자료 3-45 DTC-4 및 DTC-5

DTC-7, 9는 보급원에서 직접 구매국의 지정된 목적지(Door To Door) 또는 지정항(Port To Port)으로 인도되는 조건으로 미군 국방수송체계를 이용하는 경우에 해당된다. 오퍼에 명시된 FMS 수송조건 또는 구매국의 요청에 따라 주요 무기, 탄약, 폭발물, 비밀물자 등은 미군의 수송자산을 이용하여 미국 정부선하증권(GBL: Government Bill of Lading)으로 보급원에서 구매국까지 수송한다. 미국 정부가 발행한 선하증권[99]으로 수송된 물자는 구매국의 하역항에서 해당 구매국에 상주하고 있는 미국 국방부 요원들이 하역작업을 감독하며 하자 발생 여부 등을 확인 · 점검 후 구매국에 인계한다. 국방수송체계 수송비용은 단가에 포함되거나 오퍼 대금청구서에 반영되어 구매국에 청구된다. DTC-8은 미군의 통제 하에 있는 공항이나 항만

99 선하증권(B/L, Bill of Lading, 船荷證券): 화물선적을 입증하는 기본 서류로서 유통 가능한 유가증권이므로 이 서류가 없으면 대금을 받을 수도 화물을 인수할 수도 없다. 선적서류 중 필수서류의 하나로서 운송인이 화물을 본선에 선적하여 선장으로부터 본선 수취증을 발급받아 이를 운임과 함께 선박회사에 제출하면 선하증권을 발행하게 된다. 따라서 선하증권은 화주와 선박회사 간의 해상운송계획에 의하여 선박회사가 발행하는 유가증권이다. 즉, 선하증권은 선박회사가 화주로부터 화물을 선적한 사실 또는 선적을 목적으로 수탁한 사실을 입증하고 그 화물을 인도할 것을 약속한 화물수취증권이라 할 수 있다.

에서 인도되는 조건이다. 즉, 미군이 지정한 군용 항만이나 공항에서 구매국 수송대행업체에 인도되며 선적항에서의 통관절차도 미군이 수행한다. 선적항에서 통관이 완료되면 구매국(또는 수송대행업체)의 운송수단(항공기, 선박)을 이용하여 구매국의 하역항으로 수송한다. 우리나라는 비밀물자나 유도탄 등 폭발물을 FMS로 구매하여 국내로 수송하는 경우 미군이 지정한 미국 내 공군기지에서 수송대행업체가 직접 인수받은 후 전세항공기를 이용하여 국내 하역항까지 수송한다. 하역항에서 통관은 국군수송사령부에서 수행하며 이후 내륙수송은 각 군에 의해 실시된다. 하지만 계약목적물을 보급원에서 직접 인수하는 DTC-4 외에 구매국 또는 수송대행업체에 수송하는 과정에서 미군 또는 운송업체가 화물을 보관하고 관리하게 되는 DTC-2, 5, 7, 8, 9의 경우 보급원에서 불출된 이후 소유권이 이양되었으므로 인수받기 이전에 발생하는 분실(Loss)이나 손상(Damage)에 대한 책임도 구매국이 져야 한다. 따라서 필요한 경우 보급원에서 불출되기 이전에 오퍼이행기관과 협조하여 구매국 비용으로 보험을 들어 분실 또는 손상 등에 대비해야 한다. 또한 DTC-7, 9 화물의 경우 전력화 시기, 수송물량, 인도 시기 등을 고려하여 가능하면 화물을 통합하여 DTC-8로 수송[100]하는 경우 수송비용을 크게 절감할 수 있다. 하지만 미국 국방부 수송사령부가 FPG(Foreign Procurement Group)에서 발표한 자료[101]에 의하면 미국 의회는 FMS 구매국에 대한 국방수송체계 수송비를 2019년까지 한시적으로 최대 69%까지 할인해주는 법안(FY14 National Defense Authorization Act)을 승인

---

100 미 국방수송규정에 의거 구매국의 수송대행업체가 특수화물에 대한 수송능력을 구비하고 미국 정부가 수송조건을 인가하는 경우 수정오퍼를 통해 DTC-7, 9를 DTC-8로 변경 가능하다. 통합수송을 위해서는 1회 전세 통합수송이 기능토록 충분한 물량을 확보해야 하므로 오퍼에 인도계획(Delivery Schedule)을 검토하여 가급적 동일한 시점에 인도받을 수 있도록 미국 정부와 협조하고 소요군의 전력화 요구 시기, 전세 수송물량이 충족될 때까지 소요군의 인도 일정 유보 가능성 및 국방수송체계(DTS) 수송비와 DTC-8 전세 운송비를 종합적으로 비교 · 검토하여 통합수송을 추진하여야 한다.

101 Approval of New Rates for FMS Customers(U.S. Transportation Command, 13 March 2014)

하였다. 이에 따라 미국 정부는 국방수송체계 수송에 소요되는 실비용(Actual Cost)만 구매국에 부과함으로써 국방수송체계의 활용을 권장하고 있는데, 이는 구매국의 국방수송체계 사용 저조 및 미국 국방비 감축에 따른 물동량 감소로 인해 미군 선박/수송기의 가동률이 크게 떨어져 이를 해결하기 위한 고육지책으로 이해된다. 따라서 국방수송체계를 이용한 DTC-7, 9의 할인된 수송비와 전세 수송수단을 이용한 DTC-8 수송비를 꼼꼼히 비교하여 수송계획을 작성해야 할 것이다.

(2) 정비 수송 · 하자품 수송

FMS로 정비를 추진하는 경우 대부분은 정비대상품목을 미국의 정비시설로 보내 정비를 마친 후 다시 구매국으로 돌려보내고 있다. 하자품목인 경우에는 하자를 구상받은 후 미국 정부의 처리지침에 따라 구매국에서 폐기하거나 미국에 반납해야 한다. 이처럼 정비를 위해 정비대상품목을 미국으로 보내거나, 하자품을 미국에 반납하는 경우 해당 품목을 구매국으로부터 미국으로 반출해야 하는데, 이때는 〈자료 3-46〉과 같이 알파벳으로 구성된 수송조건을 사용하게 된다.

DTC	인도조건	비고
B	구매국 선적항에서 인도 ↔ 구매국 지정지 인도(왕복): 구매국은 국내 내륙수송 책임	
C	미국 내 수송대행업체 선적지 인도조건(왕복): DTC-8 왕복과 동일	반출입 동일
E	구매국 책임 운송조건(왕복): DTC-4 왕복과 동일	반출입 동일
F	구매국 내륙 목적지 인도조건(왕복): DTC-7 왕복과 동일	반출입 동일
G	구매국 하역항 인도조건(왕복): DTC-9 왕복과 동일	반출입 동일
H	구매국이 미국 내 정비시설까지 모든 운송책임: 반입은 DTC-4, 반출은 DTC-5와 동일	
J	구매국이 미국 내 정비시설까지 모든 운송책임: 반입은 DTC-4, 반출은 DTC-7과 동일	

자료 3-46 정비 및 하자품에 대한 FMS 수송조건

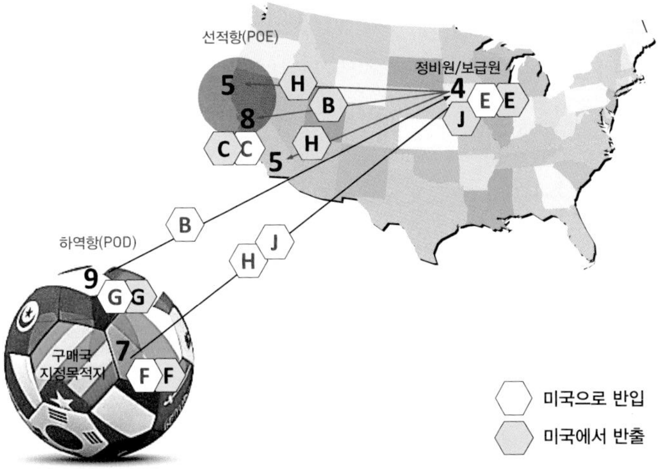

4) 수송비용

보급원에서 소유권이 이양되므로 미국 내륙수송 또는 국외수송 비용은 수송방식에 관계없이 구매국에서 모두 부담한다. 앞서 살펴본 DTC-5의 경우 미국 오퍼 이행기관이 수송대행업체까지의 내륙수송비를 운송업체에 직접 지불하지만, 실질적으로 이 비용도 구매국에서 지불하는 것이다. FMS 수송비는 화물단가 및 수송거리에 따라 결정된다. 즉 부피, 중량, 수송거리[102] 등에 관계없이 화물단가에 비례하여 수송비가 부과되기 때문에 고가품목일수록 더 많은 수송비가 부과된다. 일부는 품목단가에 수송비가 포함되기도 한다. 즉 FMS 운영자금(DWCF: Defense Working Capital Fund)을 활용하여 구매한 품목의 경우 미국 정부가 구매국 수송대행업체 또는 선적항까지 정부선하증권(GBL: Government Bill of Lading) 또는 상업선하증권(CBL: Commercial Bill of Lading)으로 수송하는데, 이 경우 품목단가에 수송비가 포

---

102 단, 미국을 중심으로 세계 각국을 권역별로 나누어 거리에 따라 FMS 국가별 수송비를 산정하기 때문에 국가별로는 수송거리에 따라 수송비용에 차이가 있으나, 동일 국가 내에서는 수송조건에 따른 거리에 영향이 없다.

함되어 있기 때문에 구매국은 미국으로부터 인도받은 이후의 수송비용만 지불하면 된다. 반면 FMS 운영자금 구매품목이 아닌 경우에는 단가에 수송비가 포함되지 않기 때문에 오퍼이행기관은 오퍼에 반영하거나 후불 상업선하증권(CCBL: Collect Commercial Bill of Lading)을 발행하여 구매국에 수송비를 부과하고 있다.

5) 특수화물 수송

오퍼에 명시된 수송조건에 따라 보급원에서 자동으로 불출되어 구매국(또는 수송대행업체)으로 인도되는 일반품목과는 달리 탄약 · 폭발물 · 비밀물자 등 특수화물은 반드시 구매국의 수송지침에 따라 불출 및 수송되어야 한다. 특수화물이 보급원으로부터 불출준비가 되면 구매국에 이를 통보하는데, 이를 불출통지(NOA: Notice Of Availability)[103]라 한다. 특수화물에 대한 수송조건은 일반적으로 품목특성에 따라 오퍼에 명시된다. 일반화물은 DTC-2, 4, 5를 적용하여 운송업체가 수송대행업체까지 내륙수송하는 데 비해, 특수화물의 경우 DTC-7, 8, 9를 적용하여 국방수송체계(DTS), 구매국 군용기 또는 전세 선박 및 항공기 등을 활용하여 수송토록 하고 있다.

---

103 FMS 계약목적물에 대한 불출예정 통보서(NOA): 생산, 정비 등이 완료되어 구매국에 불출하기 전에 구매국이 사전에 인지하고 수송준비를 할 수 있도록 통보하기 위한 서류(DD Form 1348-5)로 일반물자의 경우 미 국방계약관리본부(DCMA: Defense Contract Management Agency)에서 수송대행업체로 통보되며, 비밀물자, 위험물, 민감물자 등 특수화물인 경우 주미군수무관단의 수송장교에게 통보된다. 수송장교는 특수화물에 대한 수송계획(Transportation Plan)을 수립하여 이를 다시 미 국방계약관리본부에 통보하여 이에 따라 수송이 진행된다.

- 비밀물자(Classified Shipment): LOA상에 'Classified(비밀)'로 표기
- 위험물(Hazardous Shipment): 인체나 안전에 해를 끼칠 수 있는 화학제품, 분사제, 압축가스 등
- 민감물자(Sensitive Shipment): 분실 · 탈취 등의 경우 안전 및 보안에 위해한 영향을 미칠 수 있는 재래식 무기, 탄약, 폭발물 등

6) FMS 수송 추적시스템EFTS: Enhanced Freight Tracking System

미국에서는 일반인이 개인적으로 유피에스(UPS)나 페덱스(FedEx) 등을 이용하여 수화물을 보내는 경우 각각의 수화물에 개별 추적번호(Tracking Number)를 부여하여 누구나 운송회사의 웹사이트에서 수송 진행상황을 실시간으로 확인할 수 있다. 2008년에 구축된 FMS 수송 추적시스템(EFTS)은 이처럼 FMS 화물의 수송현황을 웹사이트에서 실시간으로 확인할 수 있도록 SCIP을 통해 수송정보를 FMS 구매국에 무상으로 제공하고 있다. 간단한 품목정보를 입력하면 수송 진행사항을 실시간으로 확인할 수 있으며, 관심품목을 지정해두면 수송 진행사항을 전자메일로 자동 통보받을 수도 있다. FMS 수송 추적시스템은 하자, 정비, 청구 등 모든 FMS 장비/물자에 대해 추적이 가능하도록 설계되어 궁극적으로는 미국으로 반입 및 반출되는 모든 FMS 화물을 추적하는 것을 목적으로 하고 있다. 하지만 현재는 구매국 수송대행업체와의 수송정보교환 등이 원활하게 이루어지지 않고 있어 실질적인 활용도가 저조한 상황이다.

7. FMS 하자처리

FMS에서 미국 정부가 구매국을 대신하여 계약목적물에 대한 품질관리를 하고 있지만, 제작 · 생산 또는 수송과정에서 인적 또는 자연적인 원인에 의해 최초 합의된 오퍼 계약에 명시된 정상적인 상태를 충족하지 못하는 결함이 발생할 수 있는데, 이처럼 기준 또는 표준상태와의 차이를 하자(Discrepancy)라 한다. FMS 하자는 크게 협의의 하자와 광의의 하자로 구분할 수 있다. 협의의 하자는 미국 정부가 화주(Shipper), 보급원(Source of Supply), 제조업체 등에 대하여 구매국을 대리하여 구상책임을 지는 하자로 보급하자(Supply Discrepancy), 품질하자(Product Quality

Discrepancy), 회계하자(Financial Discrepancy)의 3가지[104]로 구분할 수 있다. 광의의 하자는 앞서 살펴본 3가지 하자 및 국방수송체계로 구매국에 인도하는 과정에서 발생하는 수송하자(Transportation Discrepancy)가 포함된다. 수송하자는 미국 정부가 운송업체에 직접 제기하는 하자로 구매국에서 제기하는 보급하자, 품질하자, 회계하자와는 구별된다.

1) 하자유형

(1) 보급하자 Supply Discrepancy

일반적으로 가장 많이 발생하는 하자로서 국제군수통제기구(USASAC-NC, NAVSUP-WSS, AFSAC), 보급원, 운송업체, 제조업체 등에 의해 발생되는 선적하자(Shipment Discrepancy)[105], 품질하자(Quality Discrepancy)[106], 대체품하자(Substitute Item Discrepancy)[107], 시효품하자(Shelf Life Item Discrepancy)[108], 대금청구하자(Billing Discrepancy)[109], 포장결함(Improper Packing)[110] 등이 모두 이에 해당한다.

---

104 Discrepancy Reporting(The Management of Security Cooperation, 2012년 2월), pp.10~36

105 계약목적물 수량의 과부족(Shortage, Overage), 파손된 품목(Damage), 유효기간이 충분하지 않은 품목(Insufficient Remaining Shelf-Life), 잘못된 품목(Incorrect Materiel), 행선지 착오 품목(Misdirected Materiel) 등의 원인으로 제기하는 보급하자.

106 신규 구매품목 또는 정비품목이 요구 성능을 발휘하지 못하는 경우 보급하자를 제기한다. 잠재하자도 일종의 품질하자에 포함된다.

107 단종, 성능개량 등으로 인하여 구매국에서 요청한 재고번호와 다른 대체품으로 대체/조달되었으나 적절한 대체품으로 확인되지 않은 경우에 대한 보급하자를 제기한다.

108 의약품, 건전지 등 정상적인 기능 발휘가 가능한 시효기간이 있는 품목으로 인수 시 충분한 시효기간이 없는 품목에 대하여 보급하자를 제기한다.

109 청구한 내용과 동일한 품목 및 수량을 인도받았으나, 분기별 대금청구서에 청구내용에 이중청구 또는 누락 등의 경우가 발생한 경우 보급하자를 제기한다. 통상 분기별 대금청구서 청구내용과 첨부된 인도명세서(Delivery Listing)의 일치 여부를 확인하는 과정에서 식별된다.

110 접수 당시에 포장이 파손된 경우에 보급하자를 제기하나, 보급원에서 운송업체(Carrier)에 이상 없

① 하자 처리절차

보급하자는 구매국 또는 수송대행업체가 국제군수통제기구에 보급하자보고서(SDR: Supply Discrepancy Report)를 제출하면서 구상절차가 시작된다. 국제군수통제기구는 하자 제출조건을 충족하는지 여부를 확인하여 재고통제소, 보급원, 수송기관 등 관련 기관에 구매국으로부터 접수된 하자내용을 통보하고 검토내용을 받아 구매국에 결과를 통보한다. 세부적인 하자처리 절차는 〈자료 3-47〉에서 보는 바와 같다.

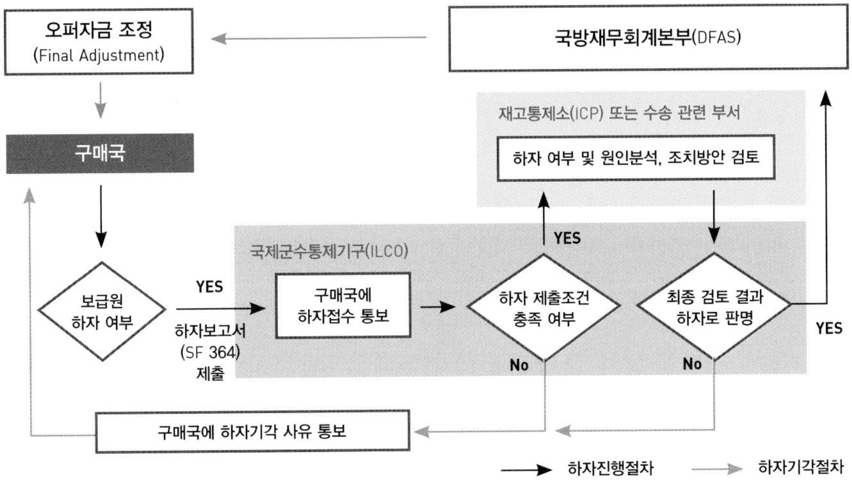

자료 3-47 하자처리 절차

② 하자 제출조건

미국은 보급하자 제출기간 및 품목단가에 대한 제한을 두고 있다. 보급하자는 소유권이 이전된 시점으로부터 1년 이내에 하자를 제출해야 하지만, 실수로 비밀물자,

이 불출된 경우에는 소유권도 함께 구매국에 이전되기 때문에 미국 정부는 하자구상에 대한 책임이 없다. 이 경우 운송업체에 클레임을 제기하여 해결해야 한다.

민감성 물자, 폭발물 등이 포함되어 수송된 경우에는 이를 인지한 시점으로부터 24시간 이내에 보고해야 하며 모든 품목을 인도받지 못했을 경우(Non-Receipt)에는 선적 또는 대금청구 시점으로부터 1년간 하자를 제출토록 하고 있다. 하지만 잠재하자(Latent Defect)의 경우에는 제출기간의 제한을 받지 않는다. 잠재하자란 생산과정에서 구조적인 취약성이 내재되어 통상적인 검사나 점검을 통해서는 식별되지 않다가 구매국에 인도된 이후 결함이나 결점이 확인된 하자[111]로, 하자 구상기간은 1년의 제한을 받지 않으며 사안에 따라 결정된다. 하지만 잠재하자로 구상받기 위해서는 구매국이 저장 또는 취급 중에 발생한 훼손(Deterioration) 또는 손상(Damage) 이외의 원인에 의해 하자가 발생했다는 것을 직접 증명해야 하는 어려움이 있다.

미국 정부는 하자를 제기할 수 있는 최소금액을 200달러로 제한[112]하고 있다. 하지만 이는 단순히 품목단가뿐 아니라 포장 · 결박 · 수송비(PC&H: Packing, Crating and Handling)가 포함된 금액이다. 따라서 구매국은 품목단가가 200달러 미만이더라도 포장 · 결박 · 수송비 등의 부가비용을 염두에 두어 하자를 제출해야 할 것이다. 비밀물자, 민감성 물자, 폭발물 등의 경우에는 200달러의 최소금액 제한에 관계없이 하자를 제출할 수 있다.

(2) 품질하자Quality Discrepancy

신규로 구매하였거나 정비한 품목이 요구되는 성능을 발휘하지 못하는 품질하자에 대하여 미국 정부는 생산품질결함보고서(PQDR: Product Quality Deficiency

---

111 "A flaw or other imperfection in an article discovered after delivery to the customer. Such defects are inherent weaknesses which normally are not detected by examination or routine test, but which are present at the time of manufacture."

112 1992년 6월 이전까지는 100달러 이상인 케이스에 대해서만 하자를 제기할 수 있었으나, 이후 200달러 이상으로 상향되었으며, 비밀물자, 민감물자, 폭발물 등은 금액에 관계없이 즉시 하자구상이 가능하다.

Report)를 제출할 것을 구매국에 권장하고 있다. 생산품질결함보고서는 국제군수통제본부를 경유하여 재고통제소로 제출하거나 구매국이 참여하고 있는 구매국 기술협력그룹(Technical Cooperation Group)[113]에 제출한다. 하지만 생산품질결함보고서를 제출한다고 자금상환이나 현물상환 등의 하자구상 조치가 자동적으로 이루어지지 않기 때문에 하자 구상기한이 경과하지 않았다면 구매국은 추가로 보급하자보고서(SDR)를 제출하여 미국 정부에 하자구상을 요청해야 한다.

(3) 회계하자Financial Discrepancy

회계하자는 분기별 대금청구서에 잘못된 비용이 청구되는 경우로서, 수송조건을 변경하였으나 변경된 수송비용이 제대로 반영되지 않아 대금청구서에 잘못된 수송비용이 청구되는 경우를 말한다. 즉 대금청구서에 부가비용(Accessorial Charge)[114]이 잘못 계산된 하자로서, 분기별 대금청구서와 첨부된 인도명세서(Delivery Listing)의 청구내용이 상이한 보급원 하자의 대금청구하자(Billing Discrepancy)와는 다르다. 회계하자의 발생빈도는 매우 낮은 편이나, 회계하자를 식별하는 경우에는 별도로 정해진 하자보고서 양식 없이 육군/해군은 국방재무회계본부로 직접, 공군은 AFSAC으로 서한을 보내어 정정을 요청하면 된다.

---

113 기술협력그룹: FMS로 구매한 무기체계를 운용 및 유지하는 과정에서 발생하는 기술적 문제들을 구매국 상호 간 공동협력을 통해 해결하기 위한 구매국 공동체로서 호크의 후속군수지원 분담 프로그램(FSSP: Fair Share Sustainment Program), 패트리어트(Patriot) 유도무기의 야전감시 프로그램(FSP: Field Surveillance Program) 등이 있다. 미국은 FMS로 판매했던 호크 유도탄에 대하여 미 육군에서 도태한 이후에도 무상으로 기술지원을 제공하였으나, 1995년 이후 호크 운용국 공동으로 기술협력그룹을 만들어 공동으로 비용을 분담토록 하는 후속군수지원 분담 프로그램(FSSP)을 수행하고 있다. FSSP는 가입국 간의 공동협력과 미 육군물자사령부(AMC) 예하의 AMCOM 지원하에 호크 운영유지 간 발생하는 문제를 해결하고 있다. 우리나라를 포함하여 2014년 현재 14개국이 회원으로 가입되어 있다.

114 이 장의 '9. FMS 자금관리'에서 구체적으로 알아보겠지만, FMS 가격은 기본가격(Base Price)과 부가비용(Accessorial Charge)으로 구분된다.

(4) 수송하자 Transportation Discrepancy

일반적으로 보급원에서 구매국 또는 수송대행업체에 인도되는 과정에서 분실 또는 파손되는 모든 경우를 수송하자로 구분할 수 있지만, FMS에서는 미군의 국방수송체계로 수송하는 과정에서 발생하는 하자만을 수송하자로 규정하고 있으며, 화주(Shipper)인 미국 정부의 수송담당자[115]가 운송업체(Carrier)에 수송하자보고서(TDR: Transportation Discrepancy Report)를 제출토록 하고 있다. 즉, 국방수송체계로 구매국에 인도되는 과정에서 분실 또는 파손이 발생한 경우 미국 정부가 수송하자 보고서를 근거로 운송업체에 직접 분실된 화물을 추적하거나 파손에 대한 클레임을 제기한다. 구매국은 직접 수송하자를 제기할 수 없기 때문에 JUSMAG-K 같은 현지 안보협력지원기구(SCO)에 서한(Letter)이나 메모(Memorandum) 등을 통해 제출하고 이를 근거로 미국 정부 수송담당자로 하여금 운송업체에 수송하자를 제기토록 해야 한다. 그러나 수송하자는 구매국에 대한 금전적인 하자구상이 목적이 아니고 분실화물을 추적하거나 파손에 대한 클레임을 제기하기 위한 것이기 때문에 구매국이 미군의 국방수송체계(DTS) 수송 중 발생한 분실, 파손 및 이로 인한 수송비용을 구상받기 위해서는 반드시 보급하자보고서(SDR)를 국제군수통제기구에 별도로 제출해야 한다. 국방수송체계가 아닌 수송수단에 의해 발생한 수송하자에 대해서는 구매국 또는 수송대행업체는 즉시 운송업체에 클레임을 제기해야 한다. 구매국은 보급하자를 제기함과 동시에 국제군수통제기구를 통해 보급원에서 운송업체에 이상 없이 인계하였다는 선적근거서류(POD: Proof Of Delivery)를 확보하고 이를 근거로 수송대행업체로 하여금 운송업체에 하자를 구상토록 요구해야 한다.

---

115 미국 정부의 수송담당자는 화주(Shipper)로서 FMS 계약목적물을 불출하는 국방군수본부(DLA), 국방계약사령부(DCMA), 정비/보급창(Repair or Supply Depot), 제조업체 등 안보협력 프로그램(Security Cooperation Program)을 수행하는 모든 이해관계자가 포함될 수 있으나, 궁극적으로는 미 국방부가 화주가 된다.

일반적으로 많이 사용되는 DTC-4, 5, 8 위주로 수송하자에 대하여 좀 더 구체적으로 살펴보면 다음과 같다. DTC-4는 보급원에서 구매국 또는 수송대행업체가 직접 인수받는 것으로, 소유권 이전과 수송책임이 함께 구매국으로 이전되므로 일단 보급원에서 불출되면 수송하자는 구매국의 책임이다. 따라서 불출 이후 구매국에 인도하는 과정에서 발생되는 수송하자는 구매국과 수송대행업체 사이에서 해결해야 한다. 즉, 미국은 소유권이 구매국에 이전되었기 때문에 구매국과 수송대행업체 간의 내부적인 하자 문제로 간주하여 수송하자에 포함시키지 않는다. DTC-5, 8 수송조건 하에서는 불출준비가 완료되면 미국 정부는 운송업체를 지정하여 보급원에서 수송대행업체까지의 내륙수송을 지시하고 수송대행업체는 구매국 운송을 위한 통관을 포함한 항공 및 선박 수송업무를 수행한다. 미국은 수송대행업체에 접수된 이후의 수송하자뿐 아니라 접수 이전에 내륙운송업체가 수송하는 과정에서 발생하는 하자까지도 구매국 책임으로 규정하고 있다. 비록 구매국이 관여하지 않고 미국에 의해 내륙운송업체가 지정되지만 일단 보급원에서 불출되면 미국 정부가 더 이상 책임을 지지 않는다. 따라서 구매국은 보급원에서 불출된 후 발생하는 수송하자에 대해서는 수송대행업체에 구상을 요구해야 한다. 운송업체의 귀책에 의한 수송하자, 즉 화물을 접수했을 때 파손이나 손상이 확인된 경우라도 수송대행업체는 하자를 이유로 계약목적물의 접수를 거부할 수 없다. 왜냐하면 미국 정부는 보급원에서 소유권도 함께 인계되었다고 판단하기 때문에 수송대행업체에서 접수를 거부하는 경우 미국 정부에서도 반납을 받지 않기 때문에 내륙운송업체 수송과정에서 중간에 분실될 경우가 발생할 수 있기 때문이다. 구매국은 ILCO에 보급하자를 제기하여 보급원의 선적 근거서류를 확보하고 이를 근거로 수송대행업체 또는 운송업체에 클레임을 제기하여야 한다. 운송업체의 귀책사유인 경우 최종적으로는 계약목적물에 부보된 운송보험에 따라 조치되기 때문에 고가품목인 경우에는 사전에 충분한 보험에 가입하는 것이 필요하다. 결국 수송하자는 DTC-7, 9, G, J와 같이 국방수송체계를 이용한 수송에만 해당되며 구매국은 현지의 안보협력기구를 통해 미국 정부가 수송하자를 제기토록 하는 동시에 구상을 위해 보급하자도 제기해야 한다. 국방수송체계가 아닌 수송하자의 경우에도 구매국은 보급하자를 통해 해결해야 한다.

구분	보급하자	수송하자
제출대상	모든 FMS 화물	국방수송체계 수송화물
최소금액	200달러 이상	500달러 이상
제출부서	구매국 → 국제군수통제기구	미국 정부 → 운송업체(Carrier)
하자내용	모든 하자에 대하여 구상	수송하자에 해당됨
처리기간	상대적으로 신속한 하자처리	장기간 소요
하자 수송비	구상 가능	구상 불가
하자보고서	보급하자보고서(SDR, SF 364)	수송하자보고서(TDR, SF 361)

자료 3-48 보급하자와 수송하자 비교

2) 하자처리

하자처리는 오피자금 조정, 선적 근거서류 통보, 하자 처리지침 통보, 하자기각의 4가지 경우에 따라 처리된다. 미국은 구매국에 3회에 한하여 하자구상 기회를 부여하고 있지만, 성공적인 하자구상을 위해서는 반드시 하자 제출기간을 엄수해야 하며, 하자제출 초기에 구체적인 하자 내용에 대하여 충분히 설명해야 하고, 이와 더불어 충분한 근거자료를 제출해야 한다. 필요 시 국제군수통제기구에 상주하는 연락장교를 통해 하자 내용을 직접 설명토록 하는 것도 하나의 방법이 될 수 있을 것이다.

(1) 오피자금 조정 Billing Adjustment

재고통제소(ICP) 또는 수송기관(Shipping Activity)에 의해 구매국 하자를 구상해주는 것으로 결정되면, 국제군수통제기구는 국방재무회계본부(DFAS-Indianapolis) 및 구매국에 하자 검토 결과를 통보한다. 이에 따라 국방재무회계본부는 해당되는 오퍼에 현금(Debit) 또는 크레딧(Credit)으로 자금을 조정하며 구매국은 분기별 대금청구서(DD Form 645 Billing Statement)를 통해 이를 최종적으로 확인할 수 있다.

(2) 선적 근거서류Proof of Shipment

보급원에서 불출된 이후 분실 또는 파손되어 구매국이 보급하자를 제출하는 경우 국제군수통제기구는 보급원에서 이상 없이 선적되었다는 근거서류를 구매국에 제공하며 구매국은 이를 근거로 운송업체 또는 수송대행업체에 하자구상을 요구할 수 있다.

(3) 처리지침Disposition Instruction

하자가 인정된 경우 미국 정부는 하자품목을 보급원으로 회송하거나 미군 폐품수집소로 반납 또는 구매국에서 자체 폐기토록 하자품목에 대한 처리지침을 구매국에 통보한다. 미국 정부에서 요구된 처리지침에 따라 구매국의 조치가 완료되면 하자에 대하여 현물상환 또는 자금상환을 한다.

(4) 하자기각Discrepancy Rejection

미국 정부가 하자를 기각할 때에는 하자기각 사유를 구매국에 통보한다. 하자는 총 3회에 걸쳐 제기할 수 있다. 최초에 하자를 제기한 이후 하자 처리 결과가 부당하다고 판단되는 경우, 45일 이내에 다시 하자보고서(Reconsideration)를 제출해야 하며, 세 번째 하자는 두 번째 하자보고서(Contesting Reconsideration)를 접수한 45일 이내에 제기하여야 한다. 세 번째 하자를 제출하여 받은 하자 처리 결과는 최종적인 것으로, 여기에서 미국 정부로부터 하자를 인정받지 못한 경우에는 구매국 자체 결손처리 규정에 따라 조치한다. 하지만 실무적으로는 3회에 걸쳐 하자를 제기하였음에도 최종적으로 기각되었거나 하자제출기간을 초과하여 기각된 경우라도 육군의 경우 안보지원회의(SAR) 등을 통해 지속적으로 재검토를 요구하는 경우 타당하다고 판단되면 긍정적으로 검토해주고 있다. 이는 과거보다 구매국의 불만사항을 좀 더 적극적으로 해결해주려는 노력의 일환으로 해석된다.

8. 구매국을 위한 비표준품목 군수지원

미국 국방부는 무기체계를 연구개발 이후 최종적으로 양산승인을 받은 장비에 한하여 표준장비로 지정하여 미군에서 운용토록 하고 있다. 이에 따라 FMS는 기본적으로 미군에서 현재 운용하고 있는 표준장비를 판매하는 것을 원칙으로 한다. 우방국과 함께 동일한 무기체계를 운용함으로써 안보지원 측면에서 미군과의 연합작전 능력을 향상시키고, 군수지원 측면에서는 미군의 기존 군수지원 조직을 활용하여 우방국에 대한 효과적인 후속군수지원이 가능하기 때문이다. 경제적인 측면에서는 우방국과 미군의 통합된 소요를 통해 대량생산이 가능토록 함으로써 무기체계 단가를 낮추어 군수지원 비용을 절감할 수 있을 뿐 아니라 해외 방산시장에서 수출 가격경쟁력을 갖출 수 있다.

자료 3-49 비표준무기체계

하지만 국가별로 각기 다른 운용여건과 상이한 작전환경 등으로 미군이 운용하지 않는 무기체계, 즉 비표준무기체계를 운용하는 경우가 있어 FMS 구매국으로부터 비표준품목(Non-Standard Item)에 대한 지원소요가 지속적으로 발생하고 있다. 비표준품목이란 미군에서 무기체계를 도태시켜 미군의 군수지원체계에서 더 이상 재고를 조달 또는 저장하지 않는 품목을 말한다. 미국 국방부는 효율적인 군수지원을 위하여 미군이 운용하고 있는 장비/물자를 표준품목으로 지정하여 각각에 대하여 고유번호, 즉 국가재고번호(NSN: National Stock Number)[116]를 부여하고 있으며 더 이상의 소요가 없는 경우 해당 품목의 국가재고번호를 무효화시켜 비표준품목으로 전환시킨다. 비표준품목이 발생하는 주된 이유는 미군이 운용하던 무기체계를 도태시키는 경우 기존 무기체계 및 관련된 장비/수리부속 등에 대한 더 이상의 보급지원 소요가 없기 때문에 해당 품목들을 비표준품목으로 전환시키는데, 일부 구매국은 그 이후까지도 운용하는 경우가 많기 때문에 비표준품목에 대한 군수지원 소요가 발생하게 된다. 이외에도 아래와 같은 경우에 비표준품목이 발생할 수 있다.

첫째, 미군은 오래전에 도태시켰으나 구매국에서는 지속적으로 운용하고 있는 경우다. 하늘열차(Sky-Train)로도 불렸던 C-47 수송기의 경우 1967년 미국 공군에

116 제2차 세계대전 당시 미군은 육 · 해 · 공군에서 동일 품목에 각기 다른 명칭을 사용하여 필요한 수리부속을 제때 조달하는 데 많은 시간과 노력이 소요되었고, 특히 각 군 상호 간에 이를 공유하는 것은 거의 불가능한 일이었다. 육군에서는 남아도는 수리부속이 해군에서는 부족하여 긴급히 확보해야 했음에도 명칭이 달라 서로 공유하지 못했고 이는 결과적으로 국방예산낭비로 이어졌다. 이러한 문제를 해결하기 위해 미 국방부에서는 미군의 보급지원체계를 통해 반복적으로 구매 · 저장 · 불출 · 사용되는 모든 품목에 사람의 주민등록번호와 같이 고유의 명칭을 부여토록 하였는데, 이것이 국가재고번호(National Stock Number)이다. 따라서 미군이 사용하는 모든 표준품목은 고유의 NSN을 보유하고 있으나, 도태품목 등과 같은 비표준품목은 더 이상 조달소요가 없기 때문에 미군 보급지원체계에서 이를 삭제한다. 국가재고번호는 군급분류번호(4자리) - 국가부호(2자리) - 품목식별부호(7자리)의 13자리로 구성되어 있다. 우리나라 정부의 물품분류체계는 조달청의 '정부물품분류체계'로 일원화되어 있으나, 방사청은 '국가재고번호'로 물품을 분류하는 군방군수목록체계를 사용하고 있다.

서 도태되었으나 중남미나 일부 아시아 국가에서는 아직도 운용 중인 것으로 알려지고 있다. C-47 수송기처럼 오래되지는 않았으나 호크(MIM-23 Hawk) 미사일의 경우 미국 육군은 2002년에 도태시킨 이후 더 이상 후속군수지원을 하지 않음에도 불구하고 우리나라를 포함한 19개 국가들에서 아직도 호크 수리부속에 대한 요청이 계속되고 있다.

자료 3-50 C-47(좌) 및 MIM-23 호크(우)

둘째, 미군도 같은 모델의 무기체계를 운용하고 있으나, 형상이 크게 다른 경우이다. 즉 미군은 최초 무기체계를 전력화한 이후 군의 요구에 따라 기본 플랫폼을 기반으로 지속적으로 성능개량을 하는데, 이 과정에서 미국 국방부는 성능이 개량된 무기체계를 전력화하면서 기존의 형상은 도태시키기 때문에 성능의 개량 없이 기존 형상을 지속적으로 운용하는 구매국의 무기체계는 표준품목에서 비표준품목으로 전환된다. C-130 수송기가 좋은 예로 미군은 아직도 C-130을 운용하고 있지만 이는 C-130J 형상으로 일부 국가에서는 운용하고 있는 60년대의 C-130 구형 수송기와는 크게 다르다.

셋째, 특정 국가에서만 운용되고 있는 무기체계인 경우로 〈자료 3-51〉의 이스라엘 F-16I 전투기가 여기에 해당한다. F-16I은 이스라엘 공군의 요구에 따라 F-16D 전투기를 개조하여 만든 이스라엘 고유 형상의 전투기로 2001년 FMS 계약을 체결하였다. 미군의 기본 플랫폼을 기반으로 성능을 개량하기는 했지만, 미군이 아닌 이스라엘의 요구조건에 따라 성능을 개량했다는 점에서는 다르다. 마지막으로 미국에서 연구개발 이후 국방부의 최종 양산승인을 받지 못하는 경우 비표준장비로 분류되는데, 이러한 비표준장비를 FMS로 구매하는 경우로서 일반적인 경우는 아니다.

자료 3–51 C-130 수송기(좌) 및 F-16I(우)

기본적으로 FMS는 미군에서 현재 운용하고 있는 표준장비 판매를 원칙으로 하지만, 앞서 살펴본 바와 같이 FMS 판매에서도 적지 않은 비표준품목이 발생하게 된다. 미군에서 운용하던 장비를 도태한 이후에도 많은 FMS 구매국은 이보다 몇 년에서 길게는 몇십 년 동안 운용하는 경우가 많으며 이로 인하여 구매국으로부터 비표준품목에 대하여 지속적으로 군수지원 요청이 들어오는 실정이다. 이에 따라 비표준품목은 미국의 입장에서도 추가적인 보급지원 부담인 동시에 구매국의 주요 불만 원인이 되고 있기 때문에 미군의 보급지원 부담을 최소화하면서 구매국의 만족도를 향상시키기 위해 도태 이후까지도 지원하기 위한 노력을 지속하고 있다. 이러한 노력의 일환으로 특정 무기체계의 도태가 결정되면 단종 예정인 품목 리스트를 구매국에 통보하여 필요한 수리부속을 사전에 구매하여 대비토록 하는 단종품목 사전구매(SSBO) 제도를 시행하고 있다. 이후에는 구매국이 자체적으로 상업구매 등을 통해 조달하도록 유도하고 있으나, FMS 구매국이 비표준 수리부속을 조달하기 위하여 해외 시장조사를 통해 생산업체를 확보하는 것이 매우 제한되며, 설령 조달원을 확보하였더라도 과도하게 비싼 금액을 요구하는 등의 문제를 해결하기 위해 미국 정부는 SNAP, PROS 등 비표준품목 구매 프로그램 및 구매국 상호 간의 공동기술 협력체(TCG: Technical Cooperation Group) 등을 통해 구매국의 비표준품목 구매를 지원하고 있다.

1) 단종품목 사전구매SSBO: System Supply Buy-Out

미군 육군의 규정[117]에 따르면 육군 보급체계에서 표준품목으로 재고를 보유하는 한 FMS 구매장비에 대한 후속군수지원을 보장토록 하고 있으며, 특정 장비/물자를 도태시키는 것으로 결정된 경우 최소한 시행시점 2년 전에 이를 구매국에 통보하여 미군의 잉여 보유재고를 판매함과 동시에 FMS 구매국이 도태 예정 품목을 사전에 확보할 수 있도록 하고 있다. 단종품목 사전구매 제도는 이처럼 단종이 결정되어 비표준품목으로 전환될 예정인 품목에 대한 도태계획을 구매국에 미리 통보하고, 미군의 잉여 보유재고를 도태 이전에 미리 구매토록 하는 제도이다. 이때 단종품목의 하위 구성품은 공통부품(Common Part)과 고유부품(Peculiar Part)으로 구분하여 가용한 재고목록을 제공한다. 고유부품은 해당 무기체계 단종과 함께 미군의 보급체계에서 지원이 불가능하며, 공통부품은 다른 무기체계에서도 공통으로 사용되기 때문에 그 이후에도 조달 가능하다. 하지만 공통부품의 경우 상황에 따라 구매국에 사전통보 없이 조기에 고유부품으로 전환될 수도 있기 때문에 구매국의 주의가 요구된다. 단종품목 사전구매는 총괄구매 또는 보급지원협정 케이스를 통해 선착순으로 진행된다. 실제로 미군은 우리나라 군에서 아직도 운용하고 있는 특

---

117 Army Regulation 12-1 Security Assistance and International Logistics Security Assistance, Training, and Export Policy, Chapter 6 Security Assistance Logistics(2012년 6월 23일)

정 무기체계를 2014년 12월 31일부터 단종하는 것으로 2012년 1월에 결정하면서 2012년 3월에 우리 육군에 도태계획을 재고목록과 함께 서면으로 통보하였다. 이처럼 단종품목 사전구매제도는 미군의 보급체계에서 단종될 수리부속을 구매국이 사전에 확보함으로써 향후 수명주기 동안의 안정적인 후속군수지원을 보장할 수 있다는 이점이 있는 반면 추가적인 구매예산을 염출해야 하며 구매시점에 일시적으로 필요한 이상으로 많은 초과자산을 보유해야 하기 때문에 충분한 검토를 통하여 적정한 수량을 구매하는 것이 필요하다.

2) 비표준품목 간소화 구매제도SNAP: Simplified Nonstandard Acquisition Process

FMS 구매국이 해외의 수리부속 판매업체를 찾아 현지에서 비표준품목을 구매하는 것은 쉽지 않다. 현지 시장조사 및 생산업체를 직접 확인하는 데 어려움이 많고, 특히 단종 또는 도태품목의 경우 단가가 과도하게 높다는 문제점을 해결하기 위해 미국 육군은 1992년 TACOM에서 비표준품목 간소화 구매제도를 개발하여 조달절차를 간소화하였고 인터넷 웹페이지[118]를 통하여 공개 경쟁조달이 가능토록 시스템을 구축하였다. 비표준품목 간소화 구매제도는 14명으로 구성된 SNAP 팀에서 관리하고 있으며, SNAP 팀은 육군계약사령부 소속이지만 TACOM과의 긴밀한 협조를 위해 TACOM에 상주하면서 TACOM의 전차 및 유도탄을 포함한 육군의 모든 비표준품목/애로 수리부속에 대한 구매업무를 담당하고 있다. SNAP 프로그램은 비표준품목 또는 표준품목이지만 확보가 어려운 수리부속을 찾아 FMS 구매국에 지원하는 것을 목표로 하고 있으며 별도의 시장조사 없이 〈자료 3-52〉와 같

118 미 육군의 비표준품목 구매를 위한 웹사이트로 TACOM ACC-Warren의 SNAP팀에서 관리하고 있다. 판매 등록업체에 한하여 계정을 부여하고 있어 구매국은 접근이 불가능하다. http://contracting.tacom.army.mil/snap2

이 SNAP 웹페이지를 통해 자동으로 발주하여 많은 업체들이 참여할 수 있도록 하여 경쟁을 통한 가격인하를 유도하고 있다. 참여업체는 웹사이트에서 육군의 조달소요품목에 대한 검색 · 입찰 · 계약 · 계약실적 확인 등 전 과정을 온라인으로 진행할 수 있으며, 2013년을 기준하여 약 230개의 민간업체가 비표준품목 조달업체로 가입하여 참여하고 있다. 또한 43개 업체와는 일괄구매계약협정(Blank Purchase Agreement)[119]을 체결하여 반복적인 비표준품목 구매계약에 대하여 시간과 비용을 절감토록 하고 있다.

구매국으로부터 육군의 비표준품목에 대한 청구가 접수되면, 오퍼이행기관인 USASAC-NC이 SNAP 전산체계에 품목정보를 입력하고 육군계약사령부가 이를 검토한 후 SNAP 웹페이지에 게시한다. 발주는 20일 동안 게시되며, 제안업체가 없는 경우 자동적으로 20일 동안 추가로 게시된다. 업체에서는 온라인을 통해 직접 입찰하며, 제안기간이 종료되면 계약담당자가 최종적으로 업체를 선정하여 계약을 체결한다. 계약체결 후 업체가 국방계약관리본부(DCMA: Defense Contract Management Agency)로 선적정보를 요청하면 국방계약관리본부는 종류, 수량, 상태 등 품질검사 후 계약업체에 구매국에 대한 선적정보가 포함한 선적지시서를 통보한다. 계약업체는 선적지시에 따라 구매국에 발송 후 미국 정부에 대금을 청구한다. SNAP을 통해 구매한 비표준품목은 FOB Origin[120]을 통해 구매국으로 인도된다. 미국 정부는 FMS 구매국에서 직접 SNAP 담당자와 접촉하는 것을 원칙적으로 금지하고 있으며, 이와 관련된 모든 진행은 USASAC-NC를 통하여 진행토록 하고 있

119 일괄구매계약: 정부기관에서 주로 사용되고 있는 계약 방식으로 사전 승인된 업체로부터 반복적으로 물품을 구매하는 경우에 사용되며, 다량구매에 따라 계약금액을 낮출 수 있고, 계약절차를 간소화할 수 있어 반복적인 정부기관 물품 구매계약에 대하여 시간과 비용을 절감할 수 있다는 장점이 있다.

120 Free On Board Origin: 판매자가 운송비를 부담하지만 화물이 출발지(Origin)를 떠남과 동시에 소유권이 구매자에게 이전되는 무역거래조건

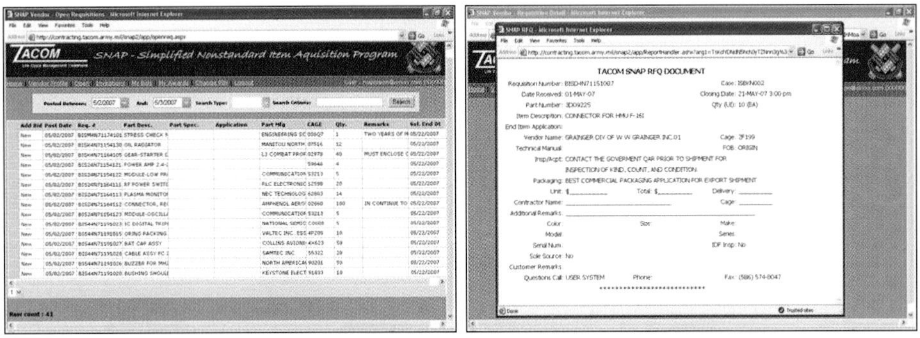

자료 3-52 미 육군 SNAP 웹사이트

다. SNAP의 계약 및 수송 진행사항은 전산체계를 통해 자동적으로 USASAC-NC에 전송되어 구매국에 통보된다.

표준품목의 경우 품목별로 고유한 국가재고번호(NSN)가 있기 때문에 국가재고번호 검색만으로도 필요한 품목을 조회할 수 있지만, 비표준품목은 국가재고번호가 없기 때문에 생산자부호, 제조업체, 부품번호, 품명, 사양, 수량을 포함하여 가능한 색상, 크기, 모델, 적용 무기체계 등 세부 품목정보를 제공해야 한다.[121] 미국 육군은 케이스 행정비용과는 별도로 SNAP 프로그램 운영/유지비용 명목으로 청구 건당 행정비용을 구매국에 부과하고 있다.[122] SNAP을 통해 비표준품목을 구매하기 위해서는 반드시 오퍼에 SNAP을 위한 별도의 계약항목(Line Item)을 추가해야 하며 기존에 개설된 총괄구매 또는 보급지원협정 케이스를 모두 이용할 수 있다.

---

121 미 국방부는 재고로 유지해야 하는 표준품목에 대해서는 국가재고번호를 부여하여 관리하고 있으나, 비표준품목은 이러한 국가재고번호가 없다. 표준품목이라 하더라도 장비도태 등으로 재고유지가 불필요하게 되는 경우 국가재고번호를 해제함으로써 비표준품목으로 전환되며 이러한 경우 부득이하게 생산자부호(CAGE Code), 제조업체(Manufacturer), 부품번호(Part Number), 품명(Nomenclature), 사양(Specification) 등의 품목정보를 통해 식별하는 수밖에 없다.

122 2001년 이후 구매국에 수수료를 부과하고 있으며, 연 1회 수수료를 검토한다. 2003년 10월~2008년 6월(4.5%), 2008년 7월~2009년 9월(4%), 2009년 10월~2010년 9월(3%), 2010년 10월~2012년 12월(2.75%), 2013년 1월~현재(2%). 수수료는 미 육군계약사령부의 SNAP 팀(14명)에 대한 인건비 및 운영비로 사용되고 있다.

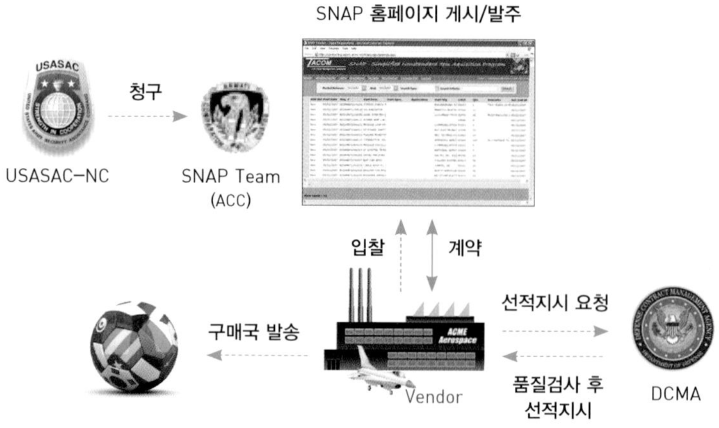

자료 3-53 SNAP 청구절차

3) 수리부속/정비 청구체계 PROS: Parts & Repair Ordering System

SNAP은 육군의 자체적인 비표준품목 위주의 보급지원을 위한 프로그램인 반면, PROS는 공군 AFSAC 주도 하에 구매국의 육 · 해 · 공군을 위하여 비표준품목뿐 아니라 표준품목 중 일부 애로 수리부속에 대한 보급/정비지원 업무도 함께 수행하고 있다. 공군도 1990년 이전까지만 해도 비표준품목에 대한 구매국의 보급/정비 지원청구 중 60% 이상이 적절한 보급원을 찾지 못해 취소되었고 이로 인하여 구매국의 불만이 고조되는 등 육군과 같이 비표준품목으로 인하여 어려움을 겪었다. 이러한 문제를 해결하기 위해 공군은 경쟁을 통한 가격인하 및 신속한 조달을 목표로 1990년 이후 수리부속/정비 청구체계(PROS) 제도를 적극적으로 수행한 결과 비표준품목에 대한 보급/정비 지원청구의 취소율이 60% 이상에서 4% 미만 수준까지 낮아졌다. 공군의 PROS는 프로그램을 관리하는 주 공급업체(Prime Vendor)와의 계약을 통해 수행[123]되고 있는데, 계약기간에 따라 5세대에 걸쳐 발전되어왔

123 PROS는 미군에서 도태된 항공기 애로 수리부속에 대한 FMS 구매국의 후속군수지원 요구에 따라

다. 2011년 기준으로 미군을 포함하여 약 40개국 91개 육 · 해 · 공군이 회원으로 참여하고 있으며, 현재는 S&K Aerospace사와 5번째 PROS 계약을 체결[124]하여 지금에 이르고 있다.

구분	NIPARS(1세대)	PROS I(2세대)	PROS II(3세대)	PROS III(4세대)	PROS IV(5세대)
수행기간	1990~1996	1996~2001	2001~2006	2006~2011	2011~2016
거래건수	1,000,000	174,652	184,968	108,833	-
거래금액	4.7억 달러	9억 달러	14억 달러	7.5억 달러	-

자료 3-54 PROS 발전과정

민간업체와의 주 공급자 계약을 통해 지원토록 하기 위해 시작되었으나, 지금은 FMS 구매국의 육 · 해 · 공군에 비표준품목뿐 아니라 표준품목 중 일부 애로 수리부속에 대한 보급/정비업무까지 수행하고 있다. PROS는 주 공급자를 활용한 군수지원 방법이다. 주공급자를 활용한 군수지원 개념은 1990년대에 시작된 미 국방부 획득개혁 과정에서 비핵심분야를 외주계약(Outsourcing)을 통해 해결함으로써 효율성을 제고하기 위하여 실시되었다. 국방부 또는 군과 군수지원 계약을 체결한 주 계약업체는 여러 제조업체로부터 수리부속을 구매하여 창고에 재고를 보관하고 있다가 소요군에서 청구하는 경우 지역적으로 가까운 지점에서 조달하는 방식으로 민간의 저장시설 및 수송체계를 사용하여 신속히 조달함으로써 군수지원 비용은 절감하고, 군은 전투준비 등 고유의 임무에 충실할 수 있으며 사용자 만족도를 향상시킬 수 있다. 미 국방군수본부(DLA)의 경우 1993년부터 적용하였으며 1997년에는 의회 회계감사국(GAO: Government Accountability Office)으로부터 매우 성공적인 제도로 주 공급자를 활용한 군수지원 제도를 적극 수행할 것을 요구하였다.

소수의 수요자/공급자 (독과점적 시장 형성)	수요 예측 제한 (조달에 장기소요)	소량/소액 조달 (계약주도권 상실)	장기간 운용(20~40년) (장기 군수지원 제한)
• 군용 특수규격 사용 및 수요 소량, 생산가능업체도 소수 • 업체의 생산여건/재고보유 등에 따라 단가 급변	• 장비고장 등에 따른 미래의 수요를 예측하는 것이 곤란 • 통상 소요발생 후 조달 추진	• 소량/소액 조달로 업체의 입찰 유인 제한 • 소량 조달에 따른 구매단가의 급격한 상승 초래	• 생산라인 폐쇄로 단종 또는 도산 사례 다수 발생 • 수명주기 간 안정된 지원 및 조달원 관리대책 미흡

우리나라의 경우에도 무기체계 수리부속 등 후속군수지원 과정에서 위와 같은 요인들로 인하여 조달단가의 급격한 상승, 장기간 조달기간 소요와 더불어 해외상업구매의 경우 30~40% 수준의 낮은 계약실적을 유지하고 있는 실정으로 성과기반의 주 공급자 제도를 활용한 군수지원제도를 시행하는 것이 필요하다.

124 S&K Aerospace: 주 계약업체로 PROS에 대한 청구 및 품질보증 업무를 수행하고 있다.

해군은 이보다 늦은 2006년부터 본격적으로 참여하였으나 아직까지는 비표준품목에 대한 보급지원만 가능하며 정비도 가능토록 추진 중에 있다. 육군의 경우 자체 비표준품목 구매제도인 SNAP을 운영하고 있기 때문에 주로 이를 활용하고 있지만 2005년부터 지원품목의 확대 및 비표준품목 정비를 위해 PROS에 참여하고 있다. 구매국으로부터 청구가 접수되면 PROS 주 공급업체로 전달되며 이는 PROS 웹페이지[125]를 통해 발주되며 계약 · 품질검사 등의 모든 업무는 주 공급업체인 S&K Aerospace사에서 수행한다.

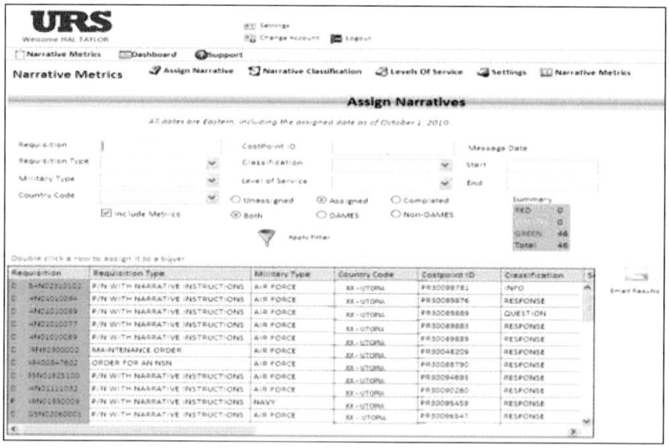

자료 3-55 공군 PROS 웹사이트

FMS 구매국에는 케이스 행정비용과는 별도로 PROS 프로그램 운영유지를 명목으로 행정비용(Program Support Charge)을 추가로 부과하고 있다. 공군 AFSAC는 행정비용으로 거래건당 거래대금의 2%(최대 4,000달러)를 부과하고 있으며, 이와는 별도로 프로그램 관리업체는 거래금액에 따라 〈자료 3-56〉과 같은 행정비용을

125 https://www.prosiv.com/

추가로 부과하고 있다.

전체적으로 큰 차이는 없으나 PROS는 AFSAC 행정비용 2%와 함께 주 공급업체의 행정비용이 포함되기 때문에 육군에만 행정비용을 지불하는 SNAP에 비해 다소 비싼 편이다. SNAP 및 PROS는 주로 비표준품목을 지원하기 위한 목적으로 만들어지기는 했으나 표준품목 중에서 일부 조달에 애로를 겪는 수리부속도 함께 지원하고 있다.

(단위: 달러)

구분	구매 수수료		정비 수수료	
	긴급	표준	긴급	표준
3,000 미만	134.70	85.96	261.70	209.96
3,000~100,000	218.89	169.29	440.55	385.10
100,000~700,000	548.20	495.23	1,083.97	1,015.17
700,000~5,000,000	1,350.00	1,250.00	2,200.00	2,000.00
5,000,000 이상	1,500.00	1,400.00	2,750.00	2,500.00

자료 3-56 PROS 프로그램 관리업체 행정비용

4) 구매국 공동 기술협력체TCG: Technical Cooperation Group

FMS로 구매한 무기체계를 운용 및 유지하는 과정에서 발생하는 기술적 문제들에 대한 해결책을 모색하는 가운데 많은 국가들의 의견수렴 필요성이 제기되었다. 이에 따라 동일한 무기체계를 사용하는 구매국을 대상으로 기술협력체를 구성하여 기술적 현안에 대한 의견수렴, 상호협력 등을 통해 문제를 해결하고 있다. 특히 미군에서 도태된 애로 수리부속 등을 공동으로 확보하는 등 후속군수지원에도 적극적으로 관여하고 있다. 미국 육군에서는 1992년에 도태시켰으나, 아직도 약 14개 국가에서 운용하고 있는 호크 유도탄의 경우 1995년 이후 호크 운용국 공동 기술협력체인 후속군수지원 분담 프로그램(FSSP)을 구성하여 육군 물자사령부 예하의 AMCOM

지원 하에 호크 운영유지 간 발생하는 문제를 해결하고 있다. 방공유도무기체계인 패트리어트 유도무기의 경우에도 단종된 수리부속의 확보, 노후 형상에 대한 성능개량/개조, 야전에서 운용 중 발생하는 문제 등에 대한 포괄적인 기술지원 등을 수행하고 있다. 즉, 패트리어트를 구매한 수량에 따라 구매국별로 분담금을 거출하고 기술적인 문제가 발생했을 때 제조업체인 레이시언 등에 분담금 중에서 비용을 부담하여 해결방안을 강구한 후 운용국가별로 이를 순차적으로 적용함으로써 문제를 해결하고 있다. 패트리어트는 발사체계 및 유도탄에 따라 각각의 운용국 공동 기술협력체가 있는데, 발사체계를 포함한 주 장비는 ISEP(International Engineering Services Program), 유도탄은 FSP(Field Surveillance Program)를 통해 공동협력하고 있다.

5) 소결론

미국은 FMS로 구매한 무기체계에 대하여 미군에서 도태시킨 이후에도 수명주기 동안 군수지원을 보장하기 위하여 SSBO, SNAP, PROS 등의 비표준품목 구매제도를 운영하고 있다. 도태가 결정되면 사전에 이를 구매국에 통보하여 미군의 잉여 재고를 미리 확보할 수 있도록 하며, 도태 이후에는 미군의 보급지원 부담을 최소화하고 구매국의 만족도를 제고하기 위해 SNAP, PROS를 통해 구매국과 판매업체를 연결해주고 있다. 또한 호크의 FSSP와 같이 구매국 상호 간에 기술협력체(TCG)를 구성토록 하여 비표준품목에 대한 후속군수지원을 하고 있다. 우리나라도 수출을 확대하면서 향후 세월이 지나는 동안 우리 군과 수입국의 운용기간이 상이하고 이로 인하여 미국과 같은 보급지원의 애로사항이 발생할 수 있다. 따라서 구매국이 수명주기 동안 안정적으로 무기체계를 운용할 수 있도록 여건을 조성하여 구매국의 만족도를 향상시킴과 동시에 이로 인하여 발생될 수 있는 우리 군 또는 방산업체의 부담을 최소화시키기 위한 제도의 확충이 필요할 것이다.

9. FMS 자금관리

1) 케이스 가격구성

FMS는 법에서 정한 무손실(No Loss),[126] 행정적으로 규정된 무수익(No Gain)을 원칙으로 계약목적물에 대한 판매대금 외에 구매국을 대리하여 계약관리를 수행하는 데 소요되는 모든 행정비용을 구매국에 부과하고 있다. 오퍼금액은 추정가격(Estimated Cost)으로서 〈자료 3-57〉에서 보는 바와 같이 기본가격(Basic Price)과 부가비용(Authorized Charges)으로 구분되며 오퍼를 이행하면서 계약금액이 결정되고 계약목적물의 인도가 완료된 후에야 최종적으로 정산되기 때문에 일종의 개산계약[127]으로 볼 수 있다.

FMS 금액 = **기본 가격** (• 교육훈련 • 재고구매 • 신규조달) + **부가비용** (• 투자비용: NRC • 운영비용: 행정비용, 계약행정비, 부수비용)

자료 3-57 오퍼 가격 구성

기본가격은 물자/장비 또는 용역의 '계약가격' 또는 '재고가격'을 의미하고, 부

126 eSAMM C9.3.1 The FMS program must be managed at no cost to the USG. (FMS 사업은 미국 정부에 비용부담이 없도록 관리되어야 한다.)

127 개산계약(槪算契約, Cost Reimbursement Contract): 1. 미리 가격을 정할 수 없을 때 체결하는 계약으로, 「방위사업법 시행령」에 따른 중도 확정계약, 유인부 원가정산계약, 특정비목 불확정계약 및 일반 개산계약을 말한다. 2. 계약체결 시 개산가격으로 계약을 체결하고, 계약 이행 기간 중이나 계약 이행이 완료된 후에 실제 발생비용을 기준으로 정산원가를 계산하여 지급함으로써 계약금액을 확정하는 계약형태이다. 3. 계약체결 시 계약금액을 정할 수 없는 경우에 수행하는 계약형태이다. 개산계약은 중도확정계약, 유인부 원가정산계약, 특정비목 불확정계약, 일반 개산계약으로 구분된다. 4. 계약을 체결하기 전에 미리 예정가격을 정할 수 없을 때 개산가격으로 계약을 체결하고 계약금액은 계약이행 중 또는 이행 후에 확정하는 계약방법이다.

가비용은 기본가격 또는 다른 가격요소와 연계되어 비례적으로 부과되는 제 비용을 말한다. 오퍼대금을 산정하는 각종 비율은 기본가격에 따라 수시로 변동되기 때문에 구매하는 무기체계의 기본가격이 높을수록 부가비용도 비례하여 높아진다. 오퍼에 명시된 금액은 가장 최근의 판매가격 데이터에 근거한 추정치를 반영한 것으로 최종 정산금액이 오퍼금액을 초과할 수 있으며, 이러한 경우 구매국이 대금지불을 거부하지 못하도록 미국 정부는 오퍼의 표준계약조건에 최종 정산단계에서 확정한 총비용을 지불하는 데 구매국이 동의하도록 하고 있다. 즉, 오퍼 표준계약조건에 미국 정부가 계약을 이행하면서 부담하는 총비용을 구매국에 부과한다는 것을 명시하여 오퍼금액을 초과하더라도 이를 근거로 구매국에 초과금액을 청구하고 있다.[128]

(1) 기본가격 Basic Price

오퍼가 수락되면 계약을 이행하기 위하여 미군이 소요 대비 추가로 보유하고 있는 재고가 있는지를 우선적으로 확인하여 재고가 가용하면 이를 인도하지만 그렇지 않은 경우에는 방산업체와 새로운 계약을 통해 조달한다. 기본가격은 재고를 확보하거나 계약을 진행하는 데 소요되는 순수한 물자/장비 및 용역의 구매대금을 말한다. 이에 따라 기본가격은 '계약가격' 또는 '재고가격'으로 불리며, 동일 품목이라 하더라도 재고가 있으면 재고를 확보할 당시의 구매가격으로 판매하고, 재고가 없는 경우 구매국과 미군의 소요를 통합하여 새로 계약하는 가격으로 판매하기 때문

---

128 표준계약조건 제4조 재무조건(Section 4. Financial Terms and Conditions) 4.1 The prices of items to be procured will be billed at their total cost to the USG. Unless otherwise specified, the cost of items to be procured, availability determination, payment schedule, and delivery projections quoted are estimates based on the best available data. 구매품목의 대금은 미국 정부가 부담하는 총비용으로 구매국에 청구될 것이다. 별도로 명시되지 않는 한 구매품목 비용, 가용성 판단, 대금 지불 및 인도 일정은 가장 최근의 데이터에 근거한 추정치이다.

에 재고 여부에 따라 구매단가에 차이가 발생할 수 있다.[129]

(2) 부가비용Authorized Charges

계약목적물을 확보하는 과정에서 기본가격 외에 발생하는 각종 비용을 부가비용이라 하며 크게 투자비용(Investment Cost)과 운영비용(Operating Cost)으로 구분할 수 있다. 미국 정부가 무기체계를 개발하는 과정에서 투자된 연구개발 및 시험평가 비용을 회수하기 위한 비순환비용이 투자비용에 속하며, 계약행정비 · 행정비용 · 부수비용 등 FMS 오퍼를 이행하는 데 소요되는 일체의 비용이 운영자금에 속한다.

① 비순환비용NRC: Non-Recurring Cost

FMS 구매과정에서 반복적으로 발생하지 않고 구매 초기에만 구매국에 부과하는 부가비용이다. 무기체계 연구개발 과정에서 막대한 국가재정이 소요되기 때문에 이 비용을 구매국에 일정 비율을 분담하게 함으로써 투자비용을 회수하기 위한 목적으로 부과하고 있다. 부과기준은 연구개발 비용이 5,000만 달러를 초과하거나 양산비용이 2억 달러 이상 소요되는 중요군사장비(SME)에 대하여 비례적으로 적용[130]한다.

---

129 FMS 구매는 미군 및 구매국의 소요를 통합구매하기 때문에 구매시점 및 수량에 따라 단가에 큰 차이가 발생할 수 있다. 재고 판매가격은 가장 최근의 실적단가로서 획득단가에 보관비용 등이 포함된 국방부의 표준가격이다. 반면 신규조달 시에는 제작업체와 새로이 계약을 체결해야 하며 계약단가는 소요량에 크게 좌우되므로 재고 판매가격과 차이가 발생할 수 있다.

130 1. 중요군사장비(SME: Significant Military Equipment): 국제무기거래규정(ITAR: International Traffic in Arms Regulation)의 군용전략물자 통제목록(USML: U. S. Munitions List)에 '*' 표시를 하여 특별히 수출통제가 필요한 군사장비로 무기를 포함한 방산물자와 기술 및 서비스를 통제하며, 미 국무부가 집행한다.
2. 주요군사장비(MDE: Major Defense Equipment): 중요군사장비(SME) 중 비순환비용인 연구개발 비용이 5,000만 달러 이상 또는 총 양산비용이 2억 달러 이상인 장비를 말하며, 의회통보가 요구된다.

② 계약행정비 CAS: Contract Administration Services

계약행정, 품질보증, 계약감사, 제조업체와의 계약협상, 계약목적물을 인도하는 과정에서의 품질검사 등 계약관리부서가 구매국을 대리하여 계약과 관련된 제반 행정업무를 수행하는 데 발생한 제 비용을 계약행정비라고 한다.

③ 행정비용 Administration Charges

구매국을 대리하여 오퍼이행관리, 자금관리 등 FMS 사업관리를 수행하는 데 소요되는 모든 행정비용을 충당할 목적으로 부과하는 비용으로 기본가격의 3.5%를 부과하고 있으며 행정비용 부과비율은 주기적인 검토를 통하여 조정 여부를 결정한다.[131]

④ 부수비용 Accessorial Costs

계약목적물을 불출 · 발송, · 수송하는 데 소요되는 비용으로 포장 · 물자취급비(PC&H), 국방수송체계(DTS) 수송비용, 항만취급비용(Port Handling Costs), 집하 및 보관비용(Staging Cost) 등이 모두 포함된다.

(3) 오퍼 가격정보

오퍼는 기본계약서, 품목명세서, 표준계약조건, 특수계약조건의 네 부분으로 구성되어 있다. 기본계약서는 오퍼 식별부호, 오퍼금액, 오퍼 유효일자, 초입금, 지불조건, 수송정보, 구매국 및 미국 정부의 서명 등이 포함된다. 품목명세서에는 〈자료

3. 비율 산정기준: '총 비순환 투자비용(비순환 연구개발비용 및 비순환 생산비용)'÷장비 수명주기 동안 생산될 '예상장비수량'

131 1970.1~1977.3: 2%(특별한 명시가 없는 한), 1977.3~1977.9: 2%, 1977.10~1999.3: 3%, 1999.6~2006.7: 2.5%, 2006.8~2012.10: 3.8%

3-58〉과 같이 (1)~(7)항에 계약목적물에 대한 품목명, 수량, 가격 등의 정보가 포함되어 있으며, 오퍼금액 및 대금지불계획 등 비용과 관련된 정보는 (8)~(13)항[132]에 포함되어 있다.

Customer reference continued: 14 May 2011 and MOD of the Republic of Bandaria and U.S. DOD MOU dated 6 October 2009.

Case description continued: parts, technical publications, training, contractor technical services, and unique USG services.

Items to be Supplied (costs and months for delivery are estimates):

(1) Itm Nbr	(2) Description/Condition		(3) Qty, Unit of Issue	(4) Costs (a) Unit	(b) Total	(5) SC/MOS/ TA	(6) Off Rel Cde	(7) Del Trm Cde
001 D3 47	B1Z 144001HUM120Z MISSILE, SURFACE LAUNCH, HUMDINGER, SL-HUM-120Z (DISAM) 1410-01-502-3515 SL- HUM-120Z Humdinger Surface Launch Medium Range Missile (Note(s) 1, 14, 19, 20, 21, 23)	(Y)(M)(E) (IV)	94 EA	$837,055.00	$78,683,170	P(1-60) TA5	X	7

Estimated Cost Summary:

(8)	Net Estimated Cost	$100,243,051
(9)	Packing, Crating, and Handling	434
(10)	Administrative Charge	3,809,236
(11)	Transportation	903,993
(12)	Other	0
(13)	Total Estimated Cost	$104,956,714

To assist in fiscal planning, the USG provides the following anticipated costs of this LOA:

ESTIMATED PAYMENT SCHEDULE

Payment Date	Quarterly	Cumulative
Initial Deposit	$2,456,375	$2,456,375
15 Mar 2012	$291,781	$2,748,156
15 Jun 2012	$372,972	$3,121,128
15 Sep 2012	$502,758	$3,623,886

자료 3-58 오퍼의 가격정보: (1)~(13)항

표준계약조건은 미국 정부의 의무사항 및 구매국의 일반적인 동의사항에 대하여 규정하고 있으며, 특수계약조건은 '노트(Note)'라는 형식을 통해 계약목적물에

132 (8) 예상 순물자대금(Net Estimated Cost), (9) 포장, 결박 및 취급비(Packing, Crating and Handling), (10) 행정비(Administrative Charge), (11) 수송비(Transportation), (12) 기타 비용(Other Cost), (13) 총 오퍼 예상대금(Total Estimated Cost)

대한 세부정보 및 부가적인 설명을 제공하고 있는데, 구매품목에 따라 선별적으로 적용되는 계약내용도 함께 포함되기 때문에 국제계약에서의 특수조건에 해당된다고 할 수 있다.

2) FMS 자금

FMS는 미국의 국익에 부합되는 조건을 충족하는 구매국 또는 국제기관에 미국 내에서 생산된 국방물자, 장비/용역을 판매하는 제도로, 구매대금을 달러로 지불하는 FMS 현금구매 또는 신용/차관협정에 의해 지원되는 유·무상자금으로 지불하는 대외군사차관(FMF: Foreign Military Financing)과 같이 구매방식에 따라 대금지불 방식이 다르다. 하지만 현금구매 또는 차관구매와 상관없이 오퍼자금은 모두 국방재무회계본부(DFAS-IN)로 입금되어 FMS 신탁자금으로 관리되고 있다. 세부적인 FMS 자금관리체계는 〈자료 3-59〉에서 보는 바와 같다.

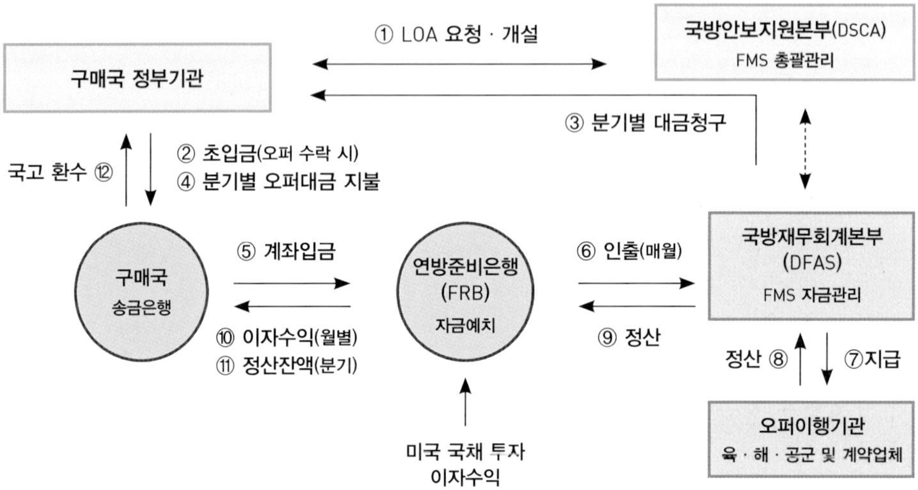

자료 3-59 FMS 자금관리체계

(1) 자금송금

FMS에서 구매국이 미국 정부에 지불하는 자금은 초입금과 분기별 대금의 두 가지가 있는데, 초입금은 오퍼에 명시되어 구매국에 청구되며, 분기별 대금은 국방재무회계본부에서 대금청구서를 통해 매 분기별 청구된다.

① 초입금Initial Deposit[133]

오퍼가 계약의 효력을 발휘하기 위해서는 구매국에서 오퍼를 수락한다는 서명과 함께 초입금을 미국 연방준비은행의 구매국 계좌에 입금해야 한다. 초입금은 오퍼 품목명세서의 대금지불계획(Payment Schedule)에 분기별 예상 지불대금과 함께 제시되어 있으며 일종의 착수금이라고 할 수 있다. 초입금이 입금되면 비로소 계약이 이행되기 시작하며 그와 동시에 FMS 자금관리도 개시된다.

② 분기별 지불대금

오퍼 이행이 개시되면 구매국은 전체 오퍼대금을 매 분기별로 나누어 지불해야 하는데, 국방재무회계본부는 매 분기별로 구매대금을 청구하기 위하여 오퍼의 대금지불계획 및 계약 이행실적에 근거하여 분기별 대금청구서[134]를 발행하여 구매국에 통보한다. 분기별 대금청구서는 해당 분기에 구매국에 인도한 계약목적물에 대한 대금 및 향후 계약 이행에 소요될 자금을 구매국에 통보하는 문서로 국방재무회계본부에서 작성한다. 오퍼에 분기별 대금지불계획이 명시되어 있기는 하지만, 이

---

133 구매국은 오퍼에 수락 서명한 이후에 미국 연방준비은행(FRB)으로 명시된 최초 입금액을 송금한다.

134 분기별 대금청구서(Quarterly Billing Statement, DD Form 645): 방위력 개선사업은 대금지불계획 및 분기 말 기준 향후 6개월 동안 도입될 물자분 등을 고려하여 분기별로 미국 측에서 대금을 청구하며, 전력운영사업은 물자청구 후 향후 6개월 동안 도입될 물자분에 대해 미국 측에서 대금청구한다. 분기별 대금청구 주기는 다음과 같다.

는 구매국의 예산계획을 위한 목적으로 제공하는 것으로 실제로는 계약 이행실적에 따라 국방재무회계본부에 의해 수시로 조정 및 변경될 수 있다.

(2) 신탁자금Trust Fund, 信託資金

구매국의 오퍼를 이행하는 데 사용되는 자금으로 구매국이 송금한 초입금, 분기별 대금, 종결된 다른 오퍼의 초과자금 또는 기타 자금협정에 의하여 미국 연방준비은행에 보유 중인 자금을 포함한다. 신탁자금은 연방준비은행에 개설된 구매국 계좌에서 관리되며, 대기자금과 미지정자금으로 구분할 수 있다.

① 신탁자금 = 대기자금Reserved Fund + 미지정자금Unreserved Fund

대기자금은 계약 이행보증금, 향후 6개월 동안 운영자금으로 활용되는 지불대기자금 및 기타 여유자금을 포함한다. 계약 이행보증금[135]은 정상적인 오퍼 종결 이전에 구매국이 부득이하게 오퍼 계약을 취소해야 하는 경우를 대비하여 미국 정부에 발생하는 채무를 예상하여 구매국으로부터 확보하는 금액이다. 지불대기자금은 6개월 동안 오퍼를 이행하는 데 소요되는 자금으로 FMS가 사후정산 방식이기 때

구분	1/4분기	2/4분기	3/4분기	4/4분기
마감 기준일	3월 31일	6월 30일	9월 30일	12월 31일
미국 측 작성일자	4월 10일	7월 10일	10월 10일	1월 10일
미국 발송일	4월 20일	7월 20일	10월 20일	1월 20일
지불 요구일	6월 15일	9월 15일	12월 15일	3월 15일
예상 소요기간	7~9월	10~12월	1~3월	4~6월

135 계약 이행보증금(Termination Liability Reserve): 미국 정부가 구매국을 대리하여 방산업체 등과 계약하기 때문에 구매국이 중간에 계약 취소를 요구하는 경우 계약업체에 지불해야 할 제 비용을 포함한다. 계약 이행보증금은 항상 일정 금액이 아니며 계약 이행에 따라 탄력적으로 조정된다. 즉, 오퍼 이행 초기에 가장 많으며, 계약 진행에 따라 점차적으로 감소한다.

문에 일종의 선급금[136] 성격의 자금이라고 할 수 있다. 국방재무회계본부는 매월 1회 지불대기자금에서 운영자금(Working Fund)[137]을 인출하여 오퍼이행기관 및 방산업체 등에 계약이행에 대한 대금을 지불하는데, 이처럼 국방재무회계본부의 인출에 대비한 6개월 동안 운영할 수 있는 대기성 자금을 지불대기자금이라 한다. 기타 여유자금은 계약 이행보증금과 지불대기자금 이외의 가용자금을 말한다. 대기자금은 계약을 이행하는 데 사용하기 위해 목적이 명확하게 지정된 여유자금인 반면 **미지정자금**(Unreserved Fund)은 구매국이 용도가 확정하지 않은 여유자금으로 초과자금(Excess Fund)과 미지불 채무보전자금(Unliquidated Obligation)[138]을 말한다. 대금지불 및 계약목적물에 대한 인도가 완료되고 하자 등이 종결되면 최종 정산을 실시하여 잔액은 구매국에 환불되는데, 이처럼 오퍼 종결 후 확보된 케이스의 종결잔액, 오퍼 수정이나 개정에 따른 환불자금, 케이스 조기종결 절차에 따른 미지불 채무보전자금 등으로 유보계정에 입금된 자금을 모두 초과자금이라고 한다. 유보계정(Holding Account)은 특정한 오퍼에 속하지 않는 자금, 즉 용도가 결정되지 않은 여유자금이나 케이스의 종결잔액 등을 관리하기 위한 초과자금 계정[139]이다. 국방

---

136 선급금(Advance Payment: Cash In Advance, 先給金): 「국고금관리법」 제26조에 따른 선금, 「방위사업법」 제46조에 따른 착수금 및 중도금을 말한다. FMS에 있어서는 초입금과 분기별로 지불하는 대금이 이에 해당된다.

137 오퍼 이행을 위해 실제로 사용되는 자금으로 연방준비은행의 신탁자금계좌에서 매월 1회 인출하여 국방재무회계본부가 보유 중이거나 오퍼이행기관 또는 제조업체에 지불한다.

138 미지불 채무보전자금(ULO: Unliquidated Obligation): 일반적으로 자금정산이 완전히 완료되어야 오퍼가 종결되는 데 비해, 조기종결의 경우 미지불금액을 예측하여 정산하여 우선적으로 오퍼를 종결처리하고, 이후 자금정산이 최종 완료되어 케이스 조기종결 가정산계좌(Accelerated Case Closure Account)에 그 차액이 입금되는데, 이 자금을 '미지불 채무보전자금'이라고 한다.

139 DFAS-IN는 자금의 형태별로 유보계정을 9가지 유형으로 분류하고 있다. 0: IBA(이자발생계좌), 1: 구매국에 의한 정상적인 FMS 대금지불, 2: 군사원조 프로그램(MAP) 자금(구매국에 환불 불가), 3: 제3자 보상(3rd Party Recoupment), 4: 역구매(Buyback), 5: Credit FMS 자금(구매국에 환불 불가), 6: 범세계잉여물자 구매(WWRS), 7: 케이스 조기종결 가정산계정(ACCSA)에 입금되는 금액, 8: 보급하자 구상에 대한 수송비 환불. 유보계정은 세 자리로 구성되는데, 첫째 자리는 유보계정 유

재무회계본부는 구매국으로 하여금 신탁자금 내에 유보계정을 보유토록 하고 있는데, 구매국의 각 군별로 최소한 하나 이상의 유보계정을 보유해야 하며 필요에 따라 다수의 유보계정을 보유할 수도 있다. 구매국은 유보계정에 보관된 자금을 특정한 케이스로 이체를 요구할 수 있으며 미국 정부는 구매국에서 요청하는 경우 유보계정의 여유자금을 활용한 전환지불[140]도 허용하고 있지만, 우리나라의 경우 유보계정의 초과자금은 국고세입을 원칙으로 하고 있어 모두 국고로 환수된다. 유보계정 자금은 구매국 소유이므로 미국 정부에 의한 임의적인 운영이 불가능하다. 구매국이 지불한 오퍼금액이 오퍼 종결시점에 지불소요를 초과하거나 오퍼를 시행하기 전에 구매국이 대금을 입금하면 해당 국가의 유보계정으로 적립하여 자금사용을 통제한다. 유보계정에 특정한 용도가 지정되지 않은 미지정자금은 구매국의 요청에 의해 다른 오퍼자금으로 전환되거나 또는 구매국으로 환불될 수 있다. 〈자료 3-60〉에서 보는 바와 같이 신탁자금은 다수의 구매국 신탁자금(Country-Level Trust Fund)들로 구성되어 있으며, 국가별 신탁자금은 구매국이 수락하여 이행 중인 각종 오퍼들의 대기자금과 유보계정의 유예자금 또는 초과자금, 즉 오퍼별 신탁자금(Case-Level Trust Fund)들로 구성되어 있다.

형, 둘째 자리는 미국의 오퍼이행부서, 셋째 자리는 구매국의 군(軍)을 의미하기 때문에 첫째 자리의 숫자로 유보계정 유형을 확인할 수 있다.

140 전환지불(Cross Leveling, 轉換支拂): 필요 이상 초과로 보유하고 있는 케이스 자금을 자금이 부족한 다른 케이스로 이전시키는 DFAS-IN의 계정관리기법이다. 초과로 입금된 자금이나 케이스를 종결하면서 발생한 잔액을 다른 케이스로 전환하여 지불함으로써 구매국은 대금지불 소요금액을 줄일 수 있다. 전환지불은 구매국이 자금분석을 실시한 후 서면으로 DFAS-IN에 자금전환을 요구하는 방법과 케이스를 위해 필요한 경우 DFAS-IN이 자동적으로 전환지불을 하는 방법이다. DFAS-IN이 전환지불을 실시하려면 DFAS-IN 및 FMS 구매국 간에 서면협정이 이루어져야 한다.

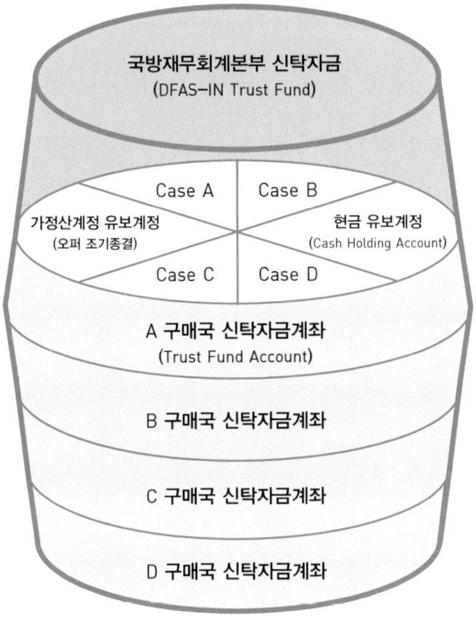

자료 3-60 신탁자금

② 신탁자금 흐름

〈자료 3-61〉은 신탁자금의 흐름을 나타낸 것으로 자금이 신탁자금계좌로 입금되는 절차는 아래와 같다.

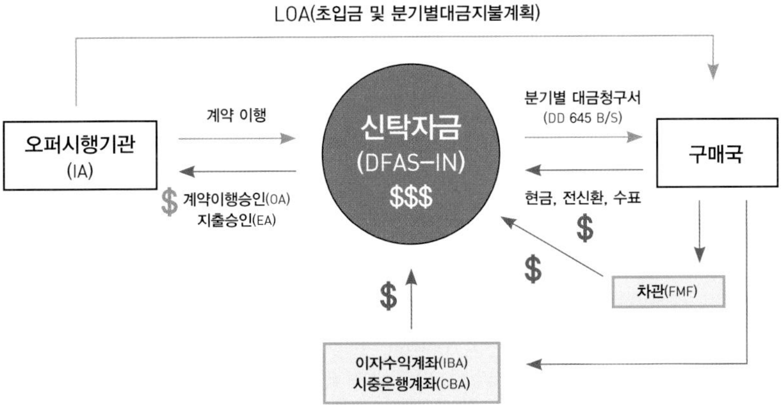

자료 3-61 신탁자금 흐름도

미국 정부는 오퍼에 초입금과 대금지불일정을 명시하여 구매국이 오퍼 수락과 동시에 초입금을 입금(①)토록 하고 있으며, 오퍼 수락 이후에는 분기별로 대금청구서를 통해 오퍼대금을 신탁자금으로 입금(②)토록 하고 있다. 이에 따라 구매국은 현금, 전신환, 수표 또는 차관(FMF)으로 오퍼대금을 연방준비은행(FRB-NY)에 개설된 구매국 계좌로 예치(③)하면 국방재무회계본부에서 신탁자금계좌로 이체한다. 연방준비은행에 계좌가 없는 경우에는 연방준비은행이 거래하고 있는 시중은행계좌(CBA: Commercial Banking Account)를 통해 신탁자금계좌로 송금(③)할 수 있다. 연방준비은행의 예치금 계좌에서 발생하는 이자는 이자수익계좌(IBA: Interest Bearing Account)로 입금되어 구매국 요청에 따라 국고로 환수조치하거나 물자대금을 지불하는 데 사용될 수 있다. 미국 정부가 승인한 경우 대외군사차관(FMF: Foreign Military Financing) 자금을 활용하여 지불[141]할 수 있다. 단, 신탁자금에 대한 이자는 지급되지 않기 때문에 구매국은 신탁자금계좌에 필요 이상으로 많은 자금이 적립되지 않도록 주의를 기울여야 한다.

(3) 예치금 지불대기자금 + 종결잔액 + 이자수익금

FMS 예치금은 오퍼 이행에 필요한 소요자금을 미국 정부의 신탁자금으로 입금하기 위해 구매국이 사전에 연방준비은행에 예치하는 자금을 말한다. 오퍼를 수락한 후에 구매국은 초입금을 포함하여 오퍼 이행에 소요되는 자금을 분기별로 연방준비은행의 구매국 계좌로 입금해야 한다. 국방재무회계본부는 이 FMS 자금을 예

141 FMS 자금조달 프로그램(FMFP: Foreign Military Financing Program)에는 무기수출통제법에 따라 다음의 두 가지가 있다. ① 국방부 보증대출(Guaranteed Loan, AECA 24항): 보증대출로 국방부 국방안보협력본부가 연방금융은행(FFB: Federal Financing Bank)에 우방국에 대한 보증을 제공하여 대출하는 제도로 1984년에 폐지되었다. ② 국방부 채권(Direct Credit, AECA 23항): 1985년부터 시작되었으며 무상증여(Grants)와 대출(Credits)의 두 가지 방법이 있는데, 미국 정부는 의회가 연방법에 의해 승인한 연간 지원범위 내에서 우방국에 대하여 지원하고 있다.

치하고 오퍼 이행에 필요한 자금을 신탁자금으로 이체하여 매월 오퍼이행기관 및 계약업체 등에 지급한다. 연방준비은행은 나머지 FMS 예치금을 수시로 인출할 수 있도록 장 · 단기 채권에 투자하고 수익금은 구매국의 이자수익계좌에 매월 입금하고 있다. 국방재무회계본부는 향후의 자금소요를 예측하여 분기별로 구매국에 청구하는데, 예측된 자금소요와 실제 인출금액과의 차이가 발생할 수 있다. 계약이행 과정에서 일정지연 등의 사유로 대금지급도 지연되는 경우 국방재무회계본부는 예측된 예치금 자금소요 중에서 일부 금액만 인출하는데, 이러한 이유로 구매국의 예치금이 증가하기도 한다. 하지만 연방준비은행은 예치금을 상대적으로 안전한 국채에 투자함으로써 상업은행보다 상대적으로 수익률이 더 낮기 때문에 구매국은 분기별 대금을 지불할 때 이를 고려하여 예치금이 최소화되도록 관심을 가져야 할 것이다.

3) 계약이행

구매국이 오퍼를 수락하고 초입금을 입금하였다고 계약이 자동적으로 이행되는 것은 아니다. 국방재무회계본부가 입금을 확인한 후 오퍼이행기관에 오퍼 계약을 이행할 수 있도록 계약이행을 승인하여야 하며, 실제로 구매국의 신탁자금을 사용할 수 있도록 지출을 승인해야 한다.

(1) 계약이행 승인 OA: Obligation Authority

국방재무회계본부는 구매국에서 초입금을 입금한 것을 확인하면 오퍼이행기관에 계약을 이행할 수 있도록 계약이행을 승인해야 한다. 오퍼이행기관은 청구 등의 계약이행을 위한 행위가 개시되기 이전에 반드시 계약이행을 승인받아야 하는데, 이는 오퍼 시행 시점에서 1회 발생하며 실제 계약이행 행위에 대한 향후에 지불해야 하는 법적인 구속력이 있는 계약을 승인하는 것으로, 승인 시점에서의 지불소요는 없다. 총괄구매 및 보급지원의 경우 오퍼 수락 후 초입금을 입금했다고 바로 청구행위를 할 수 있는 것이 아니라, 오퍼이행기관이 국방재무회계본부로부터 계약이행 승인을 받은 이후에야 비로소 필요한 품목을 청구할 수 있다. 오퍼이행기관은 지출총액이 오퍼의 순 예상물자대금(Net Estimated Cost) 이하 범위 내에서 사용되도록 노력한다.

(2) 지출승인EA: Expenditure Authority

지출승인은 국방재무회계본부가 오퍼이행기관에 자금을 사용할 수 있도록 지출권한을 부여하는 것이다. 다시 말하면 오퍼에 명시된 미국 정부의 계약 의무사항, 즉 국방물자를 인도하거나 용역을 수행하기 위하여 구매국의 신탁자금을 사용할 수 있도록 지출을 허용하는 것이다. 지출활동은 지출처리 이전에 현금 가용성이 보장되어야 한다. 즉, 국방재무회계본부는 지출승인 이전에 구매국의 신탁자금계좌에 인출 가능한 자금을 입금하여 즉시 사용할 수 있도록 해야 한다.

4) FMS 자금 관련 부서

(1) 국방부

① 회계감사차관실Under Secretary of Defense Comptroller/Chief Financial Officer

안보지원 프로그램과 관련되어 FMS 자금관리, 회계, 정산, 원가산정, 감사 및 지불금액의 국제수지 등에 관한 정책 및 절차를 수립한다. 예하의 국방재무회계본부는 안보지원 프로그램과 관련된 국방부의 재무 및 회계 업무를 담당하고 있다. 즉 연방준비은행의 신탁자금계좌에서 매월 1회 활용자금을 인출하여 오퍼이행기관 및 제조업체 등의 계약 이행실적에 대하여 자금을 지불하며 FMS 신탁자금계좌 관리, 대금 정산서 준비/검토, 연체대금에 대한 이자의 평가 및 산정 등의 업무를 수행한다. FMS 자금관리와 관련하여 국방재무회계본부만이 연방준비은행에 있는 신탁자금계좌의 자금을 인출할 수 있다.

② 국방정책차관실Under Secretary of Defense for Policy

예하에 국방안보협력본부(Defense Security Cooperation Agency)를 두어 국방부의 안보지원정책 업무를 관장토록 하고 있으며 전반적인 안보지원정책 방향을 설정하며 통제한다. 국방안보협력본부는 국방부 안보지원정책의 주관기관으로서 각 군의 안보지원정책을 지시 · 이행 · 감독하며, 오퍼를 수행하기 위해 FMS 신탁자금을 총괄적으로 관리하고 있다. 또한 구매국과의 정기적인 자금관리회의(FMR: Financial Management Review)를 통해 효율적인 자금관리를 수행하며, 오퍼 발행과정에서 비순환비용 등 구매국의 각종 면제요청에 대하여 승인 여부를 결정한다.

(2) 재무부U.S. Treasury

FMS 신탁자금은 재무부에서 관리하는 계좌로, 재무부는 신탁자금계좌의 전반적인 현금의 흐름에 관여한다. 특히 신탁계좌에 적립된 자금은 입금된 이후 자금을 완전히 인출하여 사용하거나 구매국에 환불될 때까지 재무부의 계좌관리체계에 따라 관리된다. 국방안보협력본부가 신탁계좌 운영에 대한 관리책임을 지고 있으며, 국방재무회계본부는 신탁계좌 운영에 대한 회계책임을 지고 있다. 그 외에도 재무부는 국방재무회계본부로부터 정기적인 재무보고를 접수하여 검토하고, 구매국의 FMS 대금 연체에 대한 이자율을 결정한다.

(3) 연방준비은행Federal Reserve Bank

미국은 복수 중앙은행제도를 채택하고 있으며 전국을 12개 지역으로 구분하여 지역별 1개씩의 연방준비은행을 운영하고 있다. 워싱턴 D.C.에 위치하고 있는 연방준비제도이사회는 12개의 연방준비은행을 총괄하는 중앙기관이다. 이 중 뉴욕에 위치한 FRB-NY에서 FMS 자금관리 업무를 수행하고 있다. 연방준비은행은 FMS 자금과 관련되어 구매국의 케이스별로 국방안보협력본부가 필요한 자금을 인출할 때까지 지불대기자금을 관리하는 역할을 한다.

(4) **오퍼이행기관**Implementing Agency

오퍼이행기관은 매월 오퍼 이행실적 보고서를 국방재무회계본부에 통보한다. 구매국이 지불한 FMS 자금은 계약 이행을 위해 자금을 인출할 때까지는 신탁자금계좌에 보관되며, 오퍼이행기관이 계약업체에 자금을 우선 지불하고 국방재무회계본부에 통보하면 신탁자금계좌에서 인출되어 오퍼이행기관에 지급되거나 신탁자금계좌에서 직접 제조업체에 지급된다.

10. FMS 국제협력기구

FMS 구매과정에서 구매국들의 공통적인 불만은 FMS가 구매국에 매우 불리하고 불평등하게 설계되었다는 점이다. 하지만 무기체계 연구개발에는 최첨단 국방과학기술이 필요하며 막대한 예산이 소요되기 때문에 결과적으로 기술력과 자본력을 가진 선진국 정부와 거대 외국기업 위주로 첨단 무기체계가 개발될 수밖에 없는 것이 현실이다. 그 때문에 세계 방산시장은 판매자 우위의 구조가 형성되어 있으며 이러한 특징은 중저가 무기체계보다는 첨단무기체계에서 더욱 두드러진다. 특히 미국은 세계 최고의 군사 강대국이자 최대 방산수출국으로서 다양한 최첨단 무기체계를 독점적으로 생산하기 때문에 판매자 우위의 수출정책이 가능하다. 따라서 이러한 미국의 판매자 우위 수출제도에 대하여 개별적으로 불평을 하기보다는 FMS 구매국들과의 상호 공조를 통해 불합리한 부분이 개선되도록 대미(對美) 협력을 추진하는 것이 더 효과적일 것이다. 특히 한국은 FMS 구매국 지위가 상향되었다는 점과 FMS 구매실적 등을 볼 때 주요 구매국이라는 점을 고려하여 국제협력기구 및 다양한 FMS 회의에 적극적으로 참여함으로써 의견을 개진하고 제도를 개선하기 위해 주도적인 역할을 수행할 필요가 있다.

미국도 FMS에 대한 구매국의 불만을 인식하여 지속적으로 다양한 의견을 수렴하여 문제를 해결하고, 무기체계 수출정책과 제도를 발전시키기 위해 구매국과 지속적인 협력을 추진해왔으며, 특히 최근의 경제위기로 인한 국방비의 감축 등으로 방산수출의 확대 필요성이 증대되면서 구매국과의 협력증진을 위해 FMS 국제협력기구와 적극적으로 협력하고 있다. 주요 FMS 국제협력기구로는 미국 국방부와 상호 국방조달 양해각서를 체결한 국가들로 구성된 DMAG, FMS 구매국 협력기구인 FPG와 ICUG 등을 들 수 있다. 이와 더불어 미국 정부는 구매국과 개별적인 협력을 위하여 안보지원회의(SCC), 국방과학기술협력회의(DTIC), 사업관리회의(PMR), 자금관리회의(FMR) 등 다양한 회의체를 통해 의견을 수렴하고 있다.

1) 국방 양해각서 체결국 협의체DMAG: Defense MOU Attachés Group

DMAG는 미국 국방부와 상호 국방조달 양해각서(Reciprocal Defense Procurement MOU)가 체결된 프랑스, 영국, 독일, 이스라엘 등 22개의 주요 우방국으로 구성[142]되어 있다. 초기에는 미국의 무기체계를 구매하기 위한 공통의 관심사를 공유하기 위해 시작되었으나 지금은 미국으로부터의 무기체계 구

142 DMAG(http://www.dmag.info)는 Australia, Austria, Belgium, Canada, Czech Republic, Denmark, Egypt, Finland, France, Germany, Greece, Israel, Italy, Luxemburg, Netherlands, Norway, Portugal, Spain, Sweden, Switzerland, Turkey, United Kingdom의 22개국으로 구성되어 있다.

매, 군수지원, 절충교역, 방산협력, 국방과학기술 이전, 상호 운용성, 수출통제 등 포괄적인 국방협력에 관한 정보와 경험을 회원국 상호 간에 공유하며 상호협력관계를 유지하고 있다. 또한 미국 행정부의 수출을 통제하고 방산업체를 보호하기 위한 의회의 ITAR, FMS, DCS, Third Party Transfer 등 방산수출과 관련된 각종 법규 및 제도에 대하여 적극적으로 의견을 개진하고 있으며, 때로는 의회의 지나친 규제와 제한에 반대하는 미국 국방부를 지원하기도 한다. 그 이외에도 미국 정부와의 국방물자 거래 및 협력에 관한 문제들을 제도적으로 해결하기 위한 노력을 통해 역설적으로 미국의 해외 무기수출 경쟁력을 향상시키는 데 기여하고 있다. 하지만 궁극적으로 자국의 안보보장을 위하여 군사력을 강화하고 미군과의 연합작전 수행능력을 향상시키는 것을 목표로 하고 있다. 이를 위해 DMAG는 미국 의회와 국방부, 국무부, 상무부를 비롯하여 방산협의체 등과 긴밀히 협력하고 있으며, FMS 구매국 협의체인 FPG, ICUG와도 적극적인 의견교환을 하고 있다. 우리나라는 현재 DMAG에 참여하고 있지 않다.

2) 해외구매국협의회FPG: Foreign Procurement Group

FPG는 1998년 DMAG 회원국인 네덜란드가 DMAG의 후원 하에 FMS 구매국 간 국제회의체를 정기적으로 개최할 필요성을 제기하면서 시작되었다. 구매국 간의 상호협력 및 공동대응을 통해 미국 국방부 국방안보협력본부에 FMS 현안에 대하여 적극적으로 의견을 개진하고 FMS 제도개선을 도모할 목적으로 이듬해인 1999년에 최초 회의를 개최하여 세부적인 운영규정 등을 완성하였다. 이는 DMAG 회원국 중 17개국으로 시작되었으나, 이후 우리나라 · 호주 · 이스라엘 · 사우디 · 대만 · 브라질 · 아르헨티나 등의 국가들이 참여하면서 현재는 42개국[143]이 회원국으로 등록되어 있다. FPG는 미국 국방부가 공식적으로 인정하고 있는 구매국 협의회로서 참가대상은 FMS 구매국으로 워싱턴 D.C.의 각국 대사관에서 FMS 업무를 수행하는 대표자들로 구성된다. 2개월에 한 번 각국 대사관에서 번갈아 가면서 개최하고 있으며 FMS 구매국이면 어느 국가나 참여할 수 있다.

3) 국제사용자협의회ICUG: International Customer User Group

1998년 가을에 국방안보협력본부는 오퍼 발행/시행 전산프로그램(DSAMS) 개발계획을 FMS 구매국에 설명하는 과정에서 구매국의 의견을 수렴하여 프로그램에 반영하기 위해 오퍼 이행 실무를 수행하고 있는 각국의 FMS 연락장교들에게 프로그램 개발 과정에 참여해줄 것을 요청하였다. 이에 따라 FMS 구매국의 육 · 해 · 공군 연락장교단 회의체인 국제사용자협의회가 1999년에 최초로 구성되었다. ICUG는 국방안보협력본부가 후원하는 회의체로 분기당 1회 정기적으로 개최되고 있다. 1 · 3분기에는 FPG 회의와 연계하여 워싱턴 D.C.에서, 2 · 4분기에는 육 · 해 · 공군 오퍼이행기관[144]에서 번갈아 개최하고 있다. FMS 구매국이면 조건 없이 참석할 수 있지만, 주로 미국 현지에서 오퍼이행관리 업무를 수행하고 있는 구매국 육 · 해 · 공군 연락장교들이 참석하고 있다. ICUG는 DSAMS, CEMIS, SCES 및 SCIP 등 FMS와 관련된 다양한 전산체계 개발에 참여해왔으며, 해를 거듭하면서 그 역할 및 위상이 강

143 FPG(http://www.dmag.info/fpg)는 Australia, Austria, Bahrain, Belgium, Brazil, Canada, Chile, Denmark, Egypt, Finland, France, Germany, Greece, Hungary, Indonesia, Israel, Italy, Japan, Korea, Kuwait, Malaysia, Montenegro, Netherlands, New Zealand, Norway, Pakistan, Philippines, Poland, Portugal, Romania, Saudi Arabia, Singapore, Spain, Sweden, Switzerland, Taiwan, Thailand, Turkey, Ukraine, UK, US, Yemen의 42개국으로 구성되어 있다.

144 육군 USASAC(펜실베이니아 주 뉴컴벌랜드에 위치), 공군 AFSAC(오하이오 주 데이턴), 해군 NAVSUP(펜실베이니아 주 필라델피아)

화되고 있다. 이에 따라 FMS 전산체계 개발에 대한 의견 제시뿐 아니라 오퍼이행과정에서 식별한 청구 · 정비 · 하자처리 · 오퍼자금 관련 절차/규정상의 문제점을 구매국 상호 간 공유하여 공동으로 해결방안을 모색하고 FMS 제도개선을 위해 노력하고 있으며, 국방안보협력본부도 이를 적극적으로 수용하고 있다. FPG는 포괄적인 FMS 정책 위주로 토의되는 반면, ICUG는 계약 이행과정에서 구매국에 불리하거나 불합리한 부분에 대한 문제점을 개선하는 데 중점을 두고 있다. 미국 정부에서는 국방안보협력본부가 ICUG 회의체에 대하여 미국 정부의 공식적인 대화채널로 참석하고 있으며 FMS와 관련된 육 · 해 · 공군 오퍼이행기관(ILCO) 및 국방계약감사본부(DCAA), 국방군수본부(DLA), 국방재무회계본부(DFAS), 국방계약관리본부(DCMA), 수송사령부(TRANSCOM) 등이 함께 참석하여 구매국의 애로사항 및 의견을 수렴하고 있다. 연락장교를 오퍼이행기관에 파견하여 운영하고 있는 국가는 2015년 1월 기준으로 53개 국가(육군 11개국, 해군 19개국, 공군 23개국)로 모든 국가들이 ICUG에 참여하고 있지는 않으나, 참여국가가 증가하고 있는 추세이다. 각국의 연락장교 현황은 〈자료 3-62〉에서 보는 바와 같다.

구분	파견국가	계급	파견인원	사무원**	파견기관
육군 (11개국)	한국	육군 소령	1		미국 육군 USASAC (펜실베이니아 주)
	이스라엘	공군 중령(1),* 육군 중령(1)	2	2	
	요르단	육군 중령(1), 공군 대령(1)*	2		
	캐나다	육군 대위	1		
	호주	육군 대위	1	1	
	대만	육군 소령	1		
	사우디	육군 중령	1	1	
	그리스	육군 중령	1		
	콜롬비아	공군 대령	1		
	터키	육군 대위	1		
	일본	육군 소령	1		

자료 3-62 육군 오퍼이행기관에 파견된 구매국 연락장교 현황[145]

구분	파견국가	계급	파견인원	사무원**	파견기관
해군 (19개국)	한국	해군 소령	1		미국 해군 NAVSUP (펜실베이니아 주)
	이스라엘	해군 소령(1), 공군 중령(1)	2	2	
	호주	해군 소령(1), 공군 소령(1)	2	2	
	브라질	해군 중령	1		
	캐나다	공군 소령(1), 공군 준위(1)	2		
	칠레	해군 소령	1		
	이집트	공군 준장	1	1	
	프랑스	해군 소령	1		
	그리스	해군 중령	1		
	이탈리아	해군 중령(1), 해군 준위(2)	3		
	쿠웨이트	공군 소령	1		
	터키	해군 소령	1		
	대만	해군 소령	1	1	
	스페인	해군 소령(1), 해군 원사(1), 공군 소령(2)	4	2	
	사우디	해군 중령(1), 해군 준위(1), 해군 원사(1), 해군 상사(1)	4	3	
	포르투갈	해군 중령(1), 해군 상사(1)	2		
	파키스탄	해군 중령(1), 해군 하사(1)	2		
	네덜란드	해군 소령(1), 해군 원사(1)	2		
	일본	해군 중령(1), 공군 소령(2)	3	1	

자료 3-63 해군 오퍼이행기관에 파견된 구매국 연락장교 현황

145 계약체결 이후 계약 이행관리를 구매자가 직접 수행하는 일반적인 국제 상거래와는 달리, FMS는 오퍼 수락 후 미국 정부가 구매국의 계약 이행관리를 대신하고 있으며, 이에 따라 미국 정부의 계약 이행관리를 확인 및 감독하기 위해 오퍼이행기관에 연락장교를 파견하고 있다.
*미군은 패트리어트 · 호크 등 방공 무기체계를 육군에서 운용하나, 한국 및 이스라엘, 요르단은 공군에서 운용하고 있다. 이에 따라 이스라엘 및 요르단은 육군 및 공군장교를 동시에 미국 육군에 파견하고 있으나, 우리나라는 육군장교가 모두 수행하고 있다.

구분	파견국가	계급	파견인원	사무원	파견기관
공군 (23개국)	한국	공군 소령	1		미국 공군 AFSAC (오하이오 주)
	이스라엘	공군 중령	1	2	
	요르단	공군 중령	1		
	캐나다	공군 중령(1), 공군 대위(1), 공군 상사(1)	3	1	
	호주	공군 중령(1), 공군 상사(1)	2	1	
	대만	공군 소령	1	1	
	사우디	공군 중령(1), 공군 상사(1)	2	3	
	터키	공군 중령	1		
	스페인	공군 대령	1	1	
	독일	공군 대위	1		
	일본	공군 소령	1		
	태국	공군 소령	1		
	칠레	공군 소령	1		
	아르헨티나	공군 소령(1), 공군 준위(1)	2		
	폴란드	공군 중령	1		
	페루	공군 중령(1), 공군 준위(1)	2		
	포르투갈	공군 중령(1), 공군 대위(1)	2	1	
	브라질	공군 중령(1), 공군 상사(1)	2	2	
	네덜란드	공군 중령(1), 공군 소령(2)	3		
	이집트	공군 준장	1	1	
	멕시코	공군 소령	1		
	노르웨이	공군 소령	1		
	인도네시아	공군 중령	1		

자료 3-64 공군 오퍼이행기관에 파견된 구매국 연락장교 현황

현지에서 연락장교가 오퍼이행에서의 문제점을 해결하고자 하는 경우, 오퍼이행기관은 규정 및 방침을 이유로 문제해결에 비온직으로 대치하는 경우가 많으며 때로는 각 군 오퍼이행기관이 국방부 국방안보협력본부의 규정을 각각 일부 상이하게 적용하거나 동일한 군(軍)이더라도 구매국가별로 조금씩 다르게 적용하는 경

우도 있다. 국방안보협력본부는 제도개선 측면에서 제기된 문제에 대한 해결에 상대적으로 적극적이기 때문에 ICUG를 통해 많은 문제들이 해결되고 있다. 따라서 ICUG는 미국 오퍼이행기관과의 문제를 국방부 관리감독기관인 국방안보협력본부를 통해 해결하고, 구매국 상호 간 문제를 공유하고 공조를 통해 공동으로 해결하는 데 매우 효과적이기 때문에 지속적인 참여 확대가 필요하다. ICUG 의장은 회원들이 선출하며, 특별한 경우가 아니면 육 · 해 · 공군 연락장교단에서 번갈아가며 선출한다. 의장은 부의장을 선출 및 임명할 수 있다. 아직까지 우리나라는 의장 또는 부의장을 배출하지 못하였다.

4) 기타 FMS 협력회의

(1) 안보협력위원회SCC: Security Cooperation Committee

한미 연례안보회의(SCM)[146]의 분과위원회로 국방물자 획득 분야의 군사협력을 목적으로 1980년 제12차 한미 연례안보회의 이후 매년 개최되고 있다. 한국 국방부(획득실)와 미국 국방부(정책차관실 국방안보협력본부) 상호 간에 FMS 차관, 군사원조프로그램(MAP: Military Assistance Program)의 물자처리, 한국 방산물자의 수출, 로열티, 면허, 공동생산, FMS 제도개선 및 구매국 지위 격상 등에 대한 협의를 진행해왔으나, 2006년 방위사업청이 개청된 이후에는 방위사업청에서 참가하고 있다.

(2) 방산기술협력위원회DTICC: Defense Technology & Industrial Cooperation Committee

한미 연례안보회의 분과위원회로 한미 연합작전 능력 향상을 위한 기술협력을

---

146 Security Consultative Meeting: 1968년 청와대 무장간첩 침투사건 및 푸에블로호 납북사건을 계기로 1968년 4월 한미정상회담 시 한미 국방장관 안보회의를 매년 개최토록 한 합의에 따라 시작되었으며, 정책검토위원회, 안보협력위원회, 방산기술협력위원회, 군수협력위원회, 공동성명위원회의 5개 분과위원회를 두고 있다.

목적으로 매년 한국 국방부(획득실)와 미국 국방부(획득차관실 국제협력국) 상호 간에 T-50 수출지원, 국방 M&S 자료교환 협정, 전투실험 협력체제 구축 등에 대한 협의를 진행하여왔으나, 2006년 이후에는 방위사업청이 참가하고 있다.

(3) FMR 자금관리회의FMR: Financial Management Review

오퍼 수락 이후 케이스 자금운영에 대한 정례적인 관리 필요성에 의해 1988년 최초 시작된 이후 매년 개최되고 있다. 미국 국방부 국방안보협력본부(자금관리과) 및 방위사업청(대정부계약팀) 상호 간에 오퍼의 자금운영 및 관리를 주로 토의하였으나, 현재는 FMS 사업현안 및 제도개선 등으로 의제가 확대되고 있는 추세이다. 미국은 국방안보협력본부를 비롯한 오퍼이행기관 등이, 한국에서는 방위사업청 및 주미군수무관단 등이 함께 참석하고 있다.

(4) 사업관리회의PMR: Program Management Review

사업관리회의는 방위사업청의 통합사업관리팀(IPT)에서 오퍼요청서를 작성하는 단계에서 세부적인 소요를 식별하기 위하여 또는 오퍼 수락 이후 미 오퍼이행부서와 사업과 관련된 주요 현안을 토의하고 협조하기 위하여 수행된다. 육군의 유도탄 구매사업을 예로 들면, 우리나라에서는 방위사업청 통합사업관리팀 주관 하에 소요군, 기품원, 국과연 등 회의안건에 따라 관련 부서들이 참여하며, 미국에서는 오퍼이행기관인 안보지원사령부(USASAC)가 주관하여 유도탄 수명주기를 관리하고 있는 AMCOM을 포함하여 구매국에서 요구한 안건에 따라 필요 시 국방안보협력본부, 국방재무회계본부, 국방군수본부 등 관련 부서들이 사업관리회의에 참석하고 있다.

(5) 오퍼이행관리회의

미국의 오퍼이행기관과 구매국 소요군 상호 간에 청구 · 정비 · 하자 · 수송 등 오퍼 이행과 관련된 현안문제를 토의하기 위한 회의로 통상 매년 개최되며 세부현황은 〈자료 3-65〉와 같다. 육 · 해 · 공군별로 회의 명칭이 상이하지만 회의의 성격은 대체적으로 크게 다르지 않으며 미국 현지의 연락장교들이 함께 참석한다. 1973년 최초로 FMS를 통해 구매를 시작한 이후 1977년부터 각 군별로 오퍼이행관리회의를 개최해왔으며 육군의 경우 안보지원회의(SAR: Security Assistance Review)라는 명칭으로 우리나라는 육군본부 군수참모부 및 군수사령부가, 미국에서는 육군 안보지원사령부가 각각 참여하고 있으며 회의지원을 위해 필요 시 JUSMAG-K 또는 육군연락장교도 참여한다. 1978년 5월 제1차 한 · 미 육군 안보지원회의가 서울에서 개최되었으며 1995년부터 격년제로 전환하였다가 2000년에 양국이 교대로 개최하는 것으로 변경된 이후 2014년까지 32회에 걸쳐 회의를 진행해오고 있다.

구분	회의 명칭	참석기관		개최 주기
		한국	미국	
육군	안보지원회의(Security Assistance Review)	육군본부, 군수사	USASAC	연 1회
해군	후속군수지원회의(Follow-on Supply Support Review)	해군본부, 군수사	NAVSUP	연 1회
공군	군수관리회의(Logistics Management Review)	군수사	AFSAC	연 1회

자료 3-65 육 · 해 · 공군의 오퍼이행관리회의

5) 소결론

수출국 입장에서 구매국 협의체는 때로는 골칫덩어리가 될 수도 있지만, 미국은 구매국 협의체와의 긴밀한 협력 및 개별 구매국과의 다양한 회의 등을 통해 구매국의 불만 및 의견을 수렴하여 FMS 제도를 개선하고 발전시키기 위한 기회로 삼고 있다. 때로는 FMS 구매국의 의견을 근거로 미국 행정부가 의회의 지나친 무기수출 규제에 반대하기도 하였다. 우리나라 휴대폰이 세계시장을 잠식할 수 있었던 기반에는 기술개발과 함께 우리나라 소비자들의 다양하고 적극적인 의견 개진과 이를 제품에 반영한 업체의 노력이 큰 역할을 했던 것으로 알려지고 있는데, 방산시장에서는 후발 수출국가인 우리도 단기적으로는 중 · 저가 시장에서 위에서 살펴본 바와 같이 다양한 구매국 회의체를 활성화하여 구매국의 불만사항을 해소하고 만족도를 향상시키는 데 중점을 두어 우방국과의 긴밀한 군사협력 관계를 구축하고, 미래의 잠재적인 고객을 확보하는 방향으로 수출제도를 발전시켜야 할 것이다. 중 · 장기적으로는 방산수출을 매개로 형성된 군사협력을 기반으로 국방과학기술 발전에 따른 무기체계의 성능 향상을 통해 중 · 저가 수출에서 기술집약적 고가 방산수출로 연계되도록 추진하여야 할 것이다.

11. FMS 전산지원 체계

미국은 최대 무기수출국으로서 세계적으로 약 145여 개 이상의 국가들을 고객으로 관리[147]하고 있으며 무기체계의 성능 못지않게 구매국의 다양한 요구조건 및 만족도를 향상시키기 위하여 지속적으로 FMS 제도를 발전시켜오고 있다. 하지만 구매국의 다양한 요구사항을 신속하게 처리하고 오퍼 관련 정보를 적시에 제공하기 위해서는 추가적인 인력충원이 필요하였으나, 이를 해결하기 위한 예산 및 전문인력을 확보하지 못한 채 FMS 수출규모는 해마다 큰 폭으로 증가하면서 구매국의 불만은 점점 더 커졌다. 이에 따라 내부적으로는 효율적인 FMS 업무수행 여건을 보장하고, 외부적으로는 구매국에 다양한 오퍼 정보를 적시에 제공하기 위하여 미국

147 2014년 기준 FMS 구매국 현황: 육군 145개국, 해군 145개국, 공군 100개국

정부는 FMS의 모든 과정을 전산화하여 지속적으로 발전시켜왔다.

미국은 FMS 수행기관 및 업무에 따라 다양한 전산체계를 구축하고 있는데, FMS 수행절차를 기준으로 〈자료 3-66〉과 같이 오퍼 발행 및 시행, 오퍼 이행, 오퍼 결산 및 종결 등 FMS 수행절차에 따라 각각의 전산체계를 운영하고 있다. 구매국으로부터 오퍼요청서가 접수되면 국방안보지원관리체계(DSAMS: Defense Security Assistance Management System)를 통해 FMS 관련 기관들이 함께 오퍼를 발행하고 수락 및 시행하는 전 과정을 관리한다. 이후 오퍼가 시행되면 각 군의 오퍼이행기관에서는 각 군별로 고유한 오퍼이행 전산체계[148]를 통해 청구 · 정비 · 하자 등 계약 이행에 관련된 모든 사항을 관리하고 있다. 계약 이행에 따른 자금관리 및 오퍼 종결은 국방재무회계본부에서 국방통합재무전산체계(DIFS: Defense Integrated Financial System)를 통해 관리한다. FMS 전산체계 개발비용은 구매국이 지불한 FMS 행정비에서 충당되고 있다. 즉, FMS 전산체계가 궁극적으로는 구매국에 다양한 오퍼 정보를 적시에 제공하고 신속하게 계약을 이행하기 위한 수단이기 때문에 FMS 행정비에서 개발비용을 충당하는 것이 타당하다는 것이 미국의 입장이다.

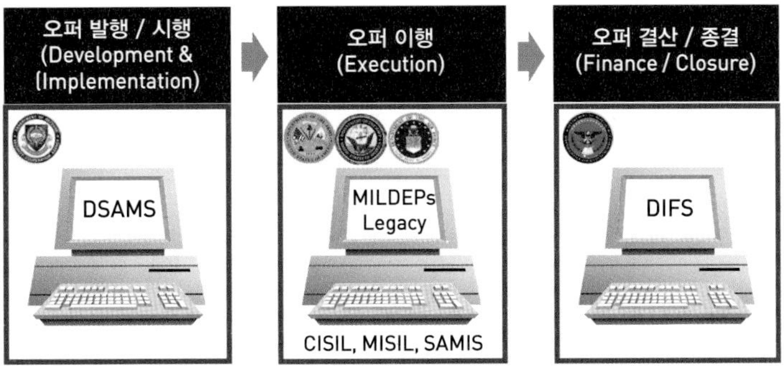

자료 3-66 FMS 수행절차별 주요 전산체계

148 육군 CISIL(USASAC에서 운영/관리), 해군 MISIL(NAVSUP에서 운영/관리), 공군 SAMIS(AFSAC에서 운영/관리)

1) 국방안보지원관리체계DSAMS: Defense Security Assistance Management System

구매국으로부터 오퍼요청서가 접수되면 국방부, 오퍼이행기관, 방산업체 등 다양한 이해관계자들이 오퍼 작성에 함께 참여하게 되는데, 이 과정에서 공간적 · 시간적인 제약 없이 효율적으로 오퍼를 작성하고 오퍼 수락 이후 종결까지의 전 과정을 관리할 수 있는 전산체계 구축의 필요성이 제기되었다. 이에 따라 1990년대 후반부터 국방안보지원관리체계를 개발하기 시작하였다. 초기에는 육 · 해 · 공군의 오퍼를 공통으로 발행하고 시행할 수 있는 전산체계 개발을 목표로 하여 2000년부터 오퍼 발행 및 시행 업무를 전산체계로 수행할 수 있게 되었다. 하지만 기존에 육 · 해 · 공군별로 각각 운영되던 오퍼 이행절차를 표준화하고 전산체계를 통합해야 하는 어려움으로 인하여 오퍼 이행 업무는 DSAMS의 개발범위에 포함시키지 않는 것으로 결정하였고, 이후 2006년에 교육훈련 업무만을 추가하여 DSAMS는 〈자료 3-67〉에서 보는 바와 같이 현재의 오퍼 발행/이행(Case Development/Implementation), 교육훈련(Training)에 대한 업무수행만 가능토록 개발되었다.

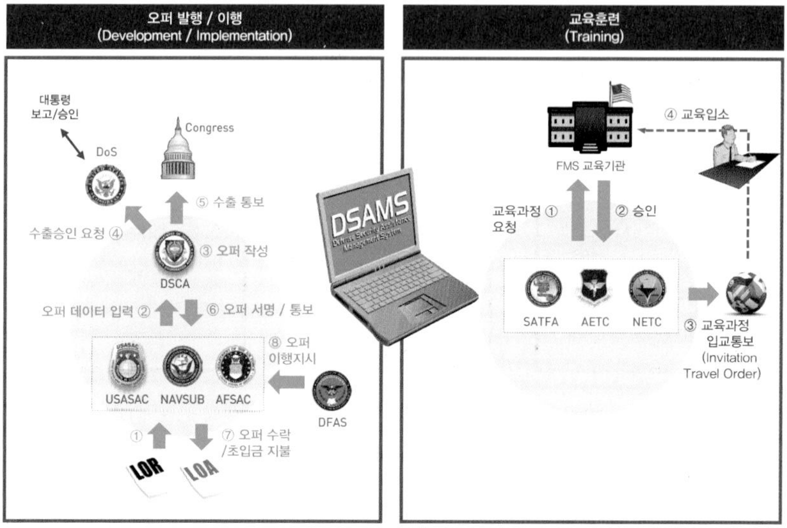

자료 3-67 국방안보지원관리체계(DSAMS)

2) 육 · 해 · 공군 오퍼이행관리 전산체계 MILDEPs Legacy Systems

미국의 오퍼이행기관은 〈자료 3-68〉과 같이 1976년부터 계약이행 전산체계인 CISIL(육군), MISIL(해군), SAMIS(공군)를 각각 개발[149]하여 지금까지 운영해오고 있다. 오퍼이행관리 전산체계는 오퍼를 수락한 이후 청구 · 정비 · 하자 등 해외 FMS 구매국의 계약 이행업무를 수행하기 위해 개발되었다. 그러나 개발된 지 워낙 오래되어 프로그램 언어가 다른 FMS 전산체계와 상이하기 때문에 실시간 데이터 공유 및 통합이 제한되었으며, 특히 전산체계상의 FMS 이행절차가 군별로 일부 상이한 부분이 있었기 때문에 이에 대한 표준화가 필요하였다. 또한 육 · 해 · 공군별로 각각의 전산체계 를 운영함에 따라 유지관리에 많은 인력과 비용이 소요되어 1990년대 초반부터 이에 대한 통합 필요성이 꾸준히 제기되어왔다.

구분	시스템	프로그래밍 언어	데이터베이스	개발
육군	CISIL	ANSI Cobol 85, JCL, M204	Flat Files	1976
해군	MISIL	ADSO, Assembler, ANSI Cobol 85	IDMS	1976
공군	SAMIS	Natural 1, ANSI Cobol 85	ADABASE	1983

자료 3-68 육 · 해 · 공군의 오퍼이행관리 전산체계

149 CISIL(Centralized Information System for International Logistics, 국제군수통합정보체계), MISIL (Management Information System for International Logistics, 국제군수관리정보체계), SAMIS (Security Assistance Management Information System, 안보지원관리정보체계)

2000년 DSAMS 개발 시 오퍼이행관리 전산체계 표준화 및 통합개발의 어려움으로 인해 오퍼 이행 업무를 개발범위에 포함하지 않는 것으로 결정한 이후 국방안보협력본부는 이듬해인 2001년부터 육 · 해 · 공군의 오퍼 이행절차를 표준화 및 통합하기 위한 오퍼이행관리 정보체계(CEMIS: Case Execution Management Information System)의 개발을 재추진하였으나, 이 역시 내부 사정으로 2005년에 중단되었다. 이후 2008년부터 다시 **안보협력통합체계**(SCES: Security Cooperation Enterprise Solutions) 개발을 통해 통합을 추진하고 있다. SCES는 오퍼이행 전산체계(CISIL · MISIL · SAMIS) 및 자금관리 전산체계(DIFS)를 통합함으로써 육 · 해 · 공군의 FMS 이행절차를 표준화하고 신속한 오퍼 이행을 보장하며, 기존 전산체계와 효율적으로 정보를 공유하고 전산체계 유지관리 비용을 절감하기 위한 목적으로 해군 → 육군 → 공군 순으로 3단계[150]로 구분하여 추진 중이다. 현재까지 오퍼 이행절차는 표준청구/불출절차(MILSTRIP)에 의해 수행되고 있기 때문에 오퍼이행 전산체계도 이를 기반으로 개발되었다. 하지만 MILSTRIP은 1960년대에 개발된 보급지원 절차로서 80개 이상의 코드로 복잡하게 구성되어 담당자가 각 코드의 의미를 모두 이해해야 하며, 때로는 동일한 코드가 여러 가지 의미를 가지는 등 보급업무를 수행하는데 많은 시간과 노력이 소요된다는 문제가 있어 미국 국방부는 이를 대체하기 위해 XML[151] 기반의 국방군수관리표준(DLMS: Defense Logistics Management Standard)의

---

150 1단계(2012년 4월~2015년 12월) 해군 시스템 구축 및 시범적용, 2단계(2015년 4월~2017년 6월) 육군 시스템 통합, 3단계(2018년 1월~2019년 12월) 공군 시스템 통합

151 XML(Extendable Markup Language): 컴퓨터와 사람이 모두 쉽게 이해할 수 있도록 한 차세대 인터넷 표준언어로, 기존 인터넷 언어인 SGML 및 HTML의 단점을 보완하기 위해 만들어졌다. SGML(Standard Generalized Markup Language)은 1969년 미국 IBM이 사내 문서를 쉽게 교환/관리하고자 만들었으나 복잡하여 활용하기 어렵고, 상대적으로 단순하고 쉬워서 널리 사용되는 HTML(Hyper-Text Markup Language)은 특수문자나 기호 등 복잡한 기능을 수행하지 못한다는 단점이 있어 이를 보완하기 위해 W3C(World Wide Web Consortium)가 차세대 인터넷 표준언어로 XML을 제안하였다.

개발을 추진 중에 있다. 따라서 SCES는 개발이 완료되면 초기에는 기존의 표준청구/불출절차에 따라 운영하다가 XML 기반의 국방군수관리표준(DLMS) 개발이 완료되면 이로 대체될 예정이다.

3) 국방통합재정체계DIFS: Defense Integrated Financial System

국방통합재정체계는 국방재무회계본부에서 운영하고 있는 FMS 오퍼대금 관리를 위한 회계 전산체계로 오퍼 시행 이후 종결까지 전 과정 동안의 초입금, 분기별 대금청구서 및 결산 등 회계정보를 처리한다. 오퍼를 수락한 이후 FMS 계약이 시행되기 위해서는 구매국은 초입금을 납부하고 오퍼에 명시된 대금지불 일정(Payment Schedule)에 따라 분기별로 오퍼대금을 지불해야 한다. 이를 위해 국방재무회계본부는 국방통합재정체계를 통해 초입금 및 오퍼대금을 관리하며 분기별로 대금청구서(DD Form 645)를 구매국에 통보함으로써 오퍼 이행에 소요되는 비용을 청구한다. 또한 오퍼 이행을 위해 실제 발생한 비용 등 오퍼자금 집행현황도 국방통합재정체계를 통해 종합적으로 관리되고 있다.

4) 안보협력정보포털SCIP

앞서 살펴본 FMS 전산체계는 미국 정부의 내부적인 업무 효율성에 중점을 두고 구축되었으며, 구매국에는 전산체계에 접근할 수 있는 권한이 부여되지 않았다. 따라서 구매국이 오퍼 이행을 포함한 FMS 전 과정에 대한 정보를 확인하려면, 전적으로 오퍼이행기관을 통해서만 가능했다. 이처럼 오퍼이행과정의 정보가 신속하게 제공되지 못함에 따라 구매국의 불만이 고조되었고, 더불어 내부적으로도 오 퍼이행 관련 기관 상호 간에 효율적인 FMS 업무협조를 위해 적시적인 정보공유 필요성이 제기되었다. 이에 따라 국방부는 앞서 개발된 FMS 전산체계로부터 일부 오퍼 정보를 추출하여 구매국을 포함해 미국의 FMS 관련 기관에 제공하는 안보협력정보 포털(SCIP)을 2003년부터 운영하고 있다. SCIP는 국방안보협력본부에서 관리하는 웹기반 정보지원체계로, 인터넷을 통해 FMS 계약 · 재무 · 청구 · 하자 등의 정보를 제공[152]하고 있다. SCIP의 가장 큰 장점은 인터넷을 통해 전 세계 어디서든 FMS 계약 및 재무정보를 확인할 수 있고, 필요한 자료를 다운로드 받아 편집할 수 있으며, 인터넷을 통한 청구 및 하자 제출 등도 가능하기 때문에 FMS 담당자가 편리하고 효율적으로 사용할 수 있다는 점이다. 〈자료 3-69〉에서 보는 바와 같이 국방부 및 오퍼이행기관의 전산체계로부터 필요한 오퍼 정보를 추출하여 일일 단위로 업데이트하며 오퍼의 발행 · 시행 · 이행과 관련된 정보를 포함하여 정비(WebRoR), 구매국 협력기구인 FPG 및 ICUG 회의자료, 국방조달본부 재고현황 검색/조달정보(E-Mall, WebFLIS, Asset Visibility), 수송정보(Enhanced Freight Tracking System) 등 다양한 정보를 제공하는 포털 웹페이지로 인터넷이 연결된 곳이라면 사용자 계정을 통해 전 세계 어디서나 사용할 수 있다.

SCIP에서는 구매국이 오퍼 발행을 요청한 이후 진행사항뿐 아니라 수락 이후 수정 · 개정 · 종결 등 세부적인 오퍼 현황도 확인 가능한데, 이는 국방안보협력본부의 오퍼발행 전산체계인 DSAMS로부터 오퍼 발행 및 시행 정보가 추출되어 SCIP에 제공되기 때문이다. 또한 오퍼자금 정보도 국방재무회계본부의 DIFS로부터 DSAMS로 전송되어 다시 SCIP로 제공된다. 청구 · 정비 · 하자 등 오퍼이행 정보는 각 군의 오퍼이행 전산체계(MILDEPs Legacy System)로부터 추출되어 제공되고 있다. 구매국은 SCIP를 통해 구매국과 미국 정부와의 양방향 소통이 가능하다. 즉 오퍼이행 부문의 진행사항에 대한 확인뿐 아니라 구매국에서 온라인으로 총괄구매 또는 보급지원협정 케이스에 대하여 직접 오퍼이행기관에 청구할 수 있으

152 https://www.scportal.us

며, 정비 및 하자업무도 온라인으로 수행할 수 있도록 점차 개선 중에 있다. 미국 해군은 청구 · 하자 · 정비 업무 모두 SCIP를 통해 수행할 수 있으며 육군은 현재 청구 업무만 가능하지만 앞으로 정비 및 하자 업무까지도 가능토록 개선될 전망이다. 공군의 경우 SCIP로 청구 및 하자 업무만 수행 가능하며, 하자는 자체 전산체계(AFSAC On-Line)를 통해 온라인으로 처리 가능하다. SCIP는 구매국(방위사업청 · 군수사 · 주미대사관 · 연락장교 · 수송대행업체 등)에 국한되지 않고, 미국의 국방부 및 관련 부서(DSCA · COCOM · 계약부서), 국무성, 국토안보국, 수송업체 등 FMS와 관련된 다양한 이해관계자들이 오퍼 정보를 같이 공유할 수 있다는 점에서 매우 유용하다. 향후에 SCES 개발이 완료되면 〈자료 3-70〉과 같이 FMS 전 과정의 오퍼 정보가 하나의 서버로 통합되고 통합전산체계를 통해 더 많은 정보를 구매국에 제공할 예정인 것으로 알려지고 있다.

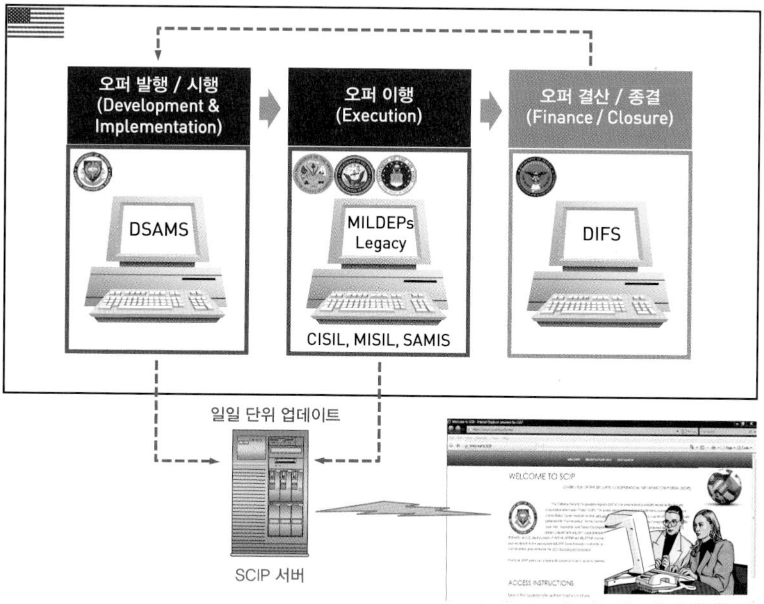

자료 3-69 현행 SCIP

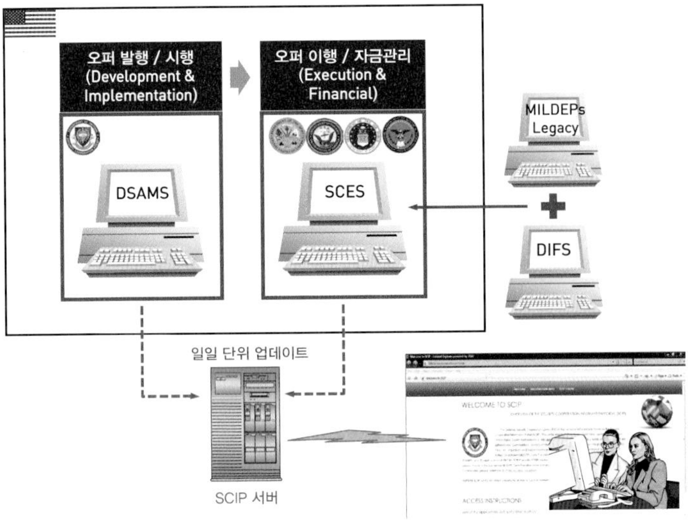

자료 3-70 차세대 SCIP

(1) 수송추적시스템EFTS: Enhanced Freight Tracking System

국방안보협력본부에서 관리하는 FMS 수송추적시스템은 1998년 구축되었는데, 보급원(Source Of Supply) 또는 정비원(Source Of Repair)에서 불출된 FMS 구매품목이나 정비품목에 대한 수송정보를 인터넷을 통해 실시간으로 확인 가능하며 절차는 <자료 3-71>과 같다. 특히 관심품목을 사전에 지정해놓으면 수송 진행단계에 따라 사용자 메일로 실시간 통보해준다. 보급원이나 정비원에서 불출된 이후 구매국에 도착할 때까지 페덱스(FedEx), 유피에스(UPS) 등과 같은 내륙운송업체(Carrier) 및 구매국 수송대행업체(Freight Forwarder)의 수송정보를 상호 간에 공유할 목적으로 구축되었다. 이에 따라 미국 정부도 품목이 불출된 이후의 수송진행 상황을 확인할 수 있도록 수송대행업체의 수송정보도 입력토록 권장하고 있으나, 수송대행업체는 수송비를 절감하기 위하여 물량 이상을 통합하여 수송하고 있는데 선적과 동시에 해당국에 통보한 이후 FMS 수송추적시스템에 입력하기 때문에 아직까지 구매국 입장에서는 효용성이 다소 떨어진다. 그러나 판매국인 미국도 계약목적물이 구매국에 도착할 때까지 수송사항을 추적할 수 있도록 구매국의 수송정보를 공유한다는 측면에서 구매국 정부 및 수송대행업체도 함께 관심을 가져야 할 것이다.

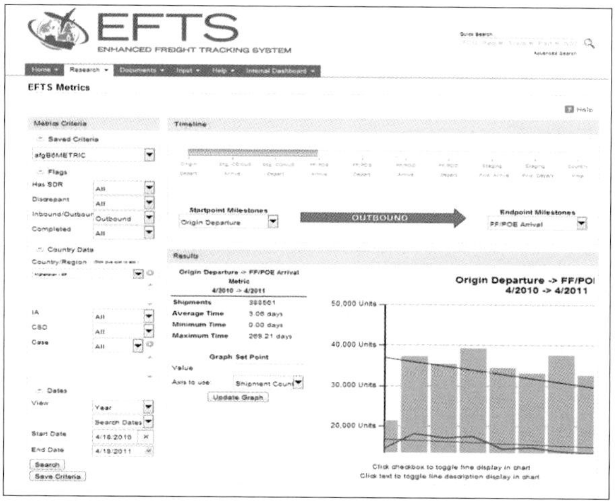

자료 3-71 EFTS

(2) FMS 정비관리 전산체계WebRoR

FMS 정비를 위해서는 정비가 가능한 정비시설을 찾아야 하고, 구매국에서 정비대상품목을 미국으로 보내어 정비 후 되돌려 받는 복잡한 과정을 거쳐야 하며, 이에 따라 행정처리에 많은 기간이 소요되고 있다. WebRoR은 구매국의 정비요청에서부터 정비 후 되돌려 받기까지의 모든 과정을 인터넷을 통해 관리함으로써 행정처리 기간을 최소화할 수 있으며, 정비요청 초기에 정비예상비용도 수시로 확인 가능토록 구축되었다. 해군에서 처음으로 개발되어 운영 중이며 2012년 분석 결과에 의하면 과거에는 구매국에서 정비요청 이후 미국 내 정비시설에서 정비대상품목을 인도받는 데 평균 350일이 소요되었으나 WebRoR 정비관리 전산체계가 구축된 이후 평균 62일로 단축되었으며, 전체 정비기간도 과거 평균 1~2년에서 현재는 평균 279일로 대폭 단축[153]되었다고 한다. 이전에는 안보협력정보포털(SCIP)의 '해군(Navy)' 메뉴의 하위메뉴로 해군만 사용 가능하였으나, 효율성을 인정받아 육군 및 공군으로 확대 적용하기로 결정되어 2015년경부터 육군에서 적용될 전망이며, 이후 공군에서도 운영토록 추진되고 있다.

(3) 국방군수본부 재고현황 검색 및 조달정보체계

안보협력정보포털에서는 국방부의 국방군수본부(DLA)에서 관리하고 있는 육·해·공군 공통품목에 대한 정보도 제공하고 있다. 연방군수정보 웹사이트(WebFLIS)[154]를 이용하여 미국 및 나토(NATO)에서 운영하고 있는 공통 군수품목에 대한 세부정보를 조회 및 검색할 수 있으며, 전자상거래인 'E-Mall'은 국방군수본부에서 관리하는 육·해·공군 공통품목에 대한 재고현황을 제공하여 구매국이 직접 구매 여부를 결정할 수 있도록 하였다. 또한 'Asset Visibility'를 통해 국방군수본부가 관리하는 품목에 대한 제원/특성, 재고보유 여부 및 저장장소 등에 대한 정보도 함께 제공하고 있다.

(4) 기타 정보 포털

이 외에도 구매국 협력기구인 FPG, ICUG의 주요 안건 등 회의자료 등을 게시하여 구매국이 공동으로 FMS 제도개선을 위한 추진사항을 공유토록 하고 있으며, 최근 개발이 진행되고 있는 안보협력통합체계(SCES) 개발현황 자료도 확인할 수 있다. 또한 미국의 FMS 관련 기관의 홈페이지와 연계되어 있어 웹을 기반으로 한 정보포털 역할을 하고 있다.

---

153 미 육군 USASAC FMS 연락장교단 WebRoR 소개자료(2012년 10월 2일, 미 해군 NAVSUP)

154 연방군수정보 웹사이트(WebFLIS: Federal Logistics Information Service via the World Wide Web)

5) 소결론

미국 정부는 내부적으로는 효율적인 FMS 업무 수행을 위해, 외부적으로는 구매국의 만족도 향상을 위해 다양한 오퍼 정보를 구매국에 제공할 수 있도록 지속적으로 전산체계를 발전시켜오고 있다. 이러한 지속적인 전산체계 개발 노력을 통해 미국은 내부적으로는 FMS 관련 부서 상호 간에 실시간 업무공유를 통해 기존보다 더 빠르고 신속하게 업무가 수행될 것으로 전망되며, 개발과정에서 구매국 협력기구(FPG, ICUG) 등을 통해 다양한 의견을 수렴하여 오퍼 정보 공개 범위를 확대하고 실시간 정보제공[155]을 통하여 효율성과 투명성을 향상시킬 것으로 전망된다. 특히 미국은 자국 및 전 세계적으로 주둔하고 있는 미군과 145여 개의 구매국을 대상으로 군수지원을 수행하면서 어느 국가보다 다양한 경험과 노하우를 축적하였고 이를 기반으로 효율적인 전산체계를 구축하고 있기 때문에 우리나라의 통합군수지원을 위한 전산체계 구축을 위한 참고가 될 것으로 판단된다. 미군의 오퍼이행 전산체계가 1976년 이후 개발되어 1990년대부터 지속적으로 통합 및 개선을 위하여 노력해왔음에도 아직도 완전한 통합이 이루어지지 않은 점을 고려할 때, 우리나라도 정부 주도의 수출제도를 구축한다면 이를 위한 선행조치로 통합된 육 · 해 · 공군 군수지원 전산체계를 갖추는 것이 필요하다. 따라서 정부 주도의 수출제도 구축과 함께 내부적으로는 각 군의 보급 전산체계를 통합하고 개선하여 업무 효율성을 제고하고, 외부적으로 정보공개 범위를 설정하여 계약 전반에 대한 내용을 실시간으로 투명하게 제공해줄 수 있는 SCIP 같은 웹기반의 포털 정보체계도 병행하여 갖추어야 할 것이다.

---

155 엄밀히 말하면 SCIP은 실시간으로 정보를 제공하지 못한다. 미군의 여러 전산체계로부터 추출된 데이터를 취합하여 하루 단위로 업데이트하기 때문에 1~2일 정도의 시차가 발생하며, 담당자들이 계약 이행 사항을 적시에 시스템에 입력시키지 못하는 경우도 있기 때문에 중요한 품목이나 긴급한 품목에 대한 사항은 각군의 오퍼이행관리 부서에 주기적으로 확인해야 한다.

제4장

FMS에서의 절충교역

1. 미국의 절충교역 역사
2. FMS의 절충교역 정책
3. FMS 절충교역 분석
4. 효율적인 FMS 절충교역 추진

현대 무기체계가 첨단화 · 정밀화되면서 구매비용도 고가화되어 해외 무기체계 구매에 소요되는 막대한 국가재정 지출은 구매국 입장에서 큰 부담이 되고 있다. 따라서 무기체계를 구매하는 반대급부로 수출국으로부터 선진 국방과학기술을 이전받거나 고용창출 · 산업발전 등 경제적인 이점을 제공받아 재정적인 부담을 상쇄시키기 위한 대안으로 절충교역이 매우 유용한 제도로 인식되면서 세계 방산시장에서 절충교역에 대한 요구가 증가하고 있는 추세이다. 우리나라의 방위사업법 제3조에서는 절충교역을 "국외로부터 무기 또는 장비 등을 구매할 때 국외 계약 상대방으로부터 관련 지식 또는 기술 등을 이전받거나 국외로 국산 무기 · 장비 또는 부품 등을 수출하는 등 일정한 반대급부를 제공받을 것을 조건으로 하는 교역"으로 정의하고 있으며, 미국의 무기수출통제법(AECA: Arms Export Control Act) 및 국제무기거래규정(ITAR: International Traffic in Arms Regulation)에서는 "군수품 및 관련 용역의 정부 간 또는 정부와 민간업체 간의 무기조달 계약조건으로 실행되는 산업 및 교역과 관련된 반대급부"로 절충교역을 정의하고 있다.

우리나라 절충교역 제도의 변천과정은 〈자료 4-1〉에서 보는 바와 같다. 방위산업 육성 및 발전을 목적으로 1982년에 「구(舊) 방위산업에 관한 특별조치법」에 근거하여 절충교역 제도를 도입한 이후, 1983년 전투기 구매사업 등 초창기에는 대형사업 위주로 절충교역을 추진하였다. 그러나 당시 국내의 취약한 방산 기반으로 인하여 방산업체의 제조 · 수출 물량확보를 통한 고용안정과 경제성장을 촉진하는 경제적 효과가 우선 고려되어 부품제작 및 정부 권장품목을 포함한 상품수출에 역점을 두어 추진[1]되었다. 1990년대에 들어와서는 국내 독자적인 무기체계 연구개발

1 초창기 절충교역은 정부 차원의 수출 확대를 위해 자동차, 섬유, 화학, 기계류 제품 등 위주로 시행하였으며, 1984년 우리나라 최초로 자동차의 캐나다 수출도 절충교역을 통해 시작되었다. 당시 지역접근 관제레이더를 캐나다 레이시언으로부터 구매하면서 절충교역으로 포니 자동차 1,000여 대를 수출하였으며 이를 통해 국산 자동차의 선진국 시장 진출 교두보를 확보하는 계기가 되었다(당시 계약금액 1,900만 2,000달러에 대하여 110%의 절충교역 비율을 적용하였다).

구분	시기	내용
법령체계	1982. 7	국방부 훈령 제245호
	1987. 11	방위산업에 관한 특별조치법 제21조(군사절충교역)
	2006. 1	방위사업법 제20조(절충교역)
중점정책	1983~1986	국내 상품의 국외수출
	1987~1990	정부 권장상품 수출, 방산업체 생산기반 구축
	1991~1999	핵심기술 확보
	2000~	핵심기술 이전, 부품생산 수출, 군수지원요소 확보 등
적용대상	1983~1984	대규모 사업
	1985~1988	국외구매 100만 달러 이상
	1989~1991	국외구매 200만 달러 이상
	1992~1996	국외구매 500만 달러 이상
	1997~	국외구매 1,000만 달러 이상
적용비율	1983~1987	계약금액의 50% 이상
	1988~1989	미국 30%, 기타 국가 50% 이상
	1989~2009	계약금액의 30% 이상
	2009~2011	경쟁 시 50%, 비경쟁 시 30% 이상
	2011~2013	경쟁 시 50%, 비경쟁 시 10% 이상(기타: 심의회 결정)
	2013	탄력적으로 적용: 상업구매는 경쟁(50% 이상), 비경쟁(10% 이상), FMS는 심의회에서 결정
	2014~	경쟁 시 50%, 비경쟁 시 10% 이상(기타: 심의회 결정)
관련 조직	1982~1984	각 군별 주관
	1984~1985	국방부
	1986~2005	정책: 국방부 / 집행: 조달본부
	2006~	방위사업청

자료 4-1 절충교역 제도의 변천과정

에 대한 요구가 커지면서 기술이전을 통해 국방핵심기술(무기체계 설계, 생산/제작, 시험평가 관련 각종 기술자료 및 교육)을 우선적으로 확보토록 정책을 변경하여 기술 획득 위주로 절충교역을 추진하였다. 2000년대 이후에는 국방핵심기술 획득과 더불어 이를 통해 개발된 부품 등의 수출물량 확보를 추진하는 등 지속적인 제도발전을 통해 절충교역을 확대해왔다.

실제 절충교역을 통해 획득된 핵심기술은 국내 무기체계 및 장비의 연구개발에 활용되어 국내 연구개발 능력을 향상시켰으며, 수출물량 확보를 통한 방산업체 가동률 향상 및 국내 방산기반 강화 등에 기여하였다. 대표적인 사례로 F-16 전투기를 구매하면서 절충교역으로 확보된 핵심기술을 활용하여 개발한 T-50 고등훈련기의 경우 인도네시아, 필리핀, 이라크의 3개국에 수출하였으며, 2013년 기준 해외 무기체계 수출사상 단일품목으로는 최고의 수출금액을 기록하였다.

(단위: 백억 원)

구분(연도)		2009년	2010년	2011년	2012년	2013년	계
계		197	193	147	242	636	1,415
미국	FMS	95(48%)	70(36%)	57(39%)	119(49%)	446(70%)	787(56%)
	상업	40(20%)	98(51%)	56(38%)	94(39%)	74(12%)	362(26%)
기타 국가		62(31%)	26(13%)	34(23%)	30(12%)	116(18%)	268(19%)

자료 4-2 최근 5년간 국외구매 무기도입 현황[2]

이처럼 우리나라의 경우 과거의 획일적인 해외구매에서 국내 연구개발을 점차 확대하고 있는 추세이며 해외구매도 미국 일변도의 구매에서 독일, 영국, 이스라엘 등 구매선(購買線)을 다변화시키기 위해 노력해왔다. 하지만 〈자료 4-2〉에서 보는 바와 같이 2009~2013년간의 국외구매 무기도입 현황을 보았을 때, 아직도 평균 약 80% 이상을 미국으로부터 구매하고 있으며 미국으로부터 구매하는 무기체계의 약 68%는 FMS를 통해 구매하고 있는 실정이다. 이처럼 FMS가 우리나라 전체 해외구매금액의 평균 약 56%를 차지할 정도로 비중이 높으며, FMS가 일반적인 국제 상거래 관행과는 달리 미국 정부의 내부규정과 절차에 따라 진행되는 점을 고려하여 FMS 절충교역 정책에 대한 충분한 이해를 통해 FMS 구매사업 추진 시 핵심기술 획

2 2014년 방위사업 통계연보(방위사업청, 2014년 8월 20일), pp.146~147

득 등 효율적인 절충교역을 추진해야 할 것이다. 또한 정부 주도 수출제도에 있어서 절충교역이 어떠한 형태와 절차로 진행되고 있는지 구매국으로서뿐만 아니라 방산 수출국 입장에서 살펴봄으로써 향후 우리의 정부 주도 수출제도를 통한 수출 활성화에 기여하고자 효율적인 절충교역 추진방안에 대한 실마리를 찾고자 한다.

1. 미국의 절충교역 역사[3]

제2차 세계대전(1939~1945) 이후 구소련과의 냉전 속에서 이에 대응하기 위하여 유럽 우방국에 대한 경제 · 군사적 지원 강화 필요성이 부각되면서 미국은 우방국에 대하여 무상 군사원조(Military Assistance Program)와 함께 경제 재건을 지원하기 위한 기술이전을 적극적으로 추진하였다. 초기의 직접적인 군사원조는 1950년 후반부터 미군 장비에 대한 면허생산(Licensed Production)을 통한 기술이전으로 발전되었으며 이에 따라 미국 정부는 미군의 F-86 및 F-104 전투기, M113 장갑차 등을 서유럽에서 면허생산으로 제작토록 하였다. 이 당시까지만 해도 경제적 이익보다는 안보 측면에서 미군의 장비와 과학기술을 유럽 우방국에 적극 지원하였으나, 1960년대에 들어서 유럽경제가 회복되고 미국의 재정적자가 확대되면서 케네디 대통령은 이러한 불균형을 시정하기 위해 1961년에 기존의 대외 안보지원정책을 대폭적으로 수정하였다. 이에 따라 경제력이 회복된 우방국에 대해서는 기존의 무상지원을 유상지원으로 전환하여 당시까지만 해도 미국 정부가 부담하던 미군의 독일 주둔비용을 해결하기 위하여 독일 정부에 미국의 무기를 구매하도록 압력을

---

3 Bernard Udis and Keith E. Maskus, "U.S. Offset Policy," in The Economics of Offsets, ed. Stephen Martin(Amsterdam: Harwood Academic Publishers, 1996), pp.358~360; 절충교역 제도 개선방안 연구(안보경영연구원, 2007년 10월), p.17

행사하여 주둔 비용의 약 80%를 상쇄(Offset)할 수 있었다. 하지만 이후 서유럽 국가들이 미국의 무기체계를 구매하면서 절충교역을 요구하는 단초를 제공하는 계기가 되었다. 1975년 스위스의 F-5 전투기 구매 및 네덜란드 · 노르웨이 · 덴마크 · 벨기에 컨소시엄의 F-16 전투기 구매가 바로 그러한 사례로 미국은 무기판매에 대한 반대급부로 절충교역을 요구하는 구매국에 응하지 않을 수 없었다. 특히, F-5 전투기 판매의 경우 계약업체가 절충교역을 이행하지 않을 시 미국 국방부가 모든 책임을 지는 것으로 보증하였다. 이후 미국의 절충교역은 정부 차원에서 해외의 방산수출을 촉진하기 위한 수단으로 권장되는 등 규모가 지속적으로 확대되었다. 전 세계적으로 1960년대에는 약 15개국 정도만이 절충교역을 추진하였으나 1990년에 100여 국가를 넘어선 이후 현재는 130개국 이상의 국가에서 이를 적극적으로 활용하고 있다. 이처럼 절충교역 규모가 커짐에 따라 절충교역 비율 및 범위 등에 대한 구매국의 확대 요구가 나날이 거세어졌으며, 미국 내부에서는 첨단 국방과학기술의 해외유출 및 이에 따라 장기적으로 방산수출 경쟁력 약화 등 부작용에 대한 우려가 대두되었다. 절충교역을 통해 구매국의 해외기업에 기술을 이전해준 이후 미국 방산업체와 장기적인 협력관계로 발전하게 되는 경우 미국 내 다른 업체의 참여기회가 제한되고, 기술이전을 계기로 구매국의 연구개발 투자를 확대함으로써 장기적으로는 방산수출 경쟁국을 양산함으로써 미국의 경제적 산업기반을 악화시킬 수 있다는 것이다. 결국 의회는 1984년에 대통령이 국방물자, 장비/용역의 수출과 관련된 절충교역이 자국의 방위산업 및 고용에 미치는 영향을 분석하여 매년 의회에 보고하도록 의무화[4]하였으며, 1989년에는 방산업체의 해외경쟁력은 유지하면서 절충교역의 부작용을 최소화할 수 있도록 포괄적인 절충교역 정책을 수립하도록

4 수출통제법(AECA) 36조에서는 FMS 및 DCS를 통해 해외에 무기를 수출하는 경우 절충교역 협의 내용을 반드시 의회에 통보하도록 규정하고 있다. 이에 따라 상무부 산업보안국(Bureau of Industry and Security)에서 방산업체의 전년도 절충교역 실적을 조사하여 해마다 의회에 보고하고 있다.

대통령에게 요구하였다. 이듬해 4월 부시 대통령은 이러한 의회의 요구를 수용하면서도 기존의 FMS 제도를 통한 방산수출을 유지하기 위하여 미국 정부는 FMS에 있어서 방산업체에 절충교역을 권장하거나 위탁하는 등의 어떠한 관여도 하지 않을 것임을 대내외적으로 공포하였다.

2. FMS의 절충교역 정책

이러한 역사적 배경 하에서 미국은 세계 방산시장의 최대 수출국가로서 판매국 시각에서 절충교역을 바라보고 있다. 즉, 절충교역을 통한 국방과학기술의 해외유출을 우려하여 절충교역이 외형상 무상으로 지원되는 것처럼 보이나, 실제로는 구매비용에 포함되기 때문에 무기체계의 구매단가를 상승시키고 시장의 건전한 거래를 왜곡시키는 등 경제적 관점에서 비효율적인 거래수단이라는[5] 것을 명분으로 절충교역에 반대하면서도 현실적으로는 심화되는 수출경쟁 속에서 자국 방산업체의 수출경쟁력 강화를 위해 부득이하게 절충교역을 허용하고 있다. 이러한 미국 정부의 입장은 절충교역 정책에도 반영되어 나타나고 있다. 즉, 미국 국방부는 구소련과의 냉전 속에서 우방국에 대한 경제 · 군사적 강화 및 무기수출 촉진 수단으로 절충교역을 적극 활용해왔으나, 핵심기술 이전으로 인한 산업경쟁력 약화에 대한 의회의 우려와 대통령의 불간섭 정책표명에 따라 결국 1991년 '불간섭(Hands off

---

5 Offsets in Defense Trade Seventeenth Study (Department of Commerce Bureau of Industry and Security, February 2013) The U.S. Government policy on offsets in defense trade states that the government considers offsets to be "economically inefficient and trade distorting." and prohibits any agency of the U.S. Government from encouraging, entering directly into, or committing U.S. firms to any offset arrangement in connection with the sale of defense articles or services to foreign governments.

Approach)'을 FMS 절충교역 정책으로 채택한 이후 국방부 및 예하 조직이 절충교역에 일체 관여하지 않는 것을 원칙으로 하고 있다.

자료 4-3 FMS 절충교역 정책: 'Hands off Approach'

3. FMS 절충교역 분석

1) 계약 당사자

절충교역이 구매계약에 대한 반대급부로 계약 당사자 간 체결되는 합의임을 고려할 때 구매계약 및 이에 대한 절충교역의 당사자가 동일한 것이 일반적이다. 실제 DCS의 경우에는 구매국 정부와 해외 방산업체가 구매계약 및 절충교역 계약 당사자로 동일하지만 FMS에서의 절충교역 당사자는 FMS 구매계약 당사자와 다르다. FMS가 정부 간 구매계약인 점을 고려하면, 미국 및 구매국 정부가 절충교역 계약 당사자가 되어야 할 것이다. 또한 미국 정부가 구매국을 대리하여 계약관리를 하는 측면에서는 미국 정부와 방산업체가 FMS 절충교역의 계약 당사자가 될 수 있을 것이다. 하지만 FMS 절충교역 정책을 불간섭 정책(Hands Off Approach)으로 변경한 이후 미국 정부는 FMS 구매사업에 대한 절충교역에 일체 관여하지 않을 것임을 천명하여 정부는 절충교역 당사자가 아니며, 구매국과 계약업체와도 직접적으로 어떠한 계약관계도 없음을 분명히 하고 있다. 따라서 FMS에서의 절충교역은 주 계약 당사자 상호 간에 체결되는 것이 아니라, 구매국 정부와 미국의 방산업체 상호 간에 체결되고 있는 실정으로, 구매계약 반대급부로 계약 당사자 간에 체결되는 통상적인 형태의 절충교역과는 달리 FMS에서는 구매계약 당사자와 절충교역 계약 당사자가 상이하다.

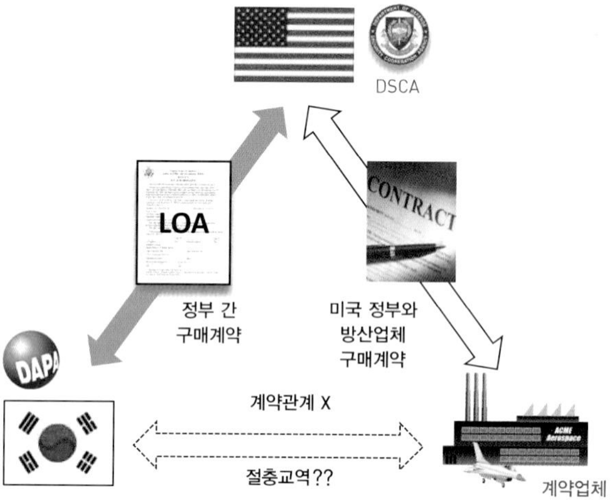

자료 4-4 FMS 및 절충교역 계약

〈자료 4-4〉는 이를 쉽게 설명하고 있다. FMS 주 계약에서는 구매국과 미국 정부가 계약 당사자이며, 구매국을 대리하는 미국 정부는 방산업체와 계약관계에 있다. 결국 구매국과 미국 계약업체와는 직접적인 계약관계에 있지 않기 때문에 FMS 구매계약에 대한 반대급부, 즉 절충교역을 강제하기 어렵다. 절충교역 초기였던 1961년 F-5 전투기 판매 당시 미국 정부는 해외 무기체계 수출을 촉진하기 위하여 자국 방산업체에 대한 절충교역 보증인(Guarantor)[6] 역할뿐 아니라 이행에 대한 책

6 Bernard Udis and Keith E. Maskus, "U.S. Offset Policy," in The Economics of Offsets, ed. Stephen

임까지도 부담하는 등 적극적이었으나, FMS 절충교역 정책을 변경한 후에는 정부는 더 이상 절충교역 당사자가 아니며 이를 계약업체에 강제할 어떠한 권한도 책임도 없다는 소극적인 입장으로 돌아섰다.

2) 무상지원

외형적으로 절충교역은 계약업체가 구매국에게 무기체계 구매에 대한 반대급부를 무상으로 제공하는 것이지만, 계약업체 내부적으로는 절충교역 비용을 스스로 감수하여 이윤의 폭을 줄이거나 구매국이 알지 못하게 판매단가에 포함시켜 높은 금액으로 계약을 체결함으로써 절충교역 비용을 상쇄하는 수밖에 없다. 하지만 이윤 극대화가 목표인 방산업체의 특성을 고려할 때, 대부분 절충교역 비용을 자체적으로 부담하여 이윤을 줄이기보다는 절충교역 비용을 생산원가에 포함시켜 결과적으로 단가를 높임으로써 구매자에게 비용을 전가하는 방법을 택하려 할 것이다.[7] 절충교역에 대한 미국 정부의 연구 결과[8]에 따르면, 절충교역 이행관리를 위해서는 기본 계약금액의 약 2~10% 수준의 비용이 소요되는 것으로 평가되었으며, 이에 따라 미국 정부는 절충교역이 궁극적으로는 미군 또는 다른 구매국의 구매가격에 영향을 줄 것으로 판단하고 있다. FMS는 구매국 및 미군의 소요통합을 통해 저가로 구매하는 것을 목적으로 하지만, 구매국에 절충교역을 제공하는 경우 계약업체는 이

Martin(Amsterdam: Harwood Academic Publishers, 1996), 359 In the Swiss F-5 case, the U.S. Department of Defense agreed to act as guarantor for the offser commitments entered into by the major U.S. prime contractors.

7 실제로 DCS에 있어서도 절충교역의 무상 여부에 대한 논란이 있으나, 가격정보가 투명하게 구매국에 제공되지 않기 때문에 정확한 내용은 확인이 불가하고, 다만 절충교역 이행에 따른 비용이 결국 구매금액으로 전가되고 있을 것으로 추정하고 있을 뿐이다.

8 미국 대통령위원회 보고서(2001)

를 생산단가에 포함시켜 결과적으로 미군을 포함한 모든 구매국에 간접적으로 비용을 전가함으로써 절충교역 비용을 상쇄할 수 있기 때문이다. 이에 따라 절충교역으로 인해 발생한 모든 비용은 절충교역을 제공받는 구매국의 부담으로 계약업체에 직접 보상해주는 것으로 1995년에 새로운 지침[9]을 마련하여 이전에는 방산업체가 절충교역을 수행하는 데 소요되는 행정비용(Administrative Costs to Administer Specific Requirements of its Offset Agreement)만 보상해주던 것을 이후에는 절충교역 이행에 소요되는 모든 비용까지 보상해주고 있다.

실제로 미국 정부는 오퍼 작성단계에서 방산업체가 절충교역 비용을 오퍼금액에 포함시킬 수 있도록 허용함으로써 이를 보상해주고 있으며, 오퍼 수락 이후에 구매국에서 요구된 경우라도 사후에 오퍼 수정 및 개정을 통해 절충교역 비용을 반영해주고 있다.[10] 오퍼 수락 시점에 절충교역 비용이 포함되어 있지 않더라도 FMS 대금정산이 계약종결 시점에 이루어지는 사후정산이며 경미한 오퍼금액의 변경은 구매국의 동의 없이 미국 정부에 의해 일방적으로 수정(Modification)될 수 있기 때문에 절충교역 비용은 구매국이 인지하지 못하는 순간에 언제든지 포함될 수 있는 것이다. 따라서 외형상 미국 정부와는 별개로 계약업체와의 협의를 통해 무상으로 절충교역을 획득하였다 하더라도 미국의 모든 방산업체는 법에 의해 반드시 절충교역 내용을 정부에 통보하도록 규정되어 있으며 절충교역 비용을 오퍼금액에 포함

---

9 Office of the Under Secretary of Defense MEMORANDUM(1995년 5월 31일) Proposed Change to DFARS 225. 7303-2(a)(3), Offset Administration Costs.

10 DSCA MEMORANDUM 00-01(2000년 1월 19일) "Inclusion of Offset Costs in Letters of Offer and Acceptance" Offset costs should be included as part of the line item(s) unit cost in P&A data and in estimated prices quoted in the LOAs. … When the USG anticipates a noncompetitive procurement, it is the contractor's responsibility to inform the implementing agency when estimated offset costs have been included in the FMS pricing information provided. The costs should be included as early as possible but before submittal of the LOA. Requests to include these costs after LOA acceptance will require an LOA modification or amendment.

하여 보상해주기 때문에 FMS에서의 절충교역은 실제로는 유상으로 구매하는 것과 같다고 할 수 있겠다.

3) 절충교역 비용

FMS 거래에 있어서 구매국에 제공되는 오퍼에는 절충교역 비용이 별도로 명시되어 있지 않다.[11] 미국 정부는 일반적으로 구매국 정부에서 절충교역 비용을 오퍼에 명시하는 것을 원하지 않고 있기 때문이라고 주장[12]하고 있으나, 궁극적으로는 절충교역이 오퍼 구매대금에 포함되지 않고 무상으로 제공되는 것처럼 보이게 함으로써 구매국의 거부감을 해소시키기 위한 것이 주된 목적일 것으로 판단된다. 실제로 오퍼에는 절충교역 비용이 단가에 포함되기 때문에 구매국이 오퍼를 통해 절충교역 비용을 식별하는 것은 불가능하다. 미국 정부는 구매국에서 오퍼(LOA)에 절충교역 비용이 포함되었는지 여부를 문의하는 경우에 한하여 알려주고 있기는 하지만, 이 경우에도 얼마나 어떻게 반영되었는지 등 세부내용은 공개하지 않고 있어[13] 단지 절충교역 이행에 따른 관리비용이 기본계약금액에 포함하는 것으로 추정만 할 뿐이다.

---

11 SAMM C6.3.9.1. Offset Costs. Offset costs, provided by industry, should be included as part of the line item(s) unit cost in P&A data and in estimated prices quoted in the LOAs.

12 일부 국가에서는 미국에서 무기체계를 구매하면서 막대한 국방비 지출에 대하여 미국 정부로부터 반대급부를 받아냈다고 홍보하기 위한 목적으로 오퍼에 절충교역 비용이 명시되는 것을 원하지 않는다.

13 SAMM C6.3.9.3. Disclosure of Offset Information. It is inappropriate for USG personnel to discuss with the purchaser the nature or details of an offset arrangement. However, if known, the fact that offset costs have been included in the P&A or LOA price estimate may be confirmed, should the purchaser inquire. … IA involvement in any discussion of offset costs (beyond confirmation of the inclusion of these costs in price estimates) must be avoided.

4) 가치평가의 신뢰성

절충교역 비용은 절충교역 가치[14]에 의해 결정되며 구매국 전문기관 등의 검토 및 평가를 통해 확정된다. 이처럼 구매에 대한 반대급부로 제공되는 절충교역에 대한 금전적인 가치를 평가하는 과정을 '기술가치 평가'라고 한다. 기술개발에 소요된 비용 또는 그 기술을 활용한 제품생산을 통해 기대되는 이익 등을 고려하여 무형의 기술가치를 금액으로 평가해야 하기 때문에 통상적으로 구매국의 전문기관이 수행하고 있다. 우리나라는 국방기술품질원[15]에서 통상 3주 이상의 검토기간을 거쳐 객관적인 가치를 평가하고 있으며, 요구수준을 충족할 시 절충교역을 포함한 무기체계 구매계약을 체결하고 있다. 절충교역을 제공하는 계약업체가 절충교역 가치에 대한 의견을 제시하기는 하지만, 최종적으로는 구매국이 절충교역 가치평가에 대한 결정권을 가지고 있다.

하지만 FMS 절충교역에 있어서는 구매국에 가치결정에 대한 주도권이 없다. 비록 내부적으로 사업을 추진하는 과정에서 구매국의 필요에 의해 자체적으로 기술가치를 평가하지만, 실제 오퍼에는 구매국의 의지와는 무관하게 미국 계약업체 자료에 따라 미국 오퍼발행기관에서 평가한 가치평가 결과가 반영되며 구매국은 심지어 무엇이 어떻게 평가되어 반영되었는지를 알 수 없다. 왜냐하면 대외적으로 미국 정부는 구매국과 절충교역과 관련된 어떠한 논의도 하지 않으려고 하기 때문이다. 현실적으로 FMS 절충교역의 기술가치는 전적으로 기술을 보유한 미국 내 계약업체의 의견을 대부분 반영하지 않을 수 없고, 구매국은 가치평가 결과를 확인할 수

---

14 절충교역 가치: 'Offset Value' 또는 'Offset Credit' 등으로 불리고 있으며, 해외업체에 제공해야 하는 절충교역 의무를 측정하고 표시하기 위해 사용하는 단위를 말한다. 화폐단위로 표시되지만, 실제 현금과 동등한 가치로 보기는 어렵다.

15 절충교역 가치평가는 국방기술품질원으로 단일화되었으나, 필요 시 국가과학기술연구회 및 외부 전문기관을 활용하여 평가 가능하다.

조차 없기 때문에 실제보다 절충교역 기술가치가 부풀려질 수 있는 위험이 도사리고 있다.

5) 법적 유효성

절충교역 계약은 통상 주 계약의 일부로서 효력을 발휘하게 된다. 즉, 구매계약에 대한 반대급부이다. 하지만 미국 정부는 FMS 구매국이 계약업체와 별도의 절충교역 계약을 체결했더라도 이는 주 계약인 오퍼와는 독립적인 별도의 계약[16]임을 분명히 하고 있다. 즉, 절충교역 합의는 법적 구속력이 없는 구매국과 방산업체 간의 계약이라는 것이다. 오퍼와는 달리 미국 정부와 방산업체의 구매계약은 FMS 구매국과 명시적인 계약관계가 전혀 없기 때문에 절충교역 계약의 유효성에 대한 의문이 제기될 수 있다. 미국 방산업체가 신의의 측면과 함께 실익, 즉 미국 정부가 오퍼금액에 그 비용을 보상해주고 있기 때문에 절충교역을 이행하고 있지만, 일방적으로 절충교역을 이행하지 않거나 성실하게 이행하지 않는 경우 법적으로 이를 해결할 근거가 미약하다고 할 수 있다. 실제로 절충교역 비용이 오퍼금액에 포함된 경우라도 절충교역이 이행되지 않는 경우 방산업체가 절충교역을 이행하도록 강제하는 것은 전적으로 구매국 책임이며, 미국 정부는 일체의 책임을 지지 않는다는 것을 분명히 하고 있다. 결론적으로 미국 정부가 보증하는 FMS 구매계약과는 달리 절충교역은 구매국과 미국 내 계약업체 간의 비공식적인 협정이라고 할 수 있다.

---

16 http://www.acq.osd.mil/dpap/cpic/ic/offsets_of_foreign_military_sales.html(Defense Procurement and Acquisition Policy) If the FMS customer and the contractor have signed a separate agreement, it remains distinct and independent of the LOA and the contract. This holds true regardless of whether the FMS requirement is purchased on a competitive or sole source basis.

6) 절충교역 협상력

통상적으로 구매국의 입장에서 구매력(Buying Power)을 통해 협상력을 발휘하여 유리한 조건의 계약을 체결하기 위해서는 다수 경쟁기업들이 포함된 경쟁구도가 형성되어야 한다. 이러한 경쟁구도 속에서 절충교역을 통해 양질의 기술 및 더 많은 기술가치를 획득할 수 있을 것이다. 하지만 우리나라의 경우 사업추진기본전략에서 구매로 확정되면 구매계획서를 작성하는 과정에서 FMS 또는 상업구매[17] 여부가 결정되는데, FMS로 결정된 경우에는 비경쟁으로 사업을 추진할 수밖에 없기 때문에 구매력을 바탕으로 한 협상력을 발휘할 수 없다. 결과적으로 미국 입장에서는 경쟁대상이 없는 상황에서 구매국에 유리한 절충교역 협상방안을 제안할 이유가 없다. 실제로 과거 FMS 구매사업을 추진할 때 절충교역 비율을 높게 책정하여 때로는 사업을 지연시키는 주된 원인이 되기도 했다. 그러므로 절충교역 비율을 충족시키기 위해 무리하게 추진하지는 않았는지 되짚어볼 필요도 있을 것이다. 지금은 FMS 절충교역 추진의 어려움으로 인하여 절충교역 비율도 경쟁방식의 상업구매인 경우 50% 이상으로 추진하는 데 반해 대부분의 FMS는 비경쟁으로 추진되어 10% 수준의 낮은 비율로 체결되고 있는 실정이다.

4. 효율적인 FMS 절충교역 추진

앞서 살펴본 바와 같이 미국 정부는 세계 무기시장에서의 자국 방산업체의 경쟁력 강화를 위해 대외적으로는 Hands-Off 정책을 표명하면서 부득이하게 FMS에서

---

17 상업구매는 앞서 살펴본 직접상업판매(DCS)와 동일한 수출방식이지만, 우리나라에서는 상업구매로 용어를 통일하여 사용하고 있다.

의 절충교역을 허용하고 있으나, 내부적으로는 의회 및 정부 차원에서 절충교역 실적을 모니터하고 그 비용을 구매단가에 포함시키는 다소 이중적인 태도를 취하고 있다. 따라서 고가의 무기체계를 구매에 대한 무상 반대급부라는 측면에서는 FMS 절충교역은 사실상 실익이 없다고 할 수 있다. 그렇다면 FMS 구매 시 절충교역을 완전히 배제해야 할까? 〈자료 4-5〉는 1993년부터 2011년까지 FMS 구매국의 절충교역 추진현황으로, 현재도 많은 국가들이 미국으로부터 절충교역을 추진하고

Table 2-1: Summary of Defense Export Sale Contract Valts, 1993-2001

Year	Contract Value ($millions)	Offset Agreement Value($millions)	Percent of Offset Agreement to Contract Value(%)	Countries (Number)
1993	13,935.00	4,784.43	34.33	16
1994	4,792.42	2,048.72	42.75	20
1995	7,529.92	6,102.58	81.04	18
1996	3,119.67	2,431.62	77.94	19
1997	5,925.47	3,825.53	64.56	20
1998	3,029.20	1,768.15	58.37	17
1999	5,656.62	3,456.89	61.11	11
2000	6,576.21	5,704.81	86.75	16
2001	7,116.00	5,549.55	77.99	13
2002	7,406.23	6,094.81	82.29	17
2003	7,293.05	9,110.44	124.92	13
2004	4,927.51	4,329.69	87.87	18
2005	2,259.87	1,464.13	64.79	18
2006	5,088.53	3,573.91	70.23	21
2007	6,735.74	5,437.57	80.73	19
2008	6,286.16	3,664.43	58.29	17
2009	10,700.53	6,696.44	62.58	21
2010	3,524.81	2,200.77	62.44	14
2011	10,764.62	5,481.60	50.92	27
Total	122,667.56	83,726.09	68.25	47

Source: BIS Offset Database
Note: Due to rounding, totals may not add up exactly. Figures for certain previo

자료 4-5 미국 상무부 산업안보국(BIS) 절충교역 성과보고서(1993~2011)

있음을 보여주고 있다.

미국을 비롯한 대부분의 선진국에서는 첨단기술에 대한 장벽을 높이는 추세이며, 특히 국방 분야의 핵심과학기술은 국가의 존립과도 연계되기 때문에 통제를 더욱 강화하는 가운데 절충교역이 아직도 최첨단 무기체계로 무장된 군사강국 미국과의 기술교류, 협력을 포함한 첨단 국방과학기술을 이전받을 수 있는 유용한 통로로 인식되고 있기 때문인 것으로 판단된다. 설령 유상이라 하더라도 FMS 절충교역을 통해 미국의 유수한 방산업체에서 첨단 국방과학기술을 이전받아 국내 무기체계를 독자적으로 연구개발하고 방산수출로 이어지는 선순환 구조를 구축함으로써 방위산업 경쟁력과 국방력을 강화할 수 있는 유용한 수단인 것은 분명하다. 세계적으로 호평을 받고 있는 T-50의 개발이 절충교역 기술이전을 통해 시작되었음을 생각할 때 FMS 절충교역도 적극적으로 추진할 만한 충분한 가치가 있다고 생각된다. 따라서 우리는 미국 정부의 FMS 절충교역에 대한 정확한 이해를 통해 효율적인 절충교역 추진방안에 대하여 고민해야 할 것이다.

1) 절충교역 공식화

구매국과 미국 계약업체는 직접적인 구매계약 당사자가 아니므로 FMS 구매계약에 대한 반대급부, 즉 절충교역을 강제하기 어렵다. 미국 정부도 내부적으로는 방산업체의 절충교역 내용을 반드시 정부에 신고하도록 법으로 규제하고 비용도 보상해주면서 외부적으로는 절충교역에 일체 관여하지 않고 계약업체와 구매국 사이의 합의로 간주하는 이중적인 태도를 취하고 있다. 따라서 앞서 살펴본 바와 같이 FMS 절충교역이 결국은 물지대금에 포함되기 때문에 오퍼 수락 이후에 미국 계약업체가 임의로 반영하도록 하는 것보다는 오퍼 수락 이전 단계에서 절충교역을 공식화하여 오퍼에 반영함으로써 적정한 기술가치 평가 결과를 반영하고 계약업체에 절충교역 이행을 강제하는 방안도 함께 강구되어야 할 것이다. 즉 주 계약업체[18]와 협상을 진행하여 절충교역을 확정한 이후에 이를 오퍼요청서에 포함하여 미국 정부에 요청하며, 더불어 절충교역 가치가 과도하게 평가되지 않도록 최소한 구매국과 합의된 적정 기술가치 평가 결과를 반영하도록 해야 한다. 특정 업체와의 절충교역이 필요하거나 다수 경쟁업체로 인하여 주 계약업체의 식별이 제한되는 경우 필요 시 미국 정부에 특정 업체를 계약업체로 지정해줄 것을 요청(Sole Source Request) 하여 절충교역을 추진할 수 있다. 하지만 이 경우 해당 구매국의 구매물량은 미군 및 구매국들의 통합물량과는 별도로 비경쟁계약으로 추진되기 때문에 통합구매로 인한 저가구매의 혜택도 누리지 못하면서 절충교역 비용도 부담해야 하는 경우도 발생할 수 있기 때문에 충분한 검토를 통해 추진되어야 할 것이다.

2) 선별적 · 탄력적 절충교역

대형 할인마트에서 사은품을 제공하는 경우 소비자는 사은품을 무료라고 착각하여 직접 현금을 지불하고 구매하는 때와는 다소 상이한 소비패턴을 보이는 경우가 있다. 꼭 필요하지 않지만 사은품 금액을 채우기 위해 선택하기도 하고, 공짜라는 생각에 현금으로 구매할 때보다 덜 꼼꼼히 따지기도 한다. 대부분의 경우 판매자는 판매촉진을 위해 이윤의 폭을 줄이거나 사은품 가격을 제품가격에 반영하여 책정하였을 것이다. 절충교역을 사은품에 비유한다면, FMS의 경우 이윤의 폭을 줄이

18 FMS는 저가구매를 위해 경쟁계약을 우선 추진하기 때문에 오퍼가 제공되는 시점을 전후하여 계약업체가 식별되며 때로는 오퍼 수락 이후에 계약업체가 최종 결정되는 경우도 있어 이 경우 절충교역이 제한되지만, 주요군사장비(Major Weapon System)의 경우에는 주 계약업체가 사전에 지정된 경우가 많기 때문에 오퍼요청서를 작성하기 이전 단계에서 주 계약업체와 협상을 진행하여 절충교역을 확정한 이후에 오퍼요청서에 이를 포함하도록 요구할 수 있다. 하지만 제안요청 · 가치평가 · 협상 · 합의각서 체결 등 절충교역 절차에 많은 시간이 소요되므로 이로 인하여 사업이 지연되지 않도록 충분한 기간을 두고 추진되어야 할 것이다.

는 것이 아니라, 제품단가에 사은품 가격을 포함시키고 있는 것과 마찬가지라고 할 수 있다. 미국은 연방획득규정(Federal Acquisition Regulation)에 따라 어떠한 경우라도 방산업체에 적정한 이윤을 보장해주고 있으며, 절충교역 비용도 보상해주고 있기 때문에 미국 방산업체 입장에서 FMS 절충교역은 단기적으로는 소위 꿩 먹고 알 먹는 경우가 될 수도 있다.[19] 따라서 FMS 절충교역은 과거와 같이 반대급부로 받는 무상이 아니라 주 계약과 같이 유상으로 기술을 구매한다는 생각으로 반드시 필요한 핵심기술만 선별하여 적정 비용을 확보하도록 추진되어야 할 것이다. 이를 위해 사업추진 초기에 절충교역 비율을 확정하여 반드시 이를 충족하도록 하기보다는 절충교역 협상대안의 내용과 그 평가가치를 판단한 후 긴요한 핵심기술만을 선별적으로 선택하고 절충교역 비율도 탄력적으로 조정할 수 있도록 해야 한다. 절충교역 비율을 확정하는 경우 필요한 절충교역 협상대안들이 제안되지 않으면 본 사업의 지연을 초래하게 되고 동시에 비율을 충족시키기 위해 불요불급하지 않은 협상대안까지도 수용하게 될 수 있다. 따라서 FMS에 있어서는 반드시 절충교역 비율을 충족하도록 고집할 것이 아니라, 협상방안에 대한 질적인 평가를 바탕으로 반드시 필요한 국방과학기술을 선별적으로 선택하고 적정비용을 지불함으로써 오히려 실질적이고 현실적인 기술획득 수단으로 활용할 수 있을 것이다. 따라서 최종적인 기종 결정 과정에서 FMS 절충교역은 규정된 비율을 충족하였는지보다는 유상으로 구매할 가치가 있는 필요한 기술을 획득하였는지, 앞으로 어떻게 활용할 것인지에 대한 검토가 집중되어야 할 것이며 이때 기술가치에 대한 평가도 함께 검증되어야 할 것이다. 미국 정부는 규정에 의해 구매국에서 절충교역이 오퍼금액에 포함되었는지에 대하여 문의하는 경우 이를 알려주도록 되어 있으므로 오퍼 수락 이전에 반

19 단기적으로는 무기체계와 더불어 관련 기술에 대한 비용을 FMS 구매국으로부터 받는다는 측면에서 방산업체 입장에서 이익이지만, 장기적으로는 첨단 국방과학기술 해외유출 및 방산수출 경쟁력 약화 등을 초래할 수 있기 때문이다.

드시 확인해야 한다. 만약 절충교역이 포함되었다는 답변을 받는 경우 오퍼금액에는 절충교역이 포함되었을 것이며, 반대의 경우 미국 방산업체와 협의된 기술가치 평가금액이 오퍼에 추가로 반영될 것이므로 현재의 오퍼와 추후 개정오퍼를 비교해보면 개략적인 기술가치 평가금액이 검증될 수 있을 것이다.

3) 핵심기술 및 방산수출 기술 위주로 추진

FMS 절충교역은 미국 정부가 계약업체의 절충교역 비용을 모두 보상해주는 유상구매로 무상 반대급부인 절충교역의 범주로 보기 어려우며, 따라서 FMS에서의 절충교역은 반대급부로 무상으로 획득되던 기존의 개념과는 다른 전략적으로 접근하는 자세가 요구된다. 즉 상업구매의 절충교역 협상방안[20] 중에서 국내 연구개발에 필요한 핵심적인 국방과학기술, 획득대상 무기체계 조립생산 참여 및 기술이전을 통한 부품제작 · 수출 등에 중점을 두어 중 · 장기적으로 국내 무기체계 독자적인 연구개발 및 방산수출의 선순환구조를 구축함으로써 방위산업 경쟁력과 국방력을 강화하는 방향으로 추진되어야 할 것이다. 해외에서 구매하는 경우 대부분 단기간에 국내 연구개발로 획득이 어려울 것으로 판단된 무기체계인 만큼 절충교역

20 절충교역 지침(방위사업청 예규 제254호, 2014년 9월 11일) 제13조 협상방안 수립 ① 국장은 규정 제235조 제1항에 따라 절충교역 협상방안 작성지침을 관련된 부서, 기관 및 업체 등에 통보하여 협상방안의 제출을 요청한다. ② 국장은 다음 각 호에 해당하는 사항을 고려하여 협상방안을 수립한다. 다만, 제9호 및 제10호는 제1호부터 제8호까지 중 어느 하나에 해당하는 조건을 충족한 경우에 인정한다. 1. 국방과학기술 관련 사항의 확보 2. 무기체계 부품 등의 제작 및 수출 3. 무기체계 군수지원 관련 사항의 확보 4. 기존장비의 성능개량 5. 군수품의 수출 6. 외국 정비물량의 확보 7. 주요 개발사업의 공동참여 8. 그 밖에 방위력개선과 관련하여 국익에 기여할 수 있는 사항 9. 국방 절충교역 추천 품목 등 군수품 외의 물자로 산업통상자원부장관, 중소기업청장 추천을 받아 청장이 선정한 물자의 연계 수출 10. 「외국인투자 촉진법」 제2조 제1항 제4호에 따른 외국인투자 중 방위산업의 경쟁력 향상을 위하여 국외업체 단독으로 또는 국내업체(외국인투자기업 제외)와 합작하여 새로운 법인을 설립하는 외국인투자의 유치

을 통해 국내 독자적인 연구개발 기술을 확보하는 기회로 삼아 현재 개발이 진행 중이거나 예정된 사업과 관련된 기술소요를 바탕으로 필요한 국방과학기술을 확보할 수 있도록 집중적으로 추진되어야 할 것이다. 하지만 우리나라 국방과학기술의 발전과 함께 2000년대에 들어서 T-50 고등훈련기, K-9 자주포 등 해외에서의 방산수출이 성과를 거두게 되면서 미국의 기술이전에 대한 통제도 함께 강화되고 있어 미국으로부터의 기술이전은 더욱 어려워질 전망이다. 하지만 앞으로도 전투기 등 항공자산 및 감시정찰 분야에서 FMS 구매소요가 지속될 것으로 예상되기 때문에 이러한 대형사업을 미국으로부터 첨단 국방과학기술을 획득할 수 있는 절호의 기회로 삼아야 할 것이다. 특히 첨단 무기체계의 경우 FMS로만 구매하도록 미국 정부가 제한하는 경우가 많기 때문에 대형사업 추진과정에서 구매력(Buying Power)을 바탕으로 핵심기술 및 방산수출 기술 등을 절충교역으로 획득할 수 있도록 계약 상대방을 압박하되, 절충교역이 유상임을 인식하여 우리나라 국방연구개발과 연계시켜 반드시 필요한 기술 확보에 중점을 두고 추진해야 할 것이다.

4) FMS도 경쟁을 시켜야…

방위력 개선사업은 국내 연구개발을 우선적으로 추진하지만, 국내 기술 수준으로 개발이 어렵거나 해외구매가 더 효율적인 경우에는 해외구매를 추진하고 있다. 선행연구를 통해 사업추진기본전략을 결정하는 과정에서 사업추진방법(연구개발, 구매)을 확정하며, 구매의 경우 구매계획서를 작성하는 과정에서 획득방법(상업구매, FMS, 임차)도 함께 결정된다. 상업구매의 경우 입찰공고를 통해 경쟁구도를 형성하여 50% 이상의 절충교역 비율을 적용하도록 하고 있으나, FMS 같은 비경쟁사업은 절충교역이 제한되고 이로 인하여 기본사업을 지연시킬 수 있기 때문에 절충교역 비율을 크게 낮추거나 필요 시 절충교역 대상에서 제외[21]할 수 있도록 하고 있다. 하지만 FMS 구매의 경우 최첨단 무기체계를 구매하는 경우가 많아 막대한 국방예산이 소요되기 때문에 매우 높은 구매력을 가지고 있음에도 불구하고 사업추진 과정에서 충분한 경쟁여건이 형성되지 않아 유 · 무상 여부를 떠나 구매에 대한 급부로 미국의 첨단 국방과학기술을 획득할 수 있는 기회까지 상실하는 우를 범할 수 있다. 설령 FMS 절충교역 비용이 기본계약 단가에 포함된다 하더라도 해외 방산업체와의 수출경쟁이 심화될수록 더 많은 첨단 국방과학기술을 미국으로부터 획득할 수 있을 것이다.

경쟁을 통하지 않고 내부검토만으로 FMS로 결정한다면 미국 정부에 대한 일종의 특혜라고 할 수 있다. 물론 미국이 최첨단 전략무기체계 등은 FMS로만 판매하도록 제한하는 경우가 많으며 때로는 후속군수지원이나 품질보증 등에 더 많은 비중을 두어 부득이하게 FMS로 구매할 수밖에 없는 경우도 있으나, 본질적으로는 세계 최고 성능의 최첨단 무기체계를 요구함으로써 경쟁구도를 형성하는 것이 제한되는 경우가 대부분이다. 따라서 소요 기획단계에서부터 획득방법을 염두에 두어 경쟁구도를 형성할 수 있도록 하는 전략적인 접근이 필요하다. 즉 처음부터 '세계 최고 수준의 성능'을 요구하여 해외 방산업체들의 경쟁참여를 제한하고 결과적으로 소수 경쟁계약 또는 수의계약으로 비싸게 구매하기보다는 작전수행에 필요한 최소한의 성능으로 요구수준을 완화하여 해외 방산업체들의 경쟁참여를 확대하고 가격인하 및 유리한 구매조건으로 '한반도 작전환경에 최적'인 무기체계를 선택하여 구매할 수 있도록 소요와 획득이 연계된 전략적인 접근이 필요하다. 더불어 사업추진 기본전략 또는 구매계획서 수립단계에서 기존 획득방법(상업구매, FMS, 임차)에 상

21 방위사업법 시행령 제26조 절충교역의 기준(대통령령 제25003호, 2014년 12월 17일) 다음 각 호의 어느 하나에 해당하는 경우에는 절충교역을 추진하지 아니할 수 있다. (중략) 외국정부와 계약을 체결하여 군수품을 구매하는 경우

업구매와 FMS도 경쟁이 가능하도록 추가[22]되어야 할 것이다. 미국 정부가 FMS와 DCS를 상호경쟁시키지 않는 것을 원칙으로 하고 있으나, 이는 동일 기종인 경우이며 실제로는 다른 기종을 대상으로 FMS와 DCS가 경쟁하거나 다른 국가의 방산업체와 FMS가 경쟁하는 사례가 과거에 비해 증가[23]하고 있다. 이처럼 미국 정부는 구매국의 상황과 여건에 따라 FMS 제도를 탄력적으로 운용하고 있기 때문에 사업규모가 크거나 미국의 국익에 도움이 되는 경우에는 구매력을 활용하여 'FMS vs. 해외방산업체' 또는 'FMS vs. 미국을 포함한 해외방산업체' 등의 형태로 FMS도 미국 또는 해외의 방산업체와의 경쟁을 유도할 수 있을 것으로 판단된다. FMS 구매로 추진된 A사업의 경우 구매력을 잘 활용한 사례가 아닌가 싶다.[24] 미국 정부가 정책적으로 동일 기종에 대하여 정부의 FMS와 방산업체의 DCS를 동시에 경쟁하지 못하도록 하고 있지만 서로 상이한 기종이었기 때문에 FMS와 DCS의 함께 경쟁에 참여하였으며, 이는 사업의 규모 등을 고려했을 때 충분히 가치가 있다고 미국 정부가 판단하였기 때문에 경쟁에 참여했을 것으로 판단된다. 이러한 사례를 통해 여건에

22 현재 방위사업청 업무 매뉴얼(2014-14호, 2014년 7월)을 통해 FMS와 상업구매를 병행추진할 수 있도록 하고 있으나, 상위규정인 방위사업관리규정에는 FMS 또는 상업구매의 구매형태가 결정되면 각각의 절차를 적용하는 것으로 명시되어 있고, 절차의 어려움, 군의 높은 수준의 성능요구에 따른 대상기종 제한 등의 이유로 활성화되지 못하고 있다. FMS도 경쟁이 가능토록 규정에 포함시킴으로써 구매단가를 낮추는 동시에 효과적인 절충교역을 추진 가능토록 하는 노력이 필요하다.

23 A사업: EU(상업, 유로파이터), 미국(상업, F-15SE), 미국(FMS, F-35)
B사업: 터키(상업, T-129), 미국(FMS, AH-64E · AH-1Z)
C사업: 영국(상업, AW-159), 미국(FMS, MH-60R)

24 A사업은 F4, F5 등 공군이 보유하고 있는 노후 전투기를 대체하기 위한 최첨단 차세대 전투기 구매사업이며, B사업은 한국형 전투기를 국내 연구개발로 확보하기 위한 사업으로 연구개발 간 부족한 일부 기술은 A사업의 절충교역을 통해 확보하여 추진될 예정이다. 효율적인 사업추진을 위한 경쟁구도를 형성하기 위해 A사업은 FMS와 상업구매를 경쟁시키는 것으로 추신되었으며, 이에 따라 절충교역 비율도 50% 이상으로 결정하였다. 이후 사업을 재추진하는 것으로 결정되어 FMS로 추진되었으며, 앞서 추진된 사업조건을 동일하게 적용하여 절충교역도 같은 비율로 결정되었다. 처음부터 FMS로 결정되어 사업이 추진되었다면 절충교역을 50% 이상으로 충족하기가 어려울 수도 있었을 것으로 판단된다.

따라 FMS도 얼마든지 경쟁에 참여시킬 수 있음을 알 수 있다. 경쟁구도를 형성하기 위해 미국의 원제작사(Original Manufacturer)가 동일한 경우 몇 개의 사업을 통합하여 절충교역을 추진할 수도 있다. 해군의 경우 별도의 사업으로 추진되던 잠수함에 탑재 운용되는 잠대함 하푼유도탄과 해상초계기에 탑재될 공대함 하푼유도탄 구매사업을 통합하여 유리한 조건으로 FMS 절충교역을 추진하였는데, 이와 같이 통합이 가능한 사업의 경우 통합구매를 추진한다면 구매력을 효과적으로 활용할 수 있을 것이다.

FMS를 통하여 무상으로 절충교역을 획득하는 것이 어려운 점을 고려하여 단순히 절충교역 규모를 확대하기보다는 경쟁을 통해 우리에게 필요한 핵심기술을 선별적으로 획득할 수 있도록 하자는 것이다. 사업추진 초기단계에서 구매력의 이점을 충분히 활용하지 못하도록 FMS로 확정하고 오히려 협상력 제한을 이유로 절충교역 비율을 대폭 축소하거나 제외하지 말고 '미국의 FMS vs. 해외방산업체' 또는 '미국 FMS vs. 미국 및 해외방산업체' 등의 형태로 상호경쟁을 하도록 하여 비록 유상이라도 핵심기술 및 방산수출과 관련된 기술을 미국으로부터 획득하도록 해야 할 것이다. 이를 위해서는 FMS 오퍼와 해외방산업체의 제안서를 어떻게 비교할 것인가에 대한 방안도 강구되어야 하겠지만, 소요와 획득이 연계된 전략적인 접근과 함께 구매계획서 수립단계에 기존 획득방법(상업구매, FMS, 임차)에 상업구매와 FMS 경쟁도 가능하도록 규정화해야 할 것이다.

5) 규정과 절차의 보완

효율적인 FMS 절충교역을 위해서는 별도의 규정과 절차에 따라 진행되어야 할 것이다. 왜냐하면 방위사업관리규정에서는 절충교역이 무상으로 제공되어야 하며 이로 인한 기본계약금액의 상승이 없어야 한다고 규정[25]하고 있으나, FMS에서는 미국 정부가 계약업체의 절충교역 비용을 모두 보상해주는 유상구매로서 무상 반대급부인 절충교역의 범주로 보기 어렵다. 따라서 FMS에서의 효율적인 절충교역을 추진하기 위해서는 상업구매와는 다른 절충교역 전략이 요구되며, 이를 제도적으로 뒷받침할 수 있는 규정 및 절차가 필요하다. 사실 FMS 절충교역이 나중에 비용으로 처리된다 하더라도 나날이 강화되어가는 첨단기술의 해외유출을 통제하는 추세에서 FMS 구매를 대가로 첨단 국방기술 이전을 미국 정부에 요구할 수 있는 것 자체가 첨단 핵심기술을 획득할 수 있는 좋은 기회가 될 수 있을 것이다. 아마도 미국 정부는 무기체계 구매 없이 핵심기술 이전만을 요청하는 경우 훨씬 많은 금액을 요구하거나 의회에서 승인하지 않을 가능성이 높다. 따라서 FMS에서 유상이라는 이유로 절충교역에 소극적이라면 스스로 첨단 국방기술 이전의 기회조차 포기하는 것이 될 수 있다. 따라서 FMS 구매라 하더라도 절충교역 추진을 원칙으로 하되, 절충교역 적용비율 충족보다는 직접 절충교역[26] 위주로 'A' 또는 'B' 등급의 협상방안을 선별적으로 추진함으로써 반드시 필요한 핵심기술은 비용을 지불해서라도 확보할 수 있도록 관련 규정과 절차를 보완해야 할 것이다.

6) 수출 절충교역 지원 중심으로 단계적 전환

절충교역에 대하여 세계 각국은 자국의 상황에 따라 상반된 입장을 보이고 있

---

25 방위사업관리규정 제230조 절충교역의 기본원칙(방위사업청 훈령 제319호, 2014년 12월 23일)

26 직접 절충교역(Direct Offset): 구매하고자 하는 국방물자와 직접 관련된 기술이전 및 부품 생산수출 등에 관한 절충교역으로 직접적인 관련이 없는 기술이전 및 부품수출 등에 관한 간접 절충교역(Indirect Offset)과는 상충되는 개념이다. 예를 들어 패트리어트를 구매하면서 패트리어트 유도탄의 신관을 제작하여 수출한다면 직접 절충교역이나 호크 유도탄의 신관을 제작/수출한다면 간접 절충교역이 된다.

다. 미국 · 독일 · 프랑스 · 영국 등 방산수출 국가들은 절충교역에 부정적인 반면, 동남아 · 남미 · 중동 등 방산수입 국가들은 절충교역 제도에 매우 적극적인 입장을 취하고 있다. 기술선진국들은 국방과학기술의 해외유출을 우려하여 기본적으로 절충교역에 부정적이며 절충교역이 방산시장의 거래질서를 왜곡하고 가격을 상승시키는 요인으로 작용할 수 있다고 주장하고 있다. 실제로 핀란드 회계감사원 조사 결과 1999년 미국으로부터 F-18 구매 시 절충교역으로 인해 기본 계약금액의 3~6%의 추가 비용부담이 발생하였으며, 계약건당 10~15% 가격이 상승된 것으로 보고되었다. 하지만 막대한 국가재정이 투입되는 무기체계 구매에 대한 무상 반대급부로 절충교역을 확대해줄 것을 요구하는 구매국의 목소리가 높아지고 있을 뿐 아니라, 세계적인 국방비 축소 추세와 함께 방산수출 경쟁이 심화되면서 수출확대를 위해서는 구매국들의 절충교역 요구를 더 이상 외면할 수 없게 되었다.

우리나라는 과거 수입 일변도에서 수출국으로 방산 환경이 크게 변화되고 있다. 국내 연구개발로 제작된 무기체계의 해외수출이 빠른 속도로 증가하고 있으며, 이에 따라 절충교역에 대하여 수입국인 동시에 수출국으로서의 이원화된 정책을 수립하여 시행해야 할 것이다. 즉 구매국의 입장에서는 국내 연구개발에 필요한 핵심적인 국방과학기술, 획득대상 무기체계 조립생산 참여 및 기술이전을 통한 부품제작 · 수출 등에 중점을 두어 중 · 장기적으로 국내 무기체계 독자 연구개발 및 방산수출의 선순환 구조를 구축함으로써 방위산업 경쟁력과 국방력을 강화하는 방향으로 추진되어야 할 것이다. 반면 수출국으로서 단기적으로는 유리한 경쟁여건 조성을 위해 절충교역을 활용하여 주 계약에 대한 유인효과를 달성할 수 있도록 하는 동시에 장기적으로는 절충교역을 통한 기술이전이 우리에게 또 다른 위협이 될 수 있음을 견지하여 이에 합당한 정책을 개발해야 할 것이다. 이를 위해 기술유출을 최소화하면서 절충교역으로 제공 가능한 협상대안을 개발하여 수출권역별로 해당국가에 대한 맞춤형 수출 절충교역 지원체계를 구축해야 할 것이다. 즉, 상대적으로 기술격차가 큰 분야 위주로 향후에도 우리가 기술적으로 상대적인 우위를 확보할 수 있고 위협이 최소화되는 범위에서 적극적인 절충교역 제공으로 수출을 유인하는 정책적인 접근이 필요하다.

제5장

FMS 사후관리

1. 법적 근거
2. 최종사용 확인 프로그램
3. 제3자 이양
4. 범세계 잉여물자 재분배제도

미국은 판매 또는 임대 등의 형태로 해외 우방국에 제공한 일체의 국방물자/장비, 용역에 대하여 최초 목적 이외의 사용을 철저히 통제하고 있다. FMS 또는 DCS를 통해 우방국에 무기체계를 수출하거나 임대(Lease)하는 경우 대상국가가 해당 품목을 직접 사용하는 당사자임을 확인하도록 하고 있으며, 제3자에게 양도하는 경우에는 반드시 미국 정부의 사전 승인을 받도록 강제하고 있다. 이 장에서는 미국에서 제조/생산되어 우방국에 판매 또는 임대 등의 형태로 제공한 국방물자/장비, 용역에 대한 미국 정부의 사후관리 정책에 대하여 알아보고 구체적으로 대외군사판매에서는 어떻게 적용되고 있는지 살펴본다.

1. 법적 근거

미국 의회는 무기수출통제법(AECA 3, 4, 40A조) 및 대외지원법(FAA 505조)을 통하여 대통령은 해외로 이전되는 국방물자/장비 및 용역에 대한 관리책임을 강화하기 위하여 최종사용 확인(End User Monitoring) 대책을 수립하고 이의 사용 · 이전 · 보호와 관련된 미국의 요구사항을 상대국가가 동의하도록 조치해야 한다고 규정하여 행정부로 하여금 제3자로의 이양 및 최초 목적 외 사용을 철저히 통제하도록 하고 있다. 세부적으로 다음 〈자료 5-1〉에서 보는 바와 같이 무기수출통제법(AECA 3, 4, 40A조)에서는 미국에서 생산된 국방물자/장비, 용역에 대한 최종사용 확인 및 합법적인 제3자 이양절차에 대하여 규정하고 있으며 대외지원법(FAA 505조)에서는 제공된 목적 외의 사용을 제한하고 불가피한 경우 최종용도 변경 절차에 대하여 명시하고 있다.

〈무기수출통제법(AECA 3, 4, 40A조) 및 대외지원법(FAA 505조)〉

외국 정부는 미국 정부의 사전 서면동의 없이 미국으로부터 제공된 국방물자/장비 및 용역에 대한 소유권이나 점유권을 그 누구에게도 이양할 수 없다. (제3자 이양)
또한 외국 정부는 미국 정부의 서면동의 없이는 그 국방물자/장비 및 용역을 제공한 최초 목적 외 사용하거나 사용토록 허용할 수 없다. (최종용도 변경)

자료 5-1 FMS 사후관리와 관련된 법적 근거

2. 최종사용 확인End User Monitoring 프로그램[1]

의회의 요구에 부응하기 위하여 미국 행정부는 해외 우방국에 군사원조 프로그램(MAP: Military Assistance Program)을 통해 제공되거나 대외군사판매(FMS), 직접상업판매(DCS), 잉여국방물자판매(EDA: Excess Defense Article) 등을 통해 판매된 미국의 국방물자/장비, 용역 및 기술자료 등에 대하여 해당 국가가 제3자에게 이양하거나 폐기 또는 최종적으로 이를 사용하는 주체를 변경하고자 하는 경우 사전에 미국 국무부의 서면승인을 받도록 규정하고 있다. 동시에 우방국에 제공된 국방물자/장비, 용역이 최초 목적에 맞도록 사용되고 있는지 확인하기 위하여 최종사용 확인 프로그램을 운영하고 있다.

최종사용 확인 프로그램은 미국 정부가 우방국에 국방물자/장비, 용역 등을 양도한 이후 최초와는 다른 목적으로 사용되거나 불법적으로 사용되는 것을 방지하기 위하여 우방국에 인도한 이후부터 폐기되기까지의 전 과정을 모니터하는 제도로서, 최초 합의된 최종사용자가 목적에 부합되게 실제로 사용하고 있는지를 확인하는 것이다. 최종사용자(End User)는 미국 정부로부터 제공된 국방물자/장비, 용역 등을 미국 본토 이외 지역에서 실제로 사용하는 주체를 말하며, 사전에 합의된 최종

1 안보지원관리교범(SAMM) C8 End-User Monitoring(DSCA, 2012년 4월 30일)

사용자가 사용한다는 전제 하에 미국 국방부의 물자/장비, 용역 등을 해외 우방국에 제공하고 있다. 최종사용 확인 프로그램의 주된 목적은 대량살상무기의 확산을 초래할 수 있는 군사적으로 중요한 장비나 국방과학기술을 보호하며, 잠재적인 적대세력에 대하여 상대적인 군사력 우위를 확보하고, 최첨단 국방 과학기술의 경쟁력 우위를 지속적으로 보장하기 위한 것으로 미국의 무기체계를 구매하는 경우 최종사용 확인 조항을 계약서에 포함하여 반드시 사전에 합의된 목적과 용도에 한하여 사용하고 사전 서면승인 없이 제3자로의 반출 및 이양을 철저히 금지하며 구매국이 자체적으로 필요한 안보 및 보호대책을 강구하도록 요구하고 있다.

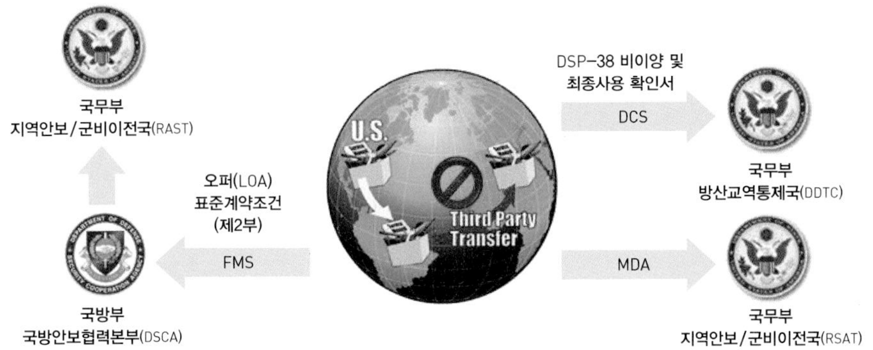

자료 5-2 구매 형태에 따른 최종사용 확인서 제출기관

위에서 보는 바와 같이 대외군사판매의 경우 국방안보협력본부에서 골든센트리(Golden Sentry)를 통해 최종사용 확인을 하고 있으며, 오퍼(LOA)의 표준계약조건에 포함하여 미국의 최종사용 확인을 구매국이 수용하도록 하고 있다.[2] DCS의 경

2 오퍼에는 최종사용 확인에 대하여 구매국이 동의하도록 마지막 부분 표준계약조건(LOA Standard Terms and Conditions) 2.7항에 다음과 같이 명시되어 있다. "미 대외지원법 제505항 및 무기수출통제법 제40A항에 의거, 미국 정부가 요청하는 경우 해당 LOA상에 명시된 장비 및 용역의 사용, 이양 그리고 보안 등에 대한 최종사용자 확인 점검을 실시할 수 있도록 승인한다. 구매국은 최

우에는 국무부 방산교역통제국(DDTC: Directorate of Defense Trade Controls)에서 최종사용자 확인 및 제3자 미인도 협정을 통해 미국으로부터 구매하는 무기체계에 대하여 반드시 승인된 최종사용자가 제3자에 대한 이전 없이 운용하는 동안 보안규정을 준수한다는 보증을 구매국에 요구함으로써 전용 혹은 오용 가능성이 높은 민감한 기술에 대해 최종사용 여부를 확인을 할 수 있는 근거로 삼고 있다. 대외군사판매의 경우 구매국이 국방안보협력본부에 요청해야 하지만 결국 국방안보협력본부도 국무부의 승인을 받아야 하므로 최종사용 확인 및 제3자 이양과 관련된 업무는 최종적으로 국무부에서 통제하고 있다고 할 수 있겠다.[3] 국무부, 상무부, 국방부는 각각 아래와 같은 최종사용 확인 프로그램을 수행하고 있다.

Golden Sentry(국방부) Blue Lantern(국무부) Extra-N-Check(상무부)

자료 5-3 최종사용 확인 프로그램(End User Monitoring Programs)

종사용 확인에 관한 별도의 방법이 합의된 바 없을 경우, 미국 정부 요청 시 해당 장비 및 용역에 대한 재산목록 및 재물조사 자료를 미국 측 최종사용 확인관에게 공개해야 한다."(2.7 Pursuant to section 505 of the Foreign Assistance Act of 1961, as amended (FAA) (22 U.S.C. 2314), and section 40A of the AECA (22 U.S.C. 2785), the USG will be permitted, upon request, to conduct end-use monitoring (EUM) verification with respect to the use, transfer, and security of all defense articles and defense services transferred under this LOA. The Purchaser agrees to permit scheduled inspections or physical inventories upon USG request, except when other means of EUM verification shall have been mutually agreed. Upon request, inventory and accountability records maintained by the Purchaser will be made available to U.S. personnel conducting EUM verification.)

3 FMS의 경우 미국 국방부가 구매국을 대리하여 계약관리를 하므로 최종사용 확인 및 제3자 이양업무도 구매국을 대신하여 국방안보협력본부에서 수행하고 있다.

1) 골든센트리 Golden Sentry

안보지원 프로그램을 통해 우방국에 제공하는 국방물자/용역에 대하여 국방부가 직접 수행하는 최종사용 확인 프로그램이다. 국방부로부터 모든 권한을 위임받은 국방안보협력본부(DSCA)는 골든센트리 정책을 수립하고 우방국 정부, 현지 대사관/안보협력기구(SCO), 지역전투사령부(COCOM) 등과의 긴밀한 협조를 통해 최종사용 확인 프로그램을 수행하고 있다. 골든센트리는 우방국이 미국 정부가 요구하는 최종사용, 제3자 이전 및 보안조건 등을 준수하는지를 확인하고, 대량살상무기 개발 등에 쉽게 이용될 수 있는 민감한 미국의 국방과학기술을 최초 목적에 맞도록 사용하고 있는지 확인함으로써 미국을 포함한 우방국에 대한 안보위험을 취소화하는 것이 주된 목적으로 감시수준에 따라 통상확인과 집중확인으로 구분된다. **통상확인**(Routine EUM)은 일반 국방물자/장비, 용역에 대하여 우방국이 직접 수행하거나 현지 안보협력기구[4] 요원과 함께 상시 해당 품목들에 대한 사용실태를 확인하며 최소한 분기별로 점검 결과를 문서화한다.

집중확인(Enhanced EUM)은 〈자료 5-4〉에서 보는 바와 같이 미국의 의회 및 정부에 의해 국가안보 측면에서 민감한 품목[5]으로 지정된 국방물자/장비, 용역에 대하여 한층 강화된 수준으로 수행되며 필요 시 국방안보협력본부에서 직접 우방국을 방문하여 확인하는 경우도 있는데, 방문목적에 따라 친숙화 방문(Familiarization and Assistance Visits) · 확인방문(Compliance Assessment Visits) · 조사방문(Investigation Visits)으로 구분된다. 친숙화 방문은 우방국에 최종사용 프로그램을 구축할 수 있도

---

4 안보협력기구(Security Cooperation Organization): JUSMAG-K와 같이 우방국 현지에 파견된 조직. 세부내용은 이 책의 '제2장 대외군사판매'의 '6. 안보협력기구'에 자세히 설명되어 있다.

5 보안통신장비(COMSEC Equipment), 야간관측장비(Night Vision Devices), 휴대용 미사일 및 유도탄(Javellin, Tow-2B, Stinger, AIM-9X, JASSM, AMRAAM, SLAM-ER, Harpoon Block II, SM-3, Tomahawk, JSOW, THAAD), 무인항공기(Predator, Global Hawk, Reaper), 대형항공기 적외선 방어체계(LAIRCM) 등

록 지원하기 위한 목적으로 수행되며, 확인방문은 안보협력기구 및 우방국이 최종 확인 프로그램을 이행하고 있는지 평가하기 위해 실시한다. 우방국에서 최종확인 프로그램을 위반하였거나 위반한 것으로 의심되는 경우에는 우방국을 직접 방문하여 조사한다.

자료 5-4 집중확인 대상 주요 무기체계

2) 블루랜턴Blue Lantern

안보지원 프로그램 중 DCS를 관리하고 있는 국무부에서 해외 상업판매에 대한 감시에 중점을 두고 수행하는 최종사용자 확인 프로그램으로 1990년부터 주로 수출허가(Export License) 승인 및 해외반출 시 이를 확인하는 데 중점을 두어 수행되고 있으며, 반출 이후에는 필요 시 해외 현지의 미국 대사관 요원 또는 국무부 소속 요원에 의해 제한적으로 수행하고 있다.

3) 엑스트랜체크Extra-N-Check

상무부의 엑스트랜체크는 미국의 방산업체에서 해외로 이전한 민군 겸용 이중용도(Dual-Use) 품목[6]에 대한 최종사용 확인에 중점을 두고 수행되고 있다. 상무부는 민군 겸용 이중용도 품목에 대한 수출허가 승인 및 해외반출 시 이를 확인하며 반출 이후에는 필요에 따라 상무부 산업안보국(BIS: Bureau of Industry and Security) 소속요원에 의해 수행되고 있다.

3. 제3자 이양Third Party Transfer

미국 정부로부터 국방물자/장비, 용역을 구매하는 경우 최초 합의한 바와 같이 구매국의 안보유지를 목적으로 구매국 내에서만 사용하는 것이 원칙이나, 정치 · 군사 · 경제적인 필요에 의해 부득이하게 제3자에게 이양 또는 판매를 해야 하는 경우가 발생할 수 있다. 이처럼 군사원조(MAP)를 통해 미국 정부로부터 무상으로 제공받았거나, 대외군사판매 · 직접상업판매 · 잉여국방물자판매 등을 통해 구매한 국방물자/장비, 용역 및 기술자료 등을 제3자에게 이전하기 위해서는 어떠한 경우라도 미국 정부의 사전 승인을 받도록 하고 있으며, 제도적으로는 국무부 승인을 거쳐야 하는 제3자 이양(Third Party Transfer)과 공군에서 운영하고 있는 범세계 잉여

---

6 이중용도 품목(二重用途品目, Dual-Use Item): 민간용으로 제조 · 개발되었지만 군사용으로도 사용할 수 있는 품목을 말하며, 군수품과 함께 전략물자(Strategic Controlled Items)를 구성한다. 전략물자는 군사적 목적으로만 이용되는 군전용 물자에 민수품까지도 포괄하는 개념이다. 전략물자에 포함되는 민수품은 군사적 목적으로도 사용될 수 있는 품목이며 국제적으로는 이중용도(Dual-Use) 품목으로 알려져 있다. 군전용 물품과 이중용도 품목이 분쟁국가 또는 국제평화를 저해할 우려가 있는 국가로 수출되어 과도한 군사력 확장에 이용되지 않도록 전략물자 수출통제 제도(戰略物資輸出統制制度, Strategic Materiels Export Control System)를 시행하고 있다.

물자 재분배제도(World Wide Redistribution System)를 통해 이양 또는 판매가 가능하다. 우리나라의 경우 2000년대 초 북한의 핵 및 장거리 미사일 위협에 대응하기 위하여 방공유도무기체계인 패트리어트(Patriot) 유도무기를 획득하는 과정에서 당시 독일이 잉여로 보유하고 있던 패트리어트 발사대를 구매했던 경우가 대표적인 제3자 이양 사례라고 할 수 있겠다.

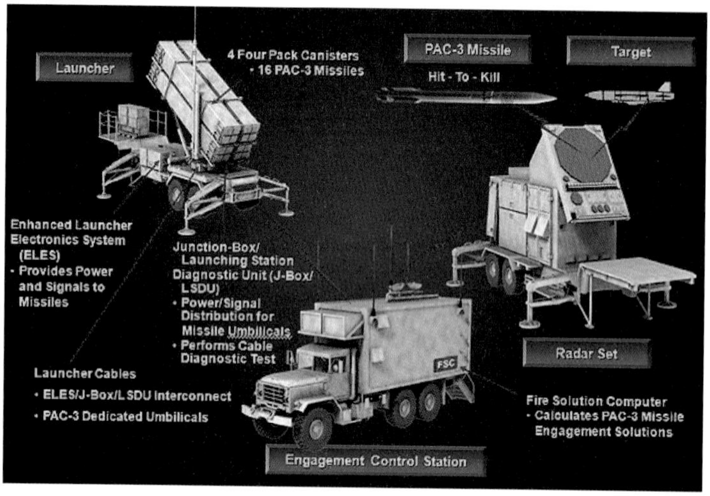

자료 5-5 패트리어트(PAC-3)

제3자 이양은 미국 국무부의 사전 승인을 받아야 하며, 심지어 미국의 원천기술을 사용하여 개발한 무기체계를 제3국에 수출하는 경우에도 국무부 승인이 필요하다. 〈자료 5-6〉은 획득방법에 따른 제3자 이양 관련 미국의 승인기관이다. 이 중 FMS의 경우 우리나라 국방부에서 미국 국무부에 직접 이양을 요청해야 한다.

안보지원 프로그램에 따라 미국으로부터 획득된 국방물자/장비에 대한 판매 · 이양과 최종사용자 변경 · 폐기 등은 미국의 관련 법규 및 정치 · 군사 · 경제적인 측면을 종합적으로 고려하여 사안별로(Case by Case) 처리되고 있다. 세부적으로 구매국으로부터 국무부[7]에 공식적으로 제3자 이양승인이 요청되면, 국무부는 법률/규정 등의 요구조건에 부합하는지 여부를 우선적으로 검토한다. 문제가 없는 경우 국방부를 포함한 관련 기관의 정치 · 군사 · 경제적 측면에서의 검토의견을 수렴하여 승인 여부를 최종적으로 결정한다. 이처럼 다수의 관련 기관이 참여하여 다양한 관점에서 검토하기 때문에 절차가 복잡하고 최종 결정까지 많은 기간이 소요되고 있다.

자료 5-6 제3자 이양과 관련된 미국 정부 승인기관

7 제3자 이양과 관련된 업무는 미국 국무부 정치군사문제 차관보실(Bureau of Political-Military Affairs)의 지역안보 및 군비이전국(Office of Regional Security and Arms Transfers)에서 담당하고 있다.

이에 비해 WWRS는 미국으로부터 FMS로 구매한 품목을 비교적 간단한 절차에 따라 구매국 상호 간에 거래가 가능하도록 한 제도이다. 미국 정부로부터 구매한 FMS 품목에 대한 소유권이 제3자에게 이전된다는 측면에서는 같지만, 복잡한 승인절차와 많은 시간이 소요되는 제3자 이양에 비해 WWRS는 미국 공군이 개발하여 운영 중인 웹페이지를 통해 비교적 단순한 절차에 의해 신속하게 구매 및 판매가 가능하다는 장점이 있다.

4. 범세계 잉여물자 재분배제도 WWRS: World Wide Redistribution System

FMS로 무기체계 구매 시 일반적으로 주장비 외에 일정 기간 동안 장비를 운용하면서 소요되는 수리부속 등을 패키지로 함께 구매한다. 즉 차량구매 시 엔진오일 · 필터 · 타이어 등 차량운행에 필요한 소모품이나 수리부속, 정비공구 등을 차량과 함께 일괄적으로 구매하는 것과 같다. 대부분의 경우 구매국은 무기체계를 운용하면서 어떤 종류의 수리부속이 얼마나 필요한지에 대한 정보가 없기 때문에 미국 정부는 수리부속의 교체주기 데이터 또는 미군이 야전에서 무기체계를 운용하면서 축적된 경험데이터를 기준으로 필요한 수리부속의 종류와 수량을 추천하면 구매국은 이를 검토하여 주장비와 함께 구매한다. 하지만 국가별로 무기체계를 운용하는 환경 및 여건이 상이하기 때문에 수리부속 사용실적이 국가별로 다르고, 특히 무기체계의 구매/도태 시기가 국가별로 상이하기 때문에 일부 국가에서 구매한 이후 추가적인 소요가 없어 창고에 저장하고 있는 품목이 다른 국가에서는 애로 수리부속으로 미국 정부에 신속한 지원을 요구하는 경우가 빈번히 발생하였다. 특히 생산이 중단된 품목의 경우 구매국의 요청에 따라 소량을 확보하기 위해서는 방산업체의 생산라인을 다시 가동시켜야 했으며, 이는 급격한 단가상승으로 이어져 구매국의 불만을 가중시키는 결과를 초래하였다. 반면 1995년 미국 정부가 FMS 구매국을 대상으로 사용하지 않고 창고에 보관하고 있는 잉여 수리부속 보유현황을 조사한 결과에 의하면 약 18억 달러 규모의 많은 품목들이 사용되지 않은 채 창고에 비축되어 있는 것으로 확인되었다. 이는 제3자 이양을 통해 FMS 구매국 간에 잉여품목을 판매할 수 있는 제도가 있지만, 상대국가를 직접 찾아야 하고 까다로운 미 국무성 승인절차 및 오랜 행정기간 등으로 잉여품목에 대한 판매가 활성화되지 못하였기 때문이다. 이에 따라 수요와 공급의 불균형을 시정하고 구매국의 불만을 최소화하기 위한 효율적인 방안이 대내외적으로 요구되던 중 전투기 등의 부품수가 수십만 개에 이르는 공군에서 가장 먼저 FMS 잉여품목에 대한 공유 필요성을 절감하게 되었고 1995년부터 구매국 상호 간에 간편하고 신속하게 잉여품목을 공유할 수 있는 해결방안을 연구하기 시작하였다. 이후 1997년 국방부에서 WWRS 프로그램 개발을 승인하였고, 이듬해에 공군에 시범적용 후 2001년부터 공군 및 해군을 대상으로 본격 시행하였으며 육군은 2005년부터 참여하였다.

자료 5-7 미국 육 · 해 · 공군의 WWRS 참여

판매국 입장에서는 FMS로 구매한 무기체계가 도태되거나 필요한 이상으로 보유하고 있어 미사용한 잉여품목을 제3자 이양에 비해 간단한 절차를 통해 미국을 포함한 제3자에게 재판매함으로써 저장/관리 등의 문제를 해결하고 국방예산을 효율적으로 운영할 수 있게 되었다. 또한 미국 국방부의 표준가격보다 더 저렴한 비용으로 신속하게 획득할 수 있으며, 때로는 미군이 사용하지 않는 비표준품목이나 생산이 중단되어 구매가 곤란한 품목들까지 확보할 수 있다는 장점 때문에 구매국으로부터 큰 호응을 받고 있다. 이에 따라 WWRS가 시행된 이후 2014년 현재까지의 거래실적은 거래건수 3만여 건, 거래금액 1억 4,700만 달러에 이르고 있으며 참여국가도 지속적으로 증가하여 판매자 32개, 구매자 62개[8]에 이르고 있다. 우리나라는 1998년 공군, 2001년 육군,[9] 2002년 해군이 회원국으로 각각 가입한 이후 점차적으로 참여를 확대하고 있다.

1) 운영 개념 및 관련 기관

WWRS는 FMS로 구매한 이후 더 이상 사용하지 않는 양호한 A급 상태의 잉여품목을 인터넷을 통해 미군을 포함한 구매국 상호 간에 거래할 수 있도록 구축된 육 · 해 · 공군의 통합 가상 전자상거래 보급시스템(Tri-Service, Virtual Warehouse Supply System)이다. FMS 구매국 입장에서는 FMS로 구매한 품목을 되파는 재판매

8 판매자 및 구매자 숫자는 국가의 숫자가 아니라, FMS 구매국의 참여한 육 · 해 · 공군을 각각 별도로 합산한 숫자이다. 예를 들어, 한국의 경우 육 · 해 · 공군이 모두 구매자 및 판매자로 참여하고 있기 때문에 62개 구매자에는 한국 육 · 해 · 공군이 3개의 구매자로 합산되었다. 미군은 WWRS 판매자로 참여하지 않는 반면, 육 · 해 · 공군 모두 구매자로 참여하여 1998년 이후 2013년까지 307건, 2,000만 달러에 이르는 규모를 구매하였다(이는 미군이 부족품목은 WWRS를 통해 저렴한 비용으로 구매하고, 잉여품목은 FMS를 통하여 구매국에 새 품목 가격으로 판매하고 있음을 시사한다).

9 육군은 1998년 국방부 지시에 의해 미 육군보다 빠른 2001년부터 회원으로 가입하였다.

(Re-Sale)이지만, 판매한 무기체계의 수명주기 동안 구매국의 군수지원 소요를 충족시킬 책임이 있는 미국 정부 입장에서는 FMS 구매 수리부속 등을 과도하게 보유하고 있는 국가로부터 이를 필요로 하는 국가로 재분배(Redistribution)하는 개념이다. 결국 WWRS는 사용하지 않고 재고로 보유하고 있는 잉여품목을 판매함으로써 국방예산이 효율적으로 운용되도록 하며, 소량구매 · 단종 또는 확보제한 등으로 인한 고가의 애로 수리부속을 저렴하고 신속하게 구매할 수 있도록 함으로써 구매국의 만족도를 향상시키는 것을 주목적으로 의회는 제3자 이양보다 간편한 절차에 따라 FMS 구매국 상호 간에 판매 및 구매가 가능하도록 법적인 근거를 마련[10]하였으며, 이에 따라 미국 공군 주관 하에 구매/판매를 위한 웹사이트 및 품질검사소(In-Transit Inspection Point)를 운영하여 WWRS 프로그램을 수행하고 있다.

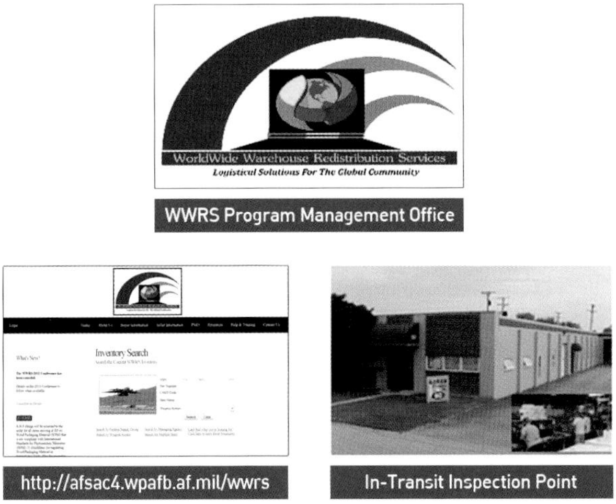

자료 5-8 WWRS 프로그램의 3대 구성요소

---

10 무기수출통제법(Arms Export Control Act) Section 21(m), "Return of Defense Articles." (1) IN GENERAL.-The President may accept the return of a defense article from a foreign country or international organization if such defense article- (A) previously was transferred to such country or organization under this Act; (B) is not significant military equipment (as defined in section 47(9) of this Act); and (C) is in fully functioning condition without need of repair or rehabilitation.

(1) WWRS 사업관리소WWRS Program Management Office

육 · 해 · 공군의 WWRS 프로그램을 총괄적으로 관리하고 있는 WWRS 사업관리소는 공군 FMS 사업의 이행관리기관인 안보지원사령부(AFSAC: Air-Force Security Assistance Command) 소속으로 2014년 12월 기준으로 5명이 판매등록 · 구매청구 · 거래대금정산 · 판매수수료 등 WWRS 거래 전반에 걸친 관리업무를 수행하고 있으며 웹사이트 관리 및 품질검사 업무는 외주업체와의 계약을 통해 관리하고 있다.

(2) WWRS 웹사이트

WWRS는 전 세계에서 중고물품 거래가 가능한 미국의 유명 경매사이트 이베이(E-Bay)를 모델로 개발한 웹페이지를 기반으로 운영되고 있다. 판매국은 웹사이트를 통해 FMS로 구매한 이후 추가적인 소요가 없는 잉여품목을 등록하여 판매할 수 있으며, 구매국은 웹사이트에 게시된 품목을 조회하여 필요한 품목을 구매할 수 있다. 판매단가는 판매국이 지정하며, 등록 순서와 상관없이 가장 낮은 단가로 지정된 품목이 우선 판매되고 다음으로 낮은 단가품목이 판매되는 방식이므로 신속한 판매를 원하는 경우에는 다른 품목들에 비해 단가를 낮게 지정하면 된다. 단가가 동일한 경우 수량이 많은 품목이 우선 판매된다. 만약 웹페이지에 원하는 품목이 없는 경우 판매국들에게 해당 품목의 판매를 요청할 수도 있다. 즉 판매목록에는 표시되어 있지 않지만 웹페이지의 동시전파 기능(Broadcasting Option)을 이용하여 구매를 희망하는 품목을 요청하면, 모든 회원국에 동시에 전자메일로 전파되어 판매국에서 해당 품목이 있는지 여부를 확인할 수 있도록 하고 있으며 구매희망 품목으로 90일 동안 웹페이지에 게시된다. 판매국에서 판매하기 위해 웹페이지에 등록할 수 있는 품목의 수량에는 제한이 없기 때문에 보유재고 범위 내에서 무제한 판매가 가능하다.

자료 5-9 이베이 및 WWRS 웹사이트[11]

(3) 품질검사소In-Transit Inspection Point[12]

WWRS를 통해 판매하기 위해서는 반드시 미 품질검사소를 거쳐야 하며, 품질검사소는 판매국으로부터 물품수령 · 육안검사 · 재포장 및 구매국 발송 등 업무를 수행한다. 제3자 이양은 구매국 상호 간에 직접적인 이양이 가능한 반면 WWRS를 통해 거래하는 경우 지리적으로 인접한 국가라 하더라도 반드시 판매국에서 미국 내에 위치한 품질검사소를 거쳐 구매국으로 인도하도록 제한하고 있는데, 이는 제3자로의 이전을 통제한다는 측면에서 미국 내에 위치한 품질검사소의 검사를 전제로 WWRS 프로그램이 승인되었기 때문이다. 필요한 경우 판매국에서 요청하는 경우 품질검사소에서 판매국에 대한 현지 출장검사를 통해 인접국가에 직접 인도하는 것도 가능하지만, 품질검사소 검사기간이 평균 1.5일로 매우 빠른 점을 고려할 때 시간 및 비용 측면에서 비효율적이다.

---

11 이베이 웹사이트(https://www.ebay.com), WWRS 웹사이트(https://afsac4.wpafb.af.mil/wwrs)

12 미망인 복지를 위해 1979년 설립된 소규모 제빵협회(Baker and Associates)가 전신으로 초기에는 주로 군수품 포장업무를 수행하였으나, 1980년 이후 수리부속 판매, 프로그램 개발/관리지원 등으로 사업을 확장하였다. 미국 공군과 WWRS 품질검사 업체로 계약이 체결되어 2014년 기준 12명의 직원이 WWRS 품목에 대한 검사, 포장, 수송, 품질관리 업무 등을 수행하고 있다.

자료 5-10 WWRS 품질관리소

판매국으로부터 판매할 품목이 접수되면 품질검사소는 우선 포장용기(Container)의 부피, 무게 등을 측정하여 선하증권(Bill of Lading) 기재내용과의 일치 여부 및 파손 여부를 확인한다. 포장용기가 파손되어 재사용이 불가한 경우 이를 WWRS 사업관리소로 통보하여 포장용기를 대체하며, 제 비용은 판매국에 부과한다. 포장개봉 후에는 육안검사를 통해 품목 · 수량 · 상태 등을 확인하며 기준을 미충족하는 품목은 판매국에 회송하거나 판매국 요청에 따라 자체 폐기하며 모든 비용은 판매국에 부과된다. 검사 결과 양호한 것으로 판명된 품목은 판매국을 식별할 수 없도록 품목 및 포장용기 외부의 판매국 관련 정보(Marking, Tag, Label 등)를 제거하고 재포장한 후 발송한다.

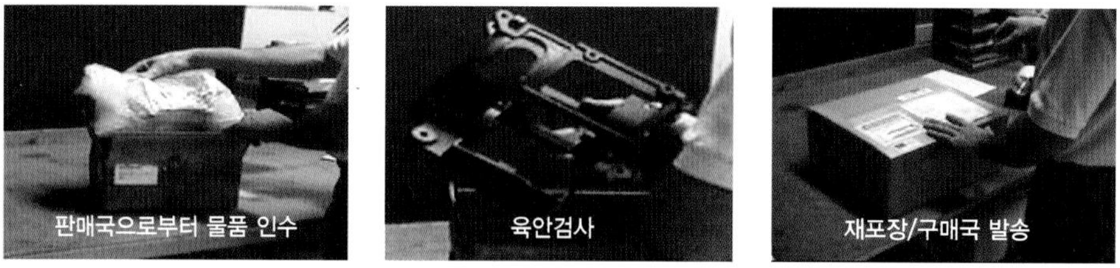

자료 5-11 품질관리소 검사절차

검사의 전체 과정은 사진으로 촬영하여 다른 품목이거나, 상태가 불량하거나,

수량이 미일치하는 경우 사진과 함께 WWRS 사업관리소를 통해 구매국에 통보한다. 품질관리소는 판매국으로부터 품목을 인수한 후 3일 이내에 모든 검사를 마치고 구매국에 불출토록 규정되어 있으나, 2014년 기준으로 평균 1.5일 미만이 소요되었다.

2) 대상품목[13]

WWRS는 무기수출통제법(AECA)에 의해 FMS로 판매하였거나 미국 정부가 별도로 승인한 품목 중에서 추가적인 정비 없이 즉시 사용 가능하며 정상적인 기능을 모두 발휘하는 양호한 상태(Condition Code 'A')[14]의 수리부속이나 지원장비 등을 거래 대상품목으로 지정하고 있다. 중요군사장비[15] · 통신암호장비 통제품목 · 화학무기 및 잔여수명이 24개월 미만인 시효성 품목 등은 WWRS 거래 대상품목에서 제외되며, 탄약 · 폭발물 · 비밀물자 · 위험물자 등은 미국 정부가 승인한 품목에 한하여 판매가 가능하다. 구매출처가 불분명하거나 의심스러운 경우 미국 정부는 판매국에 출처에 대한 증거자료를 요구할 수 있으며 판매국은 이를 증명해야 한다. 판매국에서 웹페이지에 판매 대상품목을 등록하면, WWRS 사업관리소는 거래 대상품목에 해당되는지 여부를 우선적으로 확인한다.

---

13 Chapter 2. Materiel Eligibility Worldwide Warehouse Redistribution Services Customer Handbook and User Guide(2011년 11월).

14 대부분의 경우 사용하지 않고 보급창고에 보관하고 있던 잉여품목이 대부분이나, 구매국에서 기사용한 품목을 정상적인 기능을 모두 발휘 가능토록 정비한 품목도 일부 판매되고 있다.

15 중요군사장비(Significant Military Equipment)는 WWRS를 통한 이양이 원천적으로 불가능하며, 반드시 미 국무부 제3자 이양절차를 거쳐야 한다.

3) 판매 형태별 거래절차

판매 형태별 거래품목 수에 따라 개별거래와 일괄거래로 구분[16]할 수 있다. 개별거래는 구매국이 웹페이지에 등록된 품목을 직접 선택하여 구매하는 데 비해, 일괄거래는 20개 이상 품목에 대하여 구매국과 판매국 상호 간의 협상을 통하여 판매가격을 결정하여 거래된다. **개별거래(Individual Buy)**는 판매국에서 웹사이트에 미국 국방부의 표준가격 대비 판매가격 · 판매수량 · 최소구매금액 등 판매품목에 대한 정보를 등록하며 구매국은 판매목록을 검색하여 WWRS 사업관리소로 구매 요청을 하게 된다. 구매 요청을 접수한 WWRS 사업관리소는 판매 여부를 재확인하여 판매국으로부터 해당 품목을 인도받아 미국 내의 품질검사소에서 품질검사 및 재포장 후 구매국으로 발송한다. 구매대금은 FMS 구매절차에 따라 구매국의 케이스에서 지불되며, 판매대금은 수수료를 포함한 행정비용을 정산한 후 판매국 케이스에 입금된다.

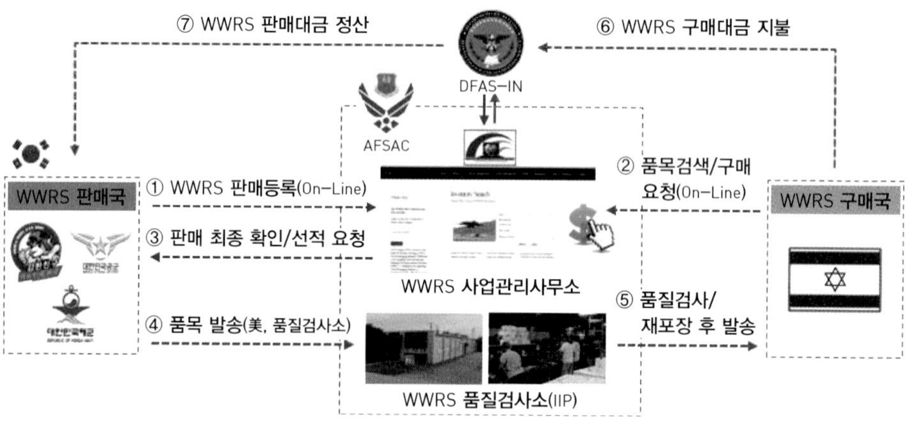

자료 5-12 개별거래 절차

16 거래품목의 수량이 아니라, 개별품목의 종류를 기준으로 하여 구분한다. 즉, 거래품목의 종류가 20개 이상으로 각각 단수의 판매국과 단수의 구매국 거래일 경우에 일괄구매가 허용된다.

일괄거래(Lot Buy)는 구매국과 판매국 간의 협상을 통해 판매가격이 결정되기 때문에 개별거래와는 다른 절차에 의해 진행된다. 웹사이트를 통해 진행되는 개별거래와는 달리 일괄거래는 판매국에서 품목정보, 국방부 표준가격 대비 판매가격, 판매수량 등이 포함된 재고목록을 구매국에 제공하거나 구매국에서 구매 희망 목록을 판매국에 제공함으로써 판매/구매 의사를 타진한다. 목록을 검토한 후 거래품목이 결정되면, 판매국과 구매국 상호 간에 협상을 통해 수량과 가격을 최종 확정하여 WWRS 사업관리소에 통보한다. 이후 절차는 개별거래와 동일하다.

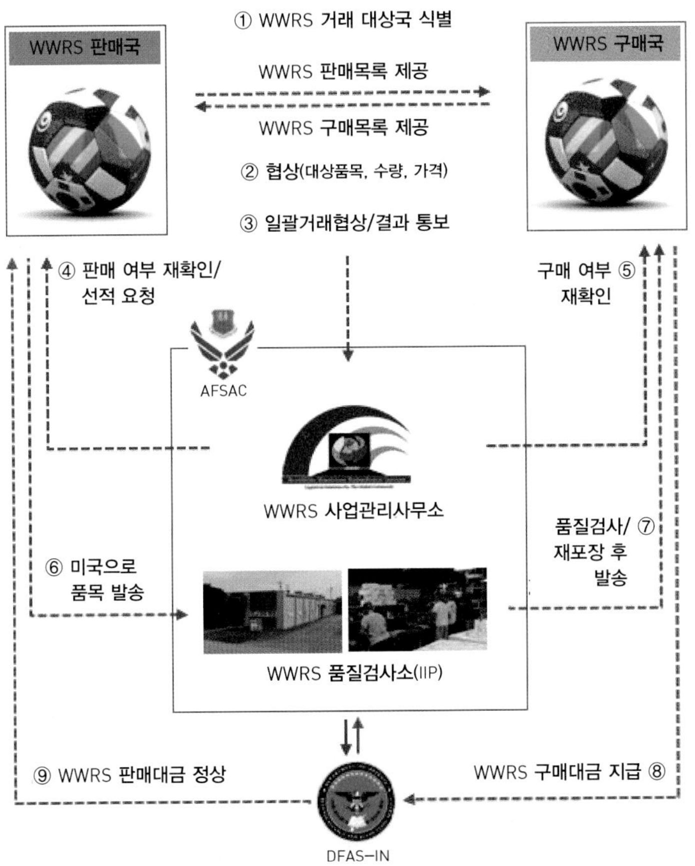

자료 5-13 일괄거래 절차

일반적으로 개별거래는 웹페이지에 등록된 판매품목을 직접 선택할 수 있기 때문에 소량의 긴급 애로품목에 대한 신속한 조달에 유리하기는 하지만, 판매국 확인 및 가격협상이 불가능하다. 반면 다량의 품목을 동시에 구매할 수 있는 일괄거래의 경우 판매국과 구매국 상호 간에 직접 협상이 가능하여 협상에 따라 다량구매에 따른 가격인하도 가능하다. 또한 일괄거래는 거래대금 규모에 따라 판매수수료를 할인받을 수 있다. 총 거래대금이 10만 달러 이상인 경우 판매수수료의 20%, 미만인 경우에는 10%를 각각 할인받을 수 있기 때문에 수수료를 지불해야 하는 판매국 입장에서는 일괄구매를 적극 활용하는 것이 유리하다. 판매국에 비해 구매국을 위한 직접 할인혜택은 없으나, 협상과정에서 수수료 할인혜택에 대한 가격할인을 판매국에 요구함으로써 할인혜택을 공유할 수 있다. 일괄구매는 동시에 많은 품목을 한 번에 통합하여 수송함으로써 수송비용도 절감할 수 있다는 이점이 있으나, 상대국가를 직접 찾아야 하는 어려움이 있기 때문에 다른 회원국과의 긴밀한 협조관계 유지가 필요하다.

판매수수료	케이스 행정비[17]	수송비[18]
8.5%	3.5%(또는 3.8%)	실제비용

자료 5-14 거래대금 처리절차 및 행정비용

17 케이스 행정비(Case Administrative Surcharge): WWRS 판매수수료 외에 케이스를 관리하는 비용으로 미 국방부는 기존에 3.8%를 적용하였으나, 2012년 11월 이후 3.5%로 하향하여 적용하고 있다. WWRS 거래에서 구매국에는 케이스 행정비를 100% 부과하나, 판매국에는 50%만 적용하고 있다. 이는 판매국의 경우 케이스 행정비 외에 판매수수료를 추가로 지불해야 하기 때문이다.

18 수송비: 품질검사소에서 검사 후 구매국의 미국 내 수송대행업체까지 소요되는 실제비용으로 100달러 이하의 소액은 미국 WWRS 사업관리소에서 무상으로 지원하나, 100달러를 초과하는 경우 차액은 구매국에서 부담한다. 수송대행업체로부터 해당국까지는 비용에 상관없이 구매국이 부담한다(참고로 해당 품목을 판매하기 위해 미국 품질관리소로 발송하는 수송비는 판매국에서 부담한다).

4) 거래대금 처리절차

WWRS의 거래대금은 DFAS-IN을 거쳐 처리되는데, 판매국의 유보계좌에 판매대금을 우선 입금한 후 판매수수료를 포함한 행정비용을 정산한다. 즉, 구매국으로부터 대금지불이 완료되면 해당 판매대금은 전액 판매국의 WWRS 유보계정(6QX)에 우선적으로 입금된다. 이후 판매수수료, 케이스 행정비, 수송비 등 관련된 제 비용을 지불하기 위해 해당 금액은 유보계정에서 WWRS 판매 케이스로 전환되며 미국 정부는 이 과정에서 WWRS 거래 간에 발생되는 제 비용을 인출한다. 수익금이 있는 한 구매국은 판매 케이스에 추가로 자금을 입금할 필요는 없으며 제 비용을 지불한 후 남은 금액은 유보계정에 보관되며, 이후 판매국의 결정에 따라 FMS 구매대금으로 활용하거나 구매국 계정으로 입금 또는 현금으로 받을 수도 있다. 구매국은 기존에 개설된 FMS 총괄구매 케이스를 통하여 WWRS 품목을 구매하기 때문에 FMS 청구절차에 따라 거래대금이 처리된다.

5) 주요 특징

(1) WWRS 대상국가

FMS 구매국은 모두 WWRS 프로그램에 참여 가능하나, 판매국은 별도의 WWRS 판매 케이스를 개설해야 하며 진행 중인 케이스가 있는 경우에는 오퍼요청서(LOR)를 통해 WWRS 거래를 위한 별도의 계약항목(Line Item)을 추가하도록 요구하면 된다. 오퍼가 개설되면 케이스 설정금액의 6.75%를 초입금[19]으로 지불하며, 오퍼가 개설된 이후에는 판매수익금에서 수수료가 지불되기 때문에 추가적으로 지불해야 할 금액은 없다. 케이스가 개설되면 미국 공군 AFSAC에서 관리하는 WWRS 웹사이트

19 초입금(Initial Deposit) 산정 기준: 케이스 설정금액의 5% 및 행정비용 3.5%의 1/2(1.75%)

에 사용자 계정을 만들어 웹사이트에 판매등록을 할 수 있으며 판매실적 없이 케이스를 종결하는 경우에는 행정비용(3.5%)을 제외한 초입금만 환불된다. 이에 비해 구매국은 WWRS를 통해 필요한 품목을 구매하기 위한 별도의 케이스를 개설할 필요 없이 기존에 개설된 FMS 총괄판매 케이스(Blanket Order FMS Requisition Case)를 통해 손쉽게 구매 가능하다.

(2) 구매국 간의 거래

WWRS는 FMS 구매국 상호 간의 자발적인 거래로 미국 정부는 단지 거래환경만을 구축하여 제공하고 거래에는 일체 관여하지 않는 것을 원칙으로 하고 있다. 즉 미국 정부에서 구축한 웹사이트 및 품질검사소를 이용하여 구매국 상호 간에 수요-공급의 원리에 의해 거래가 이루어지도록 하고 있다. 거래가격은 일반적으로 미국 국방부의 신품 판매단가를 기준으로 수요와 공급에 따라 결정되는데, 개별거래의 경우 판매국이 웹사이트에 판매등록을 할 때 판매단가가 결정되며 일괄거래는 판매국과 구매국 간의 가격협상을 통해 결정된다.

(3) 양호한 품질

WWRS 대상품목은 새로이 제작된 품목을 구매하는 것은 아니지만, 미국 정부가 별도의 정비절차 없이 즉시 사용 가능한 품목만 판매하도록 제한하고 있기 때문에 품질이 양호한 편이다. WWRS 사업관리소 통계에 의하면, 2014년 전반기에 판매한 품목의 98% 이상이 새것과 동일한 수준으로 품질이 양호했으며 하자 발생비율은 0.98%로 미국 공군의 FMS 하자 목표비율인 2.0%보다 낮아 FMS로 구매하는 품목 대비하여 동등 이상의 품질이라고 한다.

(4) 저렴한 구매가격

WWRS 판매품목의 단가는 2014년 전반기 기준으로 〈자료 5-15〉에서 보는 바와 같다. 총 판매 건수의 54%가 미국 국방부 신품 단가 대비 평균 80% 수준으로 약 20% 저렴한 단가에 판매되고 있다.[20]

구분	판매건수	WWRS 판매단가(달러)	DoD 단가(달러)	비고
초과	93,991(34%)	96,321,875	59,975,927	1.6배
DoD 단가	34,855(12%)	294,829,727	294,829,727	
미만	149,040(54%)	1,170,302,193	1,453,709,937	0.8배
합계	277,886(100%)	1,561,453,795	1,808,515,591	

자료 5-15 2014년 전반기에 판매된 품목의 단가 분석

하지만 WWRS로 거래되는 모든 품목이 신품 단가보다 저렴한 것은 아니다. 표에서 보는 바와 같이 9만 3,991개 품목(34%)은 국방부 표준단가 대비 평균 1.6배로 판매되고 있다. 이는 일부 단종되어 확보하기 어려운 품목도 있지만, 대부분은 제조업체가 생산라인을 가동하기 위한 최소주문수량(Minimum Order Quantity)을 충족시켜야만 구매할 수 있는 레지스터(Resistor), 스크루(Screw), 개스킷(Gasket), 볼트(Bolt), 너트(Nut) 등과 같은 저가품목들이다. 이러한 저가품목은 판매국 입장에서 포장, 취급, 수송 및 통관 등 부대비용과 미국 정부에 지불해야 하는 판매수수료를 제하고 나면 실제 이익이 없거나 오히려 손해가 발생할 수 있는 반면, 구매국 입장

20 판매단가는 대상품목 종류, 판매국의 단가설정 등에 따라 수시로 변경되나, 2004~2013년간 평균 미 국방부 표준단가의 71% 수준에 판매되었다. 아래는 연도별 미 국방부 표준단가 대비 판매단가 현황이다.

회계연도	2004	2005	2006	2007	2008	2009	2010	2011	2012	2013	평균
판매단가	45%	82%	72%	87%	76%	69%	76%	65%	78%	74%	71%

에서는 반드시 필요한 수리부속인 경우 최소주문수량을 충족시키기 위해 필요 이상으로 많은 수량을 구매해야 했다. 이러한 문제를 해결하고 저가품목에 대한 거래를 활성화할 목적으로 2011년부터 판매국이 최소주문금액(Minimum Order Value)을 설정할 수 있도록 함으로써 제 비용을 보상해주고 있다. 예를 들어 판매국이 신품단가가 50달러인 품목을 5개 보유하고 있으며 최소주문금액을 500달러로 설정한 경우, 5개 구매금액은 250달러로 최소주문금액을 충족시키지 못한다. 이러한 경우 판매자의 최소주문금액을 충족시키기 위해 단가를 100달러로 조정하는 것이다. 비록 새 제품을 구매하는 것보다 비싸지만, 국방부 표준단가의 경우 이전의 대량구매를 했던 계약단가를 반영하여 매년 10월마다 주기적으로 갱신되기 때문에 단종품목이나 수년간 계약실적이 없었던 경우 예전의 단가가 그대로 반영되어 있어 현 시점에서 구매 시 물가상승률이나 소량구매로 인한 단가상승으로 국방부 표준단가보다 몇 배에서 몇십 배 이상을 요구하는 경우도 허다하기 때문에 제작 및 조달기간 등을 고려하면 최소주문금액으로 구매하는 것이 구매국에 더 유리할 수 있다. 반면 판매국은 저가품목을 등록하는 경우 제반 부대비용을 모두 포함하여 최소구매금액을 설정하는 것이 유리하다.

(5) 소유권 이전

WWRS 거래품목은 품질검사소의 검사를 통과하는 시점부터 소유권이 판매국으로부터 미국 정부로 이양되며, 품질검사소에서 수송업체로 인도되는 시점에 다시 구매국으로 이전된다. 즉 FMS 구매국 간의 거래이지만, 외형적으로 중간에 소유권이 미국으로 이양되기 때문에 미국으로부터 구매하는 것과 같다. 그러나 판매국은 해당 품목이 품질검사소에서 수송업체로 인도된 날 또는 구매국으로부터 대금이 입금된 날 중 늦은 시점을 기준하여 1년 동안 품질에 대한 책임을 져야 한다. 만약 1년 이내에 제품에 결함이 있는 것으로 확인되면 구매국은 해당 품목을 미국 내

품질검사소를 통해 판매국에 반납하여 환불받을 수 있다.

(6) 신속한 조달

WWRS 사업관리소는 웹페이지를 통해 구매가 확정된 이후 구매국 수송대행 업체에 인도하는 소요기간을 71일로 목표로 하고 있다. 실제로는 과거 평균 72일, 2014년 전반기 평균 73일로 목표보다 더 많은 시간이 소요되기는 하지만, 일반적인 FMS 청구 시 보유재고가 없어 새로 구매하여 조달해야 하는 경우 계약, 생산, 조달에 많은 시간이 소요되는 점을 고려할 때 상대적으로 단기간에 조달이 가능하다.

(7) 철저한 익명성 보장

미국 국방부는 판매국 및 구매국 간에 발생할 수 있는 분쟁을 원천적으로 차단하기 위하여 판매국 및 구매국의 정보를 공개하지 않고 익명으로 진행된다. 다만 일괄거래의 경우 판매국 및 구매국 상호 간의 협상을 통해 품목 및 수량을 결정하기 때문에 이에 해당되지 않는다.

(8) 실적평가

구매만족도 향상 및 건전한 거래 정착을 위해 미국 정부는 WWRS 판매국에 대한 실적을 평가하여 등급을 부여하고 있다. 평가항목은 발송기간, 판매 취소율, 하자 발생률로 실적에 따라 A부터 F까지 5개 등급으로 구분되며 세부기준은 아래 〈자료 5-16〉과 같다.

구분	발송기간	판매 취소율	하자 발생률	등급별 부여점수
비중	15%	50%	35%	A(4), B(3), C(2), D(1), F(0)
기준	71일	10% 미만	1% 미만	
부여점수	0.5점	2점	1.5점	

자료 5-16 WWRS 실적평가 기준

과거 실적과 전분기 실적 중에서 좋은 실적을 기준하여 등급을 부여하고 있으며, 이러한 실적평가는 판매국에 대한 신뢰도와 연결되기 때문에 잉여품목의 우선 판매를 위해서는 발송기간 단축, 판매등록 품목에 대한 판매취소 최소화, 양호한 잉여품목 판매를 통한 하자 발생 최소화 등의 노력이 요구된다.

(9) 판매국에 대한 판매수수료 부과

미국 정부는 WWRS 프로그램을 통해 어떠한 경제적 손실이나 이익도 추구하지 않는다(No Gain, No Loss)는 FMS와 동일한 정책을 표명하고 있으나, 실제로는 WWRS 프로그램을 운영 및 유지하는 행정비용 명목으로 판매대금의 일부를 요구하고 있다. 거래 활성화를 목적으로 구매자에게는 거래수수료를 부과하지 않으나, 판매자에게는 판매대금의 일부를 수수료[21]로 부과하고 있다. 행정비용에는 사업관리소/품질관리소의 인건비 · 행정비, 전산시스템 유지 및 운영비용 등이 포함된다. 판매수수료는 거래 건당 최저 200달러에서 최고 4만 달러를 적용하고 있다.

---

21 판매수수료(WWRS Service Fee): 기본적으로 8.5%를 판매수수료로 정하고 있지만, WWRS 재정관리위원회(Financial Management Board)에서 매년 4월, 10월경 판매수익 및 WWRS 프로그램 운영자금을 고려하여 적용수수료를 수시로 조정하여 적용한다. 이는 비수익 · 비손실(No Profit, No Loss) 정책에 따른 것으로 판매수익이 많이 발생한 경우 낮은 수수료를 적용하지만, 판매수익이 적은 경우 WWRS 사업관리사무소를 포함한 관련 부서 및 시스템을 유지하기 위한 최소비용을 충당하기 위해 수수료가 높아진다. 2004~2014년 전반기 동안 적용된 평균 수수료는 8.67%이다.

따라서 고가 또는 다량의 품목을 판매하는 경우 수수료를 크게 절감할 수 있다. 〈자료 5-17〉의 2004년 이후 최근까지의 WWRS 판매수수료 현황을 보면 해마다 거래실적에 따라 조금씩 조정되어 7~13% 수준이었지만, 2014년에는 두 번째로 많은 1,667만 7,632달러의 금액이 거래되었음에도 판매수수료는 3.08%로 최저수준이다. 이것은 판매수수료가 단순히 거래대금에 따라 결정되는 것이 아니라 거래건수, 일괄구매 여부 등에 따라 다르기 때문이다.

구분	거래대금(달러)	WWRS 수수료(달러)	판매 수수료율(%)
2004	5,574,102	754,349	13.53
2005	7,809,675	997,526	12.77
2006	10,993,858	1,283,364	11.67
2007	16,383,033	1,282,166	7.83
2008	17,373,641	1,500,697	8.64
2009	10,525,627	958,749	9.11
2010	7,771,117	606,566	7.81
2011	11,765,964	1,074,867	9.14
2012	13,525,330	1,184,350	8.76
2013	6,612,372	686,440	10.38
2014	16,677,632	513,522	3.08
계	125,012,356	10,842,600	8.67

자료 5-17 2004년 이후 WWRS 거래대금 및 수수료 현황[22]

6) 소결론

미국은 해외 우방국에 제공한 일체의 국방물자/용역에 대하여 최초 목적 이외의 사용을 철저히 통제하고 있으며 제3자에게 이양 또는 판매를 해야 하는 경우 국

22 Overall Seller Shipments FY 2004~2014(WWRS 2014 Program Management Review p.45)

무부 승인을 거쳐야 하는 제3자 이양(Third Party Transfer) 또는 공군에서 운영하고 있는 범세계 잉여물자 재분배제도(World Wide Redistribution System)를 통해 제3자에게 이양 및 판매가 가능하도록 하고 있다. 하지만 복잡한 절차와 처리기간의 장기화로 인하여 WWRS가 더 선호되고 있다. 외형적으로는 미국 정부가 FMS 구매국을 위해 WWRS 제도는 운영하는 것처럼 홍보하고 있으나, 공군이 부족한 애로 수리부속에 대해 해외 FMS 구매국의 잉여품목을 신속하고 저렴한 비용으로 구매하여 충당하기 위한 목적에서 출발했다는 점에서 알 수 있듯이 궁극적으로 미국의 국익을 위한 제도로 보는 것이 타당하다. 그럼에도 불구하고 구매국에게 있어 애로 수리부속의 확보 및 잉여품목 처리에 매우 효율적인 제도이기 때문에 적극적인 참여가 필요하다. 특히 제도 활성화를 위해서는 우리 군이 잉여품목을 적극적으로 판매하고 그 판매수익금을 활용할 수 있도록 제도적 개선이 필요하다. 현재는 잉여품목을 판매하면 수수료를 제외한 판매대금이 유보계정에 입금되며 이는 국고로 일괄적으로 환수되고 있다. 물론 판매수익을 국고로 환수하는 것이 매우 당연한 조치이다. 그러나 잉여품목의 판매를 활성화하기 위해서는 판매수익금은 국고로 반납하고, 구매할 때는 자신의 지갑에서 지불해야 하는 현재의 제도는 개선의 여지가 있다. 실제 판매한 군(軍)에서 판매수익금을 자군이 필요한 애로 수리부속을 추가로 구매하는데 해당 예산을 활용할 수 있도록 제도를 보완해야 할 필요가 있다.

또한, 해외 무기구매에 있어서 수명주기 동안 안정적으로 필요한 수량만큼만 수리부속을 확보하는 것은 모든 구매국의 목표이나 현실적으로 쉽지 않다. 수명주기 동안에 필요한 수리부속의 수량과 품목을 정확히 산정할 수도 없으며 설령 가능하다 하더라도 구매국들의 무기체계 운용환경이 각기 다르고 방산업체도 무작정 생산라인을 유지할 수 없기 때문에 잉여품목과 애로품목들이 발생할 수밖에 없기 때문이다. 이러한 상황에서 WWRS는 FMS 구매국에게 간편한 절차에 따라 이러한 수리부속 소요 대 보유의 불균형을 해결하고 예산을 효율적으로 운영할 수 있도록 하는 매우 유용한 제도라고 할 수 있다. 따라서 제3자 이양, 최종사용 확인 등 해외 수출품목에 대한 사후관리와 함께 중 · 장기적으로는 우리도 WWRS 같은 재판매제도의 도입을 통하여 구매국의 애로사항을 해결하고 우리 군의 후속군수지원 비용을 줄이기 위한 노력이 필요하다.

제6장

대외군사판매와 직접상업판매

1. 관련 법규
2. 수출승인
3. 계약 형태 및 주체
4. 판매 우선권
5. 구매비용
6. 구매국 요구조건 반영
7. 품질보증
8. 후속군수지원
9. 납품 소요기간
10. 패키지 구매
11. No Gain, No Loss
12. 다양한 판매방식
13. 소결론

한 국가의 군사력 건설을 위한 무기체계의 해외구매사업은 때로는 한 국가의 존립과도 직결될 수 있으며 막대한 국가예산이 소요되기 때문에 국가적 관심도가 매우 높은 편이다. 또한 각국의 상이한 정치 · 경제 · 문화 · 군사적인 여건, 무기체계 운용환경, 군사적 성능 요구조건 등으로 인하여 무기체계 판매과정에서 구매국들의 요구조건도 매우 다양하다. 미국은 무기수출통제법에 의해 국방물자/장비, 용역, 교육훈련을 해외 우방국 또는 국제기구에 대외군사판매(Foreign Military Sales) 또는 직접상업판매(Direct Commercial Sales) 방식을 통해 판매하고 있으나, 실제로는 구매국의 다양한 요구를 충족시키기 위해 두 판매방식을 다양하게 조합하여 탄력적으로 운영하고 있다. 지금부터 FMS에 대하여 살펴보고 DCS와의 비교를 통해 특징 및 장단점 등에 대하여 구체적으로 알아보겠다.

1. 관련 법규

DCS는 방산업체가 국무부로부터 수출허가(Export License)를 받아 국제상거래법(International Trade Law)[1]에 따라 해외에 무기체계를 판매하는 제도로 미국 연방법 Title 22에 의해 국무부에서 관리하도록 승인된 안보지원 프로그램이다. 반면

1 국제 상거래에 관한 통일조약, 국제규칙, 국제적 관습법을 총괄하는 명칭으로 '국제 무역거래법'이라고도 한다. 무역거래에 적용되는 사법체계로 무역거래를 국가정책의 관점에서 규제하는 국제경제법(International Economic Law)과 비교된다. 국제무역이 활발해진 18세기 이후부터 필요성이 대두되었는데, 초기에는 영국의 물품매매법이나 해상보험법 등 국제무역을 주도하는 국가의 계약법이 준거법으로 활용되었다. 20세기에 들어와 상거래에 대한 국제적인 통일규칙이 활발히 논의되면서 각종 조약과 규칙이 마련되었다. 1955년 헤이그 준거법 협약, 1980년 유엔 국제 동산매매조약(UN Convention on Contracts for the International Sale of Goods), 국제상거래법위원회(UNCITRAL)가 발표한 중재규칙, 유엔 국제복합운송조약, 국제상업회의소(ICC)의 통일규칙 등 매우 다양한 준거법이 마련되어 있다.

FMS는 연방법 Title 10에 의해 국방부에서 수행하는 안보지원 프로그램으로 정부 간 구매협정을 통해 우방국에 무기체계를 판매하는 제도이다.

2. 수출승인

방산수출의 경우 반드시 국무부의 수출허가를 승인받아야 가능하나 판매방식에 따라 수출 승인절차가 다소 상이하다. DCS는 방산업체가 국무부에 수출허가를 요청하는 데 비해, FMS의 경우 국방부 국방안보협력본부(DSCA)를 통해 국무부(DoS)에 수출승인을 요청한다. 결과적으로는 국무부가 FMS 및 DCS에 대한 수출승인 여부를 최종 결정하기는 하지만 판매방식에 따라 수출승인을 요청하는 주체가 미국 국방부와 방산업체로 상이하다.

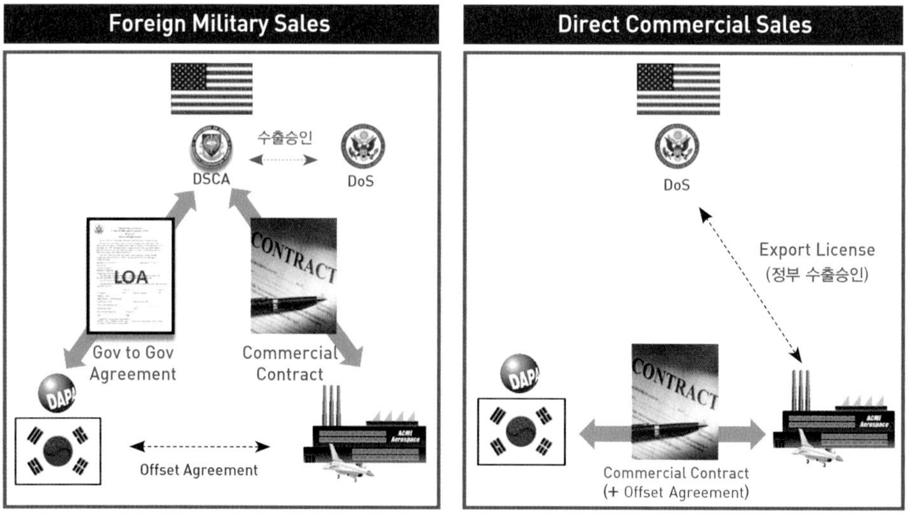

자료 6-1 대외군사판매와 직접상업판매 방식

3. 계약 형태 및 주체

FMS는 미국과 구매국 정부 상호 간에 정부 대 정부 구매협정을 체결하며, 구매협정에 따라 미국 정부가 구매국을 대리하여 계약과정의 사업을 관리한다. 즉 모든 조달계약은 미국 정부가 미국의 방산업체와 직접 체결하기 때문에 방산업체는 구매국 정부와 직접적인 계약관계가 없으며 방산업체는 미국 정부의 지시에 따라 계약을 이행하고, 하자를 포함한 계약분쟁 등 제반 계약 관련 문제도 미국 정부와 직접 해결하고 있다. 반면 DCS는 방산업체와 구매국 정부 간의 국제계약으로 국제상거래법을 근거로 체결되며 계약이행은 미국 방산업체와 구매국 정부 당사자 간 협의에 따라 진행된다. DCS에 있어서 외형적으로 미국 정부는 수출허가(Export License) 외에는 관여하지 않는다.[2]

4. 판매 우선권

미국은 대외적으로 정부 차원에서 특별히 선호하거나 유리한 판매방식은 없다고 하는 중립적인 입장[3]을 취하고 있으나, 방산업체와 국방부 간의 불필요한 무기수출 경쟁을 방지하고 방산업체의 자체적인 수출활동을 정책적으로 장려하기 위하여 FMS와 DCS가 함께 추진되는 경우 방산업체에 의한 DCS를 우선적으로 허용하고

2 실제로는 계약조건 등에 관여하고 있다. 절충교역의 경우에도 해외 구매국과의 절충교역 내용을 정부에 보고하도록 의무화함으로써 미국 정부가 방산업체의 DCS 계약에 관여하고 있다고 보아야 할 것이다. 다만 구매국의 입장에서 보았을 때 외형적으로 수출허가 외에는 미국 정부의 간섭이 없을 뿐이다.

3 E-SAMM C4.3.4. DoD is generally neutral whether a foreign country purchases through FMS or DCS.

있다. 즉, 방산업체가 특정국가로부터 DCS로 구매제안을 받은 경우 구매 견적요청서(Solicitation for Price Quotation)를 첨부하여 미국 국방부 국방안보협력본부에 제출하면 1년 동안은 DCS로 우선 판매할 수 있도록 제도적으로 보장하고 있다. DCS로 판매가 추진되는 사업은 FMS 오퍼 발행 업무를 담당하는 실무자까지 전파하여 동일 국가에서 동일한 무기체계에 대한 가격/가용성(P&A) 또는 오퍼요청서(LOR)가 접수되는 경우 DCS로 추진되고 있기 때문에 해당 국가에 해당 데이터를 제공할 수 없음을 통보[4]함으로써 방산업체의 판매 우선권을 보장하고 있다. 따라서 구매국의 획득정책에 의해 불가피하거나 특별한 상황으로 인하여 국방안보협력본부에서 예외적으로 승인[5]한 경우를 제외하고 구매국은 FMS와 DCS를 동시에 추진할 수 없다. 만약 사업을 추진하는 과정에서 미국에 DCS에서 FMS로 변경된 경우 이를 방산업체와의 협상 등 DCS와 관련된 모든 절차를 중단하고 DCS 구매추진이 취소되었음을 미국 정부에 제시하여야 FMS 절차로 구매절차가 가능하다. 반대로 LOR을 제출한 후 DCS 계약을 위해 자료를 요청하기 위해서는 먼저 LOR을 취소해야 한다.

미국 정부가 이처럼 방산업체에 판매 우선권을 보장하고 있으나, 모든 무기체계

---

4 E-SAMM C4.3.6.1 Direct Commercial Sales Preference(오퍼발행기관이 구매국에 통보하는 직접상업판매 우선 추진 통보)[Company] has advised us that it is actively negotiating with you a program under which [article or service] is to be provided commercially. Although it has no preference as to whether this item is procured through FMS or on a commercial basis, DSCA does not normally provide price and availability information that could conflict with information formally requested from commercial firms. If a commercial transaction is undertaken, the U.S. Government shall not be a party to the contract; therefore, all aspects of contract performance must be between your Government and the company. Before we can provide FMS data, you must confirm that all commercial efforts have ceased and advise DSCA of the reason for this decision.

5 E-SAMM C4.3.7. Concurrent FMS and Commercial Negotiations. (FMS 및 DCS 동시협상) If the purchaser's national policy or specific circumstances require that both FMS and commercial data be obtained, the purchaser should submit a request for exception to DSCA (Strategy Directorate). (구매국 국가정책 또는 특별한 상황으로 FMS 및 DCS 가격정보가 동시에 필요한 경우 구매국은 국방안보협력본부에 예외 승인을 요청하여야 한다.)

에 해당되는 것은 아니다. 일부 전략무기체계 등은 FMS를 통해서만 구매하도록 지정되어 있는데, 이는 대통령으로부터 FMS 판매품목 지정 권한을 위임받은 국무부 장관에 의해 정치 · 군사적인 관계, 무기체계에 적용된 군사과학기술의 민감성 등을 고려하여 최종적으로 결정된다. FMS로만 판매가 제한된 품목에 대해서는 국무부에서 수출승인서를 발행해주지 않음으로써 원천적으로 DCS가 불가능하며, 결과적으로 FMS를 통해서만 판매[6] 가능하다.

5. 구매비용

구매비용 측면에서 FMS와 DCS는 정부와의 협상과정에서 다양한 변수가 있기 때문에 어떤 구매방식이 더 유리하다고 단정하기는 어렵다. FMS의 경우 통합구매물량, 구매시점, 계약 참여업체 등에 따라 구매비용에 많은 차이가 발생할 수 있다. FMS는 미군을 포함한 세계 구매국들의 소요를 통합하여 공동으로 대량구매를 추진하기 때문에 미군과 동일한 저가로 구매가 가능하다. 특히 통합구매물량이 많고 복수의 방산업체가 경쟁하는 경우 구매비용 측면에서 매우 유리하다고 할 수 있다. 그러나 어떠한 경우라도 미국 연방획득규정(Federal Acquisition Regulation)에 의해 방산업체에 적정이윤을 보장하도록 규정되어 있으며 무기체계의 기본가격(Basic Price) 외 계약관리를 위한 행정비용을 추가로 부담해야 하므로 적절한 구매시점을 놓쳐 통합구매물량이 많지 않거나 원 제작사만 단일업체로 계약에 참여하는 경우

6 미국 안보지원관리교범(SAMM) C4.5.9 FMS Only Determinations 미국의 무기수출통제법에서는 대통령이 FMS로만 판매하는 완성체계(End Items)를 지정토록 명시되어 있으며, 이 권한은 국무부에 위임되어 있다. 실질적으로는 국방부, 각 군 및 국방기술안보청(Defense Technology Security Administration)과 협조하여 국방안보협력본부에서 필요하다고 판단되는 경우 FMS로만 판매토록 지정을 요청할 수 있다.

가격경쟁력이 떨어질 수 있다. 반면 DCS의 경우 방산업체와의 직구매를 통해 미국 정부에 계약관리 대가로 지불해야 하는 비용을 절감할 수 있으며, 미국 방산업체뿐 아니라 다수의 해외 방산업체를 끌어들여 경쟁구도를 조성하는 경우 시장 경제원리에 의해 절충교역 등 상대적으로 유리한 계약조건으로 FMS에 비해 훨씬 더 저렴한 비용으로 구매할 수도 있다. FMS에서는 연방획득규정에 의해 방산업체에 적정 수준의 이윤을 보장하도록 되어 있지만, 다수의 해외 방산업체와의 경쟁에서는 미국 국방부가 인정한 적정 이윤 이하에서도 계약을 할 수 있기 때문이다. 따라서 구매국이 충분한 국제계약 경험 및 계약 이후 계약을 관리할 수 있는 능력이 있고 다자 경쟁구도를 조성할 수 있다면 DCS를 통해 비용을 절감할 수 있는 여지가 더 많다고 할 수 있다.

하지만 구매비용을 산술적으로 단순 비교하는 것은 현실적으로 어렵다. 미국 정부의 정책에 따라 FMS와 DCS의 상호경쟁을 허용하지도 않을뿐더러 계약 당시의 계약금액 산정시점이 상이하기 때문이다. DCS는 계약 시 구매금액을 확정(Fixed Price)하는 데 비해 FMS는 사후정산 방식으로 오퍼 계약금액은 예정가격(Estimate Price)으로 계약종결 시점에 최종금액이 확정되기 때문에 정산 이전까지는 정확한 금액을 알 수 없다. 즉, 최종금액은 최초 오퍼 계약금액보다 많거나 적을 수 있다. 오퍼금액보다 많아지면 구매국의 저항이 있을 수 있으므로 오퍼 작성단계에서 다소 높게 계약금액을 산정하기 때문에 통상적으로 최종금액이 오퍼금액보다 적기는 하나, 정책결정 단계에서 FMS와 DCS를 비교할 목적으로 확정되지 않은 예정가격을 확정가격과 단순히 비교하는 것은 다소 무리가 있다.

6. 구매국 요구조건 반영

FMS는 미군이 운용하고 있는 표준장비를 대상으로 소요를 통합하여 대량구매를 통한 저가구매를 추진하다 보니 무기체계에 대한 구매국의 개별적인 요구사항을 모두 반영하기 어렵다. 특히 표준장비는 미군의 성능 요구조건에 맞추어 개발되었기 때문에 구매국의 요구사항을 완전히 충족시키는 것은 불가하다. 물론 오퍼 협상 결과에 따라 제한된 범위 내에서 부분개조, 개량이 가능[7]하기는 하지만 범위가 극히 제한되고 많은 비용이 추가로 소요된다. 반면 DCS는 미군의 표준장비 플랫폼에 구매국 고유의 요구사항을 반영하여 구매할 수 있기 때문에 FMS에 비해 상대적으로 구매국의 필요에 맞도록 최적화된 무기체계 구매가 가능하다. 미군의 표준장비 플랫폼을 기반으로 하기 때문에 구매국의 요구를 반영할 수 있는 범위는 제한적일 수밖에 없지만 추가비용을 지불하기만 한다면 계약업체와의 합의에 따라 그 범위는 얼마든지 더 확대될 수 있을 것이다. FMS가 미군의 몸에 맞추어 제작한 기성복을 구매국에게 판매하는 것이라면, DCS는 기성복뿐 아니라 구매자의 몸에 맞추어 기성복을 수선해서 판매하는 것으로 비유할 수 있겠다.

7. 품질보증

FMS는 미군 및 구매국의 장비를 통합구매하기 때문에 국방부 군사표준(MILSPEC)에 근거하여 미군과 동일한 기준과 절차에 따라 수락검사 및 품질관리

7 미국 육군의 경우 물자사령부(AMC) 예하에 자체 연구개발사령부(RDEC)를 설치하여 구매국의 요구에 따라 필요한 개조 및 개량을 해주고 있다. 그러나 이에 대한 모든 비용은 구매국이 별도로 부담해야 하며, 비표준품목에 대한 후속군수지원 상의 불이익도 스스로 감수해야 한다.

를 실시한다. 또한 정부가 직접 품질을 보증하며 하자 등의 문제가 발생했을 경우 구매국을 대리하여 직접 계약업체와 협조하여 이를 해결해주고 있다. 하지만 DCS의 경우 계약업체와의 협의에 따라 계약서에 명시된 조건으로 수행되며 구매국이 직접 품질관리 등을 수행해야 하므로 전 생산과정에 걸쳐 품질관리를 수행할 수 있는 경험이 있는 전문인력을 현지 생산공장에 파견하는 등의 조치가 필요하며 또한 사후에 품질에 대한 문제가 발생하는 경우에는 구매국 정부가 직접 계약업체와의 법적 분쟁을 해결해야 한다. 하지만 미국 계약업체의 생산공장이 구매국으로부터 지리적으로 멀리 떨어져 있을 뿐 아니라 현대 무기체계의 복잡성으로 인하여 주계약업체를 포함한 많은 협력업체들이 관련되어 있기 때문에 구매국에서 생산과정의 모든 품질관리를 수행하는 것은 사실상 어렵다. FMS로 별도의 계약행정 서비스(Contract Administration Services)를 구매하여 미국 국방부 국방계약관리본부(DCMA)에서 DCS 계약업체에 대한 계약행정, 품질관리, 품질검사/수락, 감사 등의 업무를 구매국을 대신하여 수행하도록 하는 방법도 있기는 하지만 대부분의 FMS 구매국이 품질보증 문제를 중요하게 생각하기 때문에 미국 정부의 품질보증과 후속군수지원 보장은 DCS보다는 FMS를 선호하는 주요한 이유 중의 하나가 되고 있다. 품질에 하자가 발생한 경우 FMS는 장비도입 후 1년 이내에 하자구상을 청구할 수 있으나 품목단가가 200달러 미만인 소액품목은 불가능하다. DCS는 계약조건에 따라 하자구상을 임의로 결정할 수 있다.

8. 후속군수지원

FMS에서 가장 주목할 점은 FMS 구매국에 대한 군수지원 조직이 해외 구매국을 위해 별도로 구축된 것이 아니라, 현존하는 미군의 군수지원체계를 그대로 활용하고 있다는 점이다. 실제 FMS에 있어서 구매국이 정비를 요청하는 경우 미군 정비조직과 시설을 이용한 군직정비(軍直整備)를 우선 고려하고 있으며 군직정비가 가용하지 않은 경우에 한하여 민간정비를 추진하고 있다. 또한 FMS 보급지원협정을 체결하면 필요한 수리부속에 대하여 미군과 동등한 수준의 군수지원을 보장받을 수 있는데, 이는 기 구축된 미군의 군수/보급지원 인프라를 활용할 수 있기 때문에 가능하다.

미국 정부는 미군이 표준장비를 운용하는 수명주기 동안 안정적으로 후속군수지원을 보장하기 위하여 미군의 군수/보급지원 체계에 충분한 운영재고량을 보유하고, FMS 구매국에 대해서도 재고 또는 신규조달을 통해 지원하고 있다. 반면 DCS의 경우에는 기업이익을 경영의 최우선 목표로 삼는 방산업체가 일부 구매국을 위해 30여 년의 수명주기 동안 생산라인을 유지하는 것이 어렵기 때문에 사전에 충분한 후속군수지원 대책을 마련하지 않으면 장비를 운용하는 중에 후속군수지원으로 인하여 애로를 겪을 수도 있다. 실제로 DCS의 경우 수리부속을 구하지 못해 장비를 가동하지 못하는 경우가 빈번하게 발생하거나 설령 구하더라도 최초 구매단가의 몇 배에서 몇십 배 이상 고가로 구매해야 하는 경우도 있다.

FMS의 경우 전 세계적으로 주둔하고 있는 미군 및 약 140여 개의 FMS 구매국을 대상으로 통합된 군수지원을 하므로 비용 및 조달기간 측면에서 DCS에 비해 상대적으로 후속군수지원에 유리하다. 즉 구매국에서 필요한 수리부속을 요청하는 경우 DCS에서는 계약이 체결되어야만 방산업체가 생산을 시작하는 데 비해, FMS에서는 미군이 보유하고 있는 가용한 재고를 우선 지원하고 가용재고가 없는 경우 새로운 조달계약을 통해 지원하기 때문에 재고가 있다면 훨씬 신속한 조달이 가능하다.[8] 비용 측면에서 볼 때도 DCS는 구매국과 해당 방산업체가 개별적으로 계

8 그러나 DCS는 구매국과 방산업체 간의 계약에 의해 즉시 생산이 가능하지만, FMS는 최소주문수량

약을 하는 데 비해, FMS는 미군 및 FMS 구매국의 소요를 통합하여 계약을 하므로 FMS가 유리할 수 있다. 또한 미국 정부는 FMS의 효율적인 후속군수지원을 위한 다양한 제도를 운영하고 있다. WWRS 제도를 통해 구매국 상호 간에 FMS로 구매한 잉여 수리부속을 판매하고 애로 수리부속을 구매하도록 장려하고 있으며, 특히 FMS 구매국에서 표준품목을 구매했지만 미군에서는 이미 도태된 비표준품목에 대해서는 PROS, SNAP 등 비표준품목 구매제도를 통해 군수지원을 하고 있다. 또한 표준장비의 경우 DCS로 구매했다 하더라도 나중에 별도의 FMS 오퍼를 체결하여 후속군수지원을 보장받을 수 있다. DCS의 경우 민간 소유의 방산업체가 소수의 구매국을 위해 다양한 수리부속을 모두 확보하거나 생산라인을 유지하는 것이 사실상 어려우며 설령 수명주기 동안 후속군수지원을 보장한다고 하더라도 초기 구매단가 대비 훨씬 고가의 금액을 요구할 수밖에 없을 것이다. 왜냐하면 소량을 생산하기 위하여 생산라인을 다시 설치해야 할 것이기 때문이다. 반면 FMS의 경우 미국 정부에서 구매국의 수명주기 동안 안정적인 군수지원을 보장하기 위해 다양한 제도를 운영하고 있기 때문에 일반적으로 DCS에 비해 후속군수지원 측면에서 유리한 것으로 알려지고 있다.

9. 납품 소요기간

납품 소요기간은 최초 주장비를 비롯한 군수지원 품목들을 구매하는 경우와 후

을 충족하기 위해 미군이나 다른 FMS 구매국들의 소요가 나올 때까지 기다리는 경우도 있는데 이러한 경우 DCS가 FMS에 비해 훨씬 더 신속하게 확보할 수도 있다. 또한 구매국에서 긴급하게 요구하는 경우 최소주문수량을 충족시키기 위해 부득이하게 필요한 수량 이상을 요구하거나 높은 금액을 요구하는 경우도 있다.

속군수지원 품목들을 구매하는 경우에 따라 차이가 발생할 수 있다. 전자의 경우 계약업체가 생산 중에 있는 장비를 인도하는 기간은 일반적으로 FMS보다는 DCS가 더 빠르다. FMS는 오퍼 발행과정에서 약 90일 이상의 행정처리 기간이 소요되며 경제적인 획득을 위해 최소주문수량(Economic Ordering Quantity)을 설정하고 이를 충족할 때까지 기다리거나 더 많은 구매수량을 확보하기 위해 통합구매주기에 맞추어 계약 추진을 늦추기도 한다. 반면 DCS는 수출이 승인되면 이후에는 개별 국가와의 계약협상 및 생산기간이 소요되며, 구매국과 계약업체의 노력에 의해 협상기간을 줄이고 생산기간을 최소화할 수 있기 때문에 FMS에 비해 훨씬 짧은 시간 내에 인도가 가능하다. 그러나 후속군수지원 품목의 경우 상황이 다르다. FMS는 미군이 보유하고 있는 재고를 활용할 수 있기 때문에 구매국의 긴급소요가 발생한 경우 재고를 즉시 지원하거나 재고는 없지만 생산 중인 경우 상황에 따라 미군의 물량을 구매국에 우선 지원해주는 것도 가능하기 때문이다. 하지만 방산업체는 향후 판매를 예측해서 미리 생산하거나 초과로 재고를 확보하지 않기 때문에 후속군수지원 품목의 경우 FMS가 DCS에 비해 전체적으로 더 빠른 편이라고 할 수 있다.

10. 패키지 구매

컴퓨터를 생산하는 대기업들이 컴퓨터 본체의 사양을 몇 가지로 정해놓고 대량생산하여 모니터, 마우스, 키보드, 매뉴얼, 애프터서비스 등을 하나로 묶어 저가로 홈쇼핑 등에서 판매하는 경우를 많이 보았을 것이다. 컴퓨터에 대하여 충분한 전문지식이 없는 경우 각각의 구성품에 대한 성능이나 기능에 대하여 잘 모르기 때문에 CPU 처리속도, RAM 용량, 저장장치(HDD) 용량, 그래픽 처리속도, 모니터 해상도 등 컴퓨터의 중요한 사양만으로 완성 PC를 구매하는 것이 일반적이다. 소비자는 컴퓨터를 사용하는 데 큰 불편을 느끼지 않는다. 컴퓨터 회사의 기사가 사전에 조립된 PC를 소비자의 가정까지 직접 가지고 와서 모든 구성품을 설치해주기 때문이다. 이처럼 FMS는 미군이 해당 무기체계를 야전에서 운용하면서 축적된 경험적인 데이터를 토대로 구매국이 장비를 운용하는 데 필요한 지원장비, 수리부속, 교육훈련, 교범 등 제반 요소를 종합하여 표준화된 패키지로 개발하여 무기체계와 함께 판매하기 때문에 도입 초기에 신속한 전력화를 추진하는 데 유리하다. 하지만 미군의 표준화된 패키지를 통합적으로 구매함으로써 필요한 양보다 초과하여 구매할 가능성이 있다.

앞서 살펴본 컴퓨터 사례로 돌아가서 컴퓨터에 대한 지식이 있는 경우 자신에게 필요한 최고 성능의 컴퓨터를 구매하기 위해 필요한 부품만 선별적으로 구입한 후 이를 조립하고 실제로 불필요한 서비스 등을 제외하면 더 적은 비용으로 최적화된 성능의 컴퓨터를 가질 수 있게 된다. 이처럼 DCS에서는 FMS와 같은 패키지 구매를 지양하고 반드시 필요한 구성품을 선별적으로 구매할 수 있기 때문에 구성품에 따라 구매금액에 큰 차이가 발생할 수 있다. 또한 DCS에서는 미군 표준품목 외에 구매국에 반드시 필요한 성능만 발휘할 수 있도록 최적화하기 위해 구매국 요구에 따라 형상을 부분적으로 개량할 수도 있지만 이는 미군과의 상호 운용성을 제한하거나 비표준품목으로 인한 유지비용의 증가로 이어질 수 있다는 점에 유의해야 할 것이다. 또한 DCS는 계약서에 구체적으로 구매품목 및 수량 등을 세부적으로 명시하는데 비해, FMS에서는 오퍼에 패키지 개념으로 계약품목들이 명시되어 구체적인 확인이 어렵다. 예를 들어 동시조달 수리부속(Concurrent Spare Part)인 경우 DCS에서는 구체적인 품목명과 수량 등이 모두 계약서에 명시되나 FMS에서는 '3년' 분량 등으로만 명시되어 세부내역 확인이 제한될 수 있다. 따라서 구체적으로 어떤 품목들이 인도될 예정인지 확인함과 동시에 미군의 과거 사용실적 등을 요구하여 반드시 필요한 품목 위주로 선별하여 구매하는 것이 필요하다.

11. No Gain, No Loss

수익 극대화가 가장 큰 목표인 기업이 방산수출을 통해 더 많은 수익을 창출하고자 하는 것은 당연하다. 특히 세계적인 국방비 감축 추세 속에서 방산업체의 수익창출은 생존을 위한 필수조건이라고 할 수 있겠다. 이에 따라 DCS의 경우 방산업체는 기업의 이윤을 극대화하는 방향으로 계약을 체결하기 위하여 노력할 것이다. 하지만 FMS를 주도하고 있는 미국 정부는 대외적으로 '비수익 · 비손실(No Gain, No Loss)' 정책을 내세우고 있다. 이는 무기체계 수출을 통해 어떠한 이익이나 손실도 보지 않겠다는 의미가 아니고, 미국 정부가 방산수출을 통해 직접적인 이익이나 손실을 취하지 않겠다는 것이다. 즉 FMS는 미국 정부에서 정한 법률과 절차 하에 정부의 조직과 인력을 활용하여 구매국을 대리하여 계약관리를 수행하는 방산수출제도로, '비수익(No Gain)'은 FMS 수행과정에서 미국 정부가 수출로 인한 이익을 보지 않겠다는 것이다. 표면적으로는 구매국에게 미국 정부는 구매국을 위해 계약관리를 하며 어떠한 이익도 취하지 않으니 안심하라는 차원으로 이해하는 것이 옳을 것이다. 실제로는 국가 차원에서 FMS를 통한 방산수출은 경제적인 측면[9] 외에도 여러 실익이 있기 때문이다. 반면 미국 정부는 구매국을 대신하여 계약관리를 수행하는 조직과 인력에 대한 제반 행정비용은 구매국에 부과하겠다는 측면에서 '비손실(No Loss)' 정책을 내세우고 있다. 이에 따라 무기수출통제법(AECA)에서는 미국 정부가 구매국을 대신하여 FMS 케이스에 대한 사업관리 · 계약 이행 · 감독 등에 대한 모든 업무를 수행하는 대가로 FMS 구매국에 행정비(Administration Fee)를 부과하도록 하고 있는데, FMS 판매실적에 따라 수수료율을 조정하여 수익이나 손실이

9 FMS 판매로 인한 경제적 이점은 무기체계 연구개발에 투자된 개발비용의 회수, 규모의 경제를 통한 무기체계 생산단가 절감, 방산업체의 생산라인 가동 유지, 고용효과 등을 들 수 있다.

없도록 하고 있다.[10] 결론적으로 미국 정부는 FMS 방산수출을 통해 국가적으로 막대한 이익을 취하고 있음에도 행정비 외에 계약관리를 통하여 어떠한 이익도 취하지 않음을 분명히 하고 있는 것은 행정비 부과에 대한 정당성을 확보하기 위한 대외적인 입장표명이라고 할 수 있겠다.

12. 다양한 판매방식

FMS와 DCS는 앞서 살펴본 바와 같은 차이점이 있지만 완전히 상호 배타적으로 운영되지는 않는다. 앞서도 언급한 바와 같이 다양한 정치 · 군사 · 문화 · 경제적 여건, 무기체계 운용환경, 군사적 요구조건 등으로 인하여 구매국의 요구조건들도 매우 다양하기 때문에 미국 정부는 이러한 요구조건에 부응하기 위하여 FMS와 DCS 제도를 지속적으로 발전시켜왔으며, 구매국의 참여범위에 따라 〈자료 6-2〉에서 보는 바와 같이 여러 가지 조합에 의해 탄력적으로 운영되고 있다. 국내에서 최근의 좋은 예로 A사업의 경우 미국은 FMS와 DCS로 동시에 입찰에 참여하였다. 특히 우리나라에서 오퍼요청서(LOR)을 보내지 않았음에도 미국 정부에서 오퍼(LOA)를 발행하여 미국 DCS의 방산업체 및 해외 방산업체 기종들과 경쟁하였다. B사업의 경우 FMS로 미국의 육군 기종과 해군 기종이 참여하여 경쟁하기도 하였

10 FMS 행정비(FMS Administration Fee): 구매국으로부터 거둬들인 행정비는 FMS 신탁계좌(FMS Trust Fund Administrative Account)에 입금되어 미국 정부의 FMS 수행 관련 비용을 충당하고 있다. 비수익 · 비손실 원칙에 의해 FMS 판매실적의 증가 및 감소에 따라 매년 행정비 수수료율의 타당성을 검토하지만 향후 큰 변화가 예측되는 경우에 한해서만 수수료율을 조정하고 있다. 1977년에 3%에서 2%로 변경된 이후 20여 년간 2%를 유지해오다가 1999년 6월~2006년 7월 오퍼에 대해서는 2.5%, 2006년 8월~2012년 12월 3.8%, 2012년 12월부터 현재까지는 다시 3.5%의 수수료율을 적용해오고 있다.

다. C사업의 경우에는 영국의 방산업체와 미국 정부의 FMS가 경쟁하였다. 이처럼 미국 정부는 구매국에서 직접 오퍼를 요청하지 않았음에도 계약을 수주하기 위해 오퍼를 보내는 등 자국의 이익에 적극적이다.

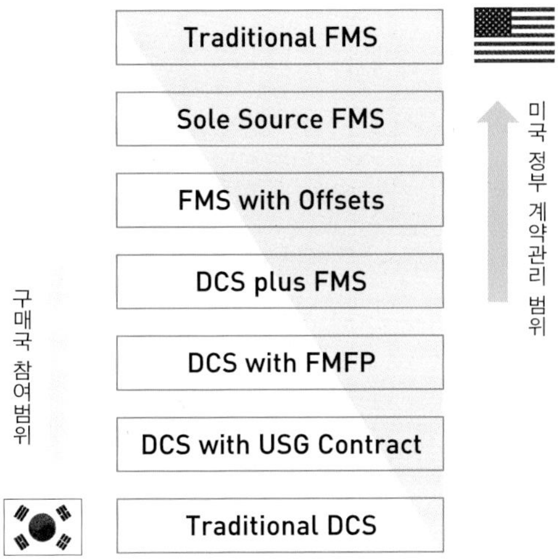

자료 6-2 구매국의 사업 참여범위에 따른 다양한 판매방식

1) 전통적 FMS Traditional FMS

전통적 FMS는 미국 국방부가 구매국을 대리하여 계약업체를 단독으로 선정하고, 협상/계약체결, 계약이행, 품질관리, 재무관리 등 구매 전 과정에서 계약관리를 직접 수행하는 판매 형태로서, 구매국이 사업에 참여할 수 있는 범위가 가장 제한된다. 이 판매방식은 미국 정부가 구매국을 위해 미군과 동일하게 계약을 관리할 것이라는 전적인 신뢰를 바탕으로 하며, 구매국은 무기체계 구매비용 외에 미국 정부에 의한 계약관리, 계약행정 등 모든 비용을 추가로 지불해야 한다.

2) 단일업체 지정 FMS Sole Source FMS

구매국이 직접 계약업체를 지정하는 판매 형태로서, 구매국에서 미국의 특정 방산업체와 계약 관련 사항을 사전에 조율하고 협조할 수 있다. 전통적 FMS에서는 미국 정부가 계약업체를 단독으로 선정하기 때문에 계약확정 이전까지는 어떤 생산업체가 선정될지 모르나, 단일업체 지정 FMS는 특정 업체와의 계약을 구매국이 미국 정부에 직접 요청하기 때문에 사전에 계약업체를 알 수 있어 구매국만의 고유한 요구사항을 반영하는 것이 가능하며 통합구매를 위한 발주대기기간 없이 즉시 해당업체와의 계약을 추진할 수 있기 때문에 상대적으로 인도시기가 빨라질 수 있다. 반면 비경쟁계약으로 인하여 구매비용 측면에서는 불리하다. 즉 전통적인 FMS에서는 구매국 소요를 통합하여 다수의 방산업체와의 경쟁계약을 통해 저가구매를 추진할 수 있으나, 단일업체 지정 FMS에서는 구매국에서 지정한 방산업체와만 계약을 할 수 있기 때문에 경쟁으로 인한 비용절감 효과를 누릴 수 없다. 따라서 이는 대량구매를 통한 저가획득을 목표로 하는 미국 국방부 입장에서도 달갑지 않기 때문에 권고되는 판매방식은 아니며, 이에 따라 미국 정부에서는 구매국에서 단일업체 지정을 서면으로 공식적으로 요청하는 경우에 한하여 제한적으로 적용토록 하고 있다.[11] 통상 단일업체 지정은 오퍼요청서를 제출할 때 요청되어야 하며, 만약 이미 오퍼가 수락된 이후에 단일업체를 지정하고자 하는 경우에는 오퍼를 개정 또는 수정하여야 한다.

---

11 Sole Source Foreign Military Sales(The Management of Security Cooperation, p.15-13) 일반적으로 긴급한 소요가 발생한 경우 비표준품목 구매, 해당업체와의 과거 계약실적이 있는 경우, 표준화, 구매국이 단일업체 지정을 요구하는 경우에 한하여 단일업체를 지정한다.

3) 절충교역 FMS FMS with Offsets

FMS는 절충교역이 어렵다는 일부의 인식과는 달리 FMS에서의 절충교역은 오래전부터 시작되었으며, 당시에는 FMS 수출을 증진시키기 위한 방안으로 수행되었다. 1950년 후반에 절충교역이 허용된 이후, 1960년 초에 서유럽국가와의 F-104 전투기 및 호크 지대공 미사일 공동생산이 FMS에서의 최초 절충교역으로 기록되어 있다. FMS에서의 절충교역은 미국 정부가 관여하지 않고, 구매국과 계약업체 상호 간에 협정을 맺어 추진토록 하고 있다. 그러나 앞서 제2장 절충교역과 FMS에서 알아본 바와 같이 고가의 무기체계 구매에 대한 무상의 반대급부를 받기를 원하는 구매국의 의도와는 달리 FMS에서의 절충교역은 그 모든 비용이 구매금액에 포함되기 때문에 원칙적으로 절충교역이라고 보기 어렵다. 그럼에도 불구하고 미국의 선진 국방과학기술을 이전받을 수 있는 좋은 기회이기 때문에 FMS에서의 절충교역은 실익을 잘 살펴보고 추진해야 할 것이다.

4) FMS와 DCS 혼합판매 FMS-DCS Hybrid

구매에 있어 중요한 고려요소 중 하나는 구매 후 폐기할 때까지 장비의 성능을 100% 발휘할 수 있도록 보장하는 후속군수지원이다. 새 차량을 구매하는 경우 일반적으로 차량 성능, 가격과 함께 사후관리, 즉 애프터서비스가 얼마나 잘 지원되는가는 반드시 고려해야 할 중요한 요소이다. 차량 구매 후 사용법을 제대로 알려주지 않는다거나, 차량에 문제가 발생했을 때 교환 · 수리를 제때 해주지 않는다거나, 몇 년 되지 않아 각종 필터 및 오일 등 소모품이나 정비를 위한 수리부속을 구하기 어려워서 차량을 운행하지 못한다면, 좋은 성능의 차를 아무리 싸게 판다고 해도 선뜻 구매하기가 쉽지 않을 것이다. 그러나 DCS의 경우 방산업체는 기업 이익 극대화를 우선적으로 지향할 수밖에 없기 때문에 무기체계 수명주기(통상 30년) 전 기간 동안 구매국을 대상으로 군수지원을 하기 위한 장비, 인력, 시설 등을 유지하기 어렵고, 미군의 교육훈련을 위해 충분한 시설 · 인력을 확보하고 있는 국방부에 비해 소규모의 기술교육만 가능하며 교범 · 기술자료 등도 미국 국방부가 소유권을 가지고 있기 때문에 방산업체가 임의로 판매할 수 없는 등의 문제점이 있다. 미국 정부는 이러한 문제점을 해결하고 방산업체 수출을 지원하기 위하여 DCS로 판매된 무기체계에 대해서도 FMS를 통해 후속군수지원이 가능하도록 허용하고 있다. 엄밀히 말하자면, 주장비 등은 DCS로 판매하고, DCS로 제한되는 후속군수지원 등에 대해서는 FMS로 미국 정부를 통해 지원하는 것이라고 할 수 있겠다. 또한 미국 정부의 판매정책에 따라 FMS로만 판매하는 무기체계라 하더라도 보조장비, 수리부속 등 기타 품목들은 DCS로 구매하거나, 처음에는 FMS로 구매하였지만 구매국의 여건 변화에 따라 후속사업은 DCS로 추진하는 경우 등도 모두 FMS와 DCS 혼합판매(FMS-DCS Hybrid)에 해당된다.

5) 대외군사차관을 통한 DCS DCS with FMFP

대외군사차관(Foreign Military Financing Program)은 미국 연방법 Title 22에 의해 국무부에서 관리하도록 승인된 안보지원 프로그램으로 해외 우방국 중에서 의회에 의해 승인된 국가에 대하여 차관을 지급하고 있다. 이는 일종의 군사자금 지원 프로그램으로 자금은 국방안보협력본부에서 관리하며 대외군사차관을 지원받는 국가들은 반드시 FMS로 국방물자/용역 등을 구매해야 한다. 하지만 이집트, 그리스, 이스라엘, 요르단, 모로코, 파키스탄, 포르투갈, 튀니지, 터키, 예멘의 10개국에 대해서는 DCS를 통해서도 가능하도록 법으로 허용하고 있다. 이러한 국가들은 FMS 또는 DCS를 통해 FMFP 자금을 선택적으로 사용할 수 있으나 반드시 계약 사안별로 국방안보협력본부의 승인을 받아야 하는데, 표준품목은 해당되지 않으며 미국 정부의 철저한 관리감독이 수반되는 등 여러 가지 제약과 통제가 따른다. 우리나라는 이 판매방식을 사용할 수 없다.

6) 미국 정부 계약행정지원을 통한 DCS DCS with USG Contract Administration Support

DCS를 통해 구매하는 경우 구매국은 계약된 바와 같이 생산이 일정에 따라 제대로 수행되고 있는지, 품질은 기준을 충족시키는지 등 계약관리 업무를 수행한다. 하지만 지리적 또는 예산상의 어려움으로 인하여 많아야 연 1~2회 정도의 국외출장을 통해 계약업체를 방문하여 2~3주의 짧은 일정으로 계약관리 업무를 수행하는데, 방산업체의 생산공장이 미국 전역에 산재해 있는 경우가 많기 때문에 구매국이 직접 단기간에 모든 계약관리 업무를 효율적으로 수행하는 것은 현실적으로 불가능하다. 이러한 경우 미국 정부와 FMS를 통해 계약행정 서비스(Contract Administration Services) 오퍼를 체결하면 미 국방부 국방계약관리본부(Defense Contract Management Agency)의 계약행정조직과 인력을 운영하여 구매국을 대신하여 DCS 계약업체에 대한 계약행정, 품질관리, 품질검사/수락, 감사 등의 업무를 대행한다. FMS와 DCS를 함께 추진한다는 점에서는 혼합판매방식과 유사하나, 교범·교육훈련 등을 포함한 후속군수지원이 아닌 계약행정 서비스만 FMS로 구매한다는 측면에서 구분된다. 구매국이 직접 체결한 DCS 계약업체에 대하여 미국 전역에 설치되어 있는 국방계약관리본부의 조직과 전문인력을 활용하여 구매국의 계약행정업무를 대신하게 함으로써 계약업체를 효과적으로 관리할 수 있다. 또한 미국 정부가 구매국을 대리하여 계약업체에 대한 계약행정업무를 수행한다는 점에서 단일업체 지정 FMS와 유사하지만, 구매국은 단일업체만 지정하고 계약은 미국 정부와 해당업체 간에 체결되는 단일업체 지정 FMS와는 달리 구매국과 방산업체 간 국제계약조건에 따른 상업계약을 체결한다는 점에서 분명한 차이가 있다. 결론적으로 계약행정 서비스는 미국 정부와 FMS로 체결되며, 이에 따른 계약 이행은 직접상업 판매 계약업체에 대한 계약행정, 품질관리, 품질검사/수락, 감사 등의 업무를 수행하는 것이다.

7) 전통적인 직접상업판매 Traditional DCS

정부의 관여를 최소화하고, 생산업체와 구매국 상호 간에 수행되는 판매방식으로 미국 정부는 기본적으로 수출승인에만 관여한다. 정부는 DCS의 계약 당사자에 해당되지 않기 때문에 미국 정부가 계약업체에 대하여 계약과 관련되어 일체 관여하거나 강제할 수 없다. 따라서 계약에 관련된 모든 책임은 계약 당사자인 구매국과 미국의 방산업체에 있다.

13. 소결론

이상으로 DCS와 FMS의 장단점에 대하여 살펴보았다. DCS와 FMS는 구매국의 구매 상황에 따라 각각의 장단점을 가지고 있기 때문에 일반적으로 어느 쪽이 더 유리하다고 단정적으로 말하기는 어렵다. 미국 정부는 FMS 구매의 경우 미국의 획득 규정과 절차에 따라 구매국을 대리하여 미국 정부가 계약관리를 수행하므로 구매국이 미군과 동일한 편익을 제공받을 수 있기 때문에 구매국에서는 상대적으로 FMS가 선호[12]되고 있다고 한다. 실질적으로 미군과 동일한 편익이 제공되고 있지는 않

12 eSAMM C6.3.1 Acquisition for FMS purchasers will be in accordance with U.S./DoD regulations and procedures. This affords the foreign purchaser the same benefits and protection that apply to DoD procurement and is one of the principal reasons why foreign governments and international

지만, 정부 간의 상호협정(계약)을 통해 미국의 정부조달과 동일한 규정과 절차를 기반으로 하기 때문에 업체와의 직거래에서 발생할 수 있는 분쟁이나 위험을 고려할 때 구매국에 유리한 측면이 있다. 하지만 구매국에 모든 것을 투명하게 공개하지 않는다거나 미국 정부에 유리하게 설정된 계약조건 등으로 인하여 DCS를 더 선호하는 시각도 있기 때문에 전체적으로 어느 쪽이 더 유리하다고 말하기는 어렵다.

반면 미국은 DCS와 FMS의 두 가지 방산수출 제도를 운영하고 있지만, 실제적으로 구매국의 다양한 요구에 부응하기 위하여 지속적으로 두 제도를 조합 · 적용하는 방식으로 발전시켜왔다. 따라서 구매국의 구매여건 등을 고려하여 다양한 관점에서 종합적으로 판단하여 우리에게 가장 유리한 방식으로 사업을 추진해야 할 것이다. 더불어 수출을 확대하기 위해서는 단지 업체 주도의 DCS 외에 정부의 품질보증 등 해외 구매국의 요구를 반영할 수 있는 다양한 형태의 판매방식을 발전시킬 필요가 있다.

---

organizations prefer to procure through FMS channels.

제7장

대외군사판매의 시사점

1. 궁극적으로 미군을 위한 수출제도
2. 다양한 조합의 구매국 맞춤형 수출제도
3. 통합구매를 통한 구매단가 절감 및 수출경쟁력 확보
4. 소비적 국방에서 생산적 국방으로의 전환
5. Big Gain, No Loss

미국은 1961년 대외지원법(Foreign Assistance Act)을 제정하여 대외군사판매를 승인한 이후 지금까지 140여 개 국가를 대상으로 대외군사판매를 통한 방산수출을 수행해왔다. 구매국에 일방적으로 불리하게 설정된 계약조건 등으로 인하여 구매국의 불만이 끊임없이 제기되고 있기는 하지만, 수십 년에 걸쳐 지속적으로 구매국의 의견을 반영하여 제도를 개선해오고 있어 정부 간 판매제도가 체계적으로 가장 잘 구축된 국가라고 할 수 있다. 따라서 세계 최고의 수출국가인 미국의 FMS 제도가 어떻게 수행되고 있는지에 초점을 맞추어 연구함으로써 향후 우리나라의 정부 간 판매제도를 구축하는 데 있어 적용 가능한 부분을 선별적으로 확인하고 벤치마킹 사례로 활용하는 것이 필요하다고 하겠다.

1. 궁극적으로 미군을 위한 수출제도

미국 국방부는 FMS를 통하여 방산수출을 주도적으로 수행함으로써 국가경제에 이바지할 뿐만 아니라 직·간접적으로 많은 혜택을 공유하고 있다. 이런 의미에서 FMS의 가장 큰 수혜자는 미군이라고 할 수 있겠다. 앞서 언급한 바와 같이 FMS는 안보지원정책의 일환으로 우방국에 미국이 생산한 무기체계를 판매하는 제도로, 국방부에 의해 주도적으로 수행됨과 동시에 막대한 국방예산이 지출되고 있는 미군의 획득 및 운영유지 비용을 최소화하는 방향으로 FMS 제도를 운영하고 있기 때문이다. 냉전시대에는 안보지원 정책을 통해 미국이 생산한 국방물자 및 장비 등을 우방국에 무상으로 지원하였으나, 지금은 방산수출의 40%를 차지할 정도로 중요한 수출제도로 자리잡은 FMS를 통하여 미군이 어떠한 혜택을 어떻게 누리고 있는지에 대하여 살펴보겠다.

1) 표준장비 위주의 수출

FMS는 표준장비, 즉 미군이 현재 운용하고 있는 장비 위주로 구매대상을 제한하고 있다. 이처럼 DCS와는 달리 FMS 판매 대상품목을 미군이 운용하고 있는 표준장비로 제한하는 것은 FMS가 궁극적으로 미군을 위한 수출제도임을 엿볼 수 있는 단적인 증거라 할 수 있다. 방산업체는 DCS에서 표준장비 여부보다는 이윤의 극대화를 가장 큰 목적으로 하기 때문에 성능개량 및 개조를 포함하여 구매국의 다양한 요구에 맞추어 제작/판매하는 반면 국방부가 수출을 주도하는 FMS는 미군이 운용하고 있는 표준장비 위주로 판매함으로써 유형적 · 무형적으로 큰 혜택을 보고 있다. 또한 FMS의 경우 대외적으로는 우방국과의 동일한 무기체계를 운용하면서 상호 운용성을 증대시켜 합동군사작전 능력을 향상시킬 수 있으며, 대내적으로는 미군과 구매국의 구매소요를 통합함으로써 무기체계 구매단가를 낮추고 군수지원 비용도 크게 절감할 수 있다. 물론 FMS가 표준장비로만 판매를 제한하는 것은 아니며 일부 비표준품목도 구매할 수 있지만 이는 국방부의 주된 관심품목이 아니고 단지 FMS 구매국에 대한 고객만족 차원에서 판매하고 있는 것으로 판단된다. 비표준장비 수출도 큰 틀에서는 국익에 보탬이 되지만, 미군이 운용하지 않는 장비를 판매하는 것으로 표준장비에 비해 미군에 대한 직 · 간접적인 혜택이 많지 않기 때문에 미국 국방부의 관심이 적을 수밖에 없을 것이다.

2) 군수지원비용 절감

FMS는 미군의 보급지원체계를 활용하여 구매국에 대한 후속군수지원을 수행하기 때문에 미군의 수리부속 재고 보유수준을 낮출 수 있어 결과적으로 군수지원 비용을 절감할 수 있다. 예를 들어, 미군이 헬기를 10대 보유하고 있는데 원활한 군수지원을 위해서는 헬기의 수리부속 재고를 30% 이상 수준으로 보유하도록 해야 한다고 하면, 미군의 독립적인 보급지원체계에서는 헬기 10대에 대한 군수지원을 위해 3개 이상의 수리부속을 늘 보유해야 하지만, 동일한 헬기 100대를 FMS로 판매한 경우 미군 및 FMS 구매국이 보유한 헬기 110대에 대한 30%, 즉 33개의 수리부속을 재고로 보유해야 한다. 하지만 모든 수리부속이 동시에 소요가 발생하는 것은 아니기 때문에 미군은 10% 수준인 1개만 구매해도 FMS 구매국의 30개를 포함하여 총 31개의 수리부속 재고를 보유함으로써 군수지원에 문제가 없다. 왜냐하면 보유재고 중에서 가장 먼저 미군의 소요를 충족시키기 때문이다. 무기체계를 획득하여 운용하는 가운데 가장 큰 비용이 소요되는 것이 군수지원 비용임을 고려할 때, 미국 국방부의 입장에서 수리부속 재고 보유수준을 낮춤으로써 군수지원비용을 크게 절감할 수 있으며 이렇게 절감된 비용은 궁극적으로 또 다른 전력창출에 사용할 수 있기 때문에 FMS는 매우 유용한 제도이다. 이는 단적으로 보급지원협정의 재고보유수준별 보급지원 우선순위에서 알 수 있다. 미국의 육 · 해 · 공군 및 해병대가 자체적으로 보급지원을 수행하는 품목은 국방부 전체 보급지원 물량의 7% 미만이다. 미군은 이렇게 상대적으로 적은 구매물량으로 인하여 구매단가가 상승하는 것을 방지하고 신속한 후속군수지원을 보장하기 위하여 FMS 구매국들과 보급지원협정을 체결하였다. 즉, 보급지원협정을 체결한 구매국과 미군에 대한 원활한 군수지원을 위해 구매국 및 미군의 향후 소요를 예측하고 저가로 사전에 통합구매하여 재고를 저장함으로써 신속한 후속군수지원이 가능하도록 하고 있다. 하지만 재고를 저장하는 대상품목의 종류를 미군이 운용하고 있는 표준품목만으로 제한하고 있으며, 재고를 지원하는 우선순위도 미군을 우선적으로 지원하도록 설정함으로써 미군은 최저비용으로 최고수준의 후속군수지원 체계를 유지할 수 있도록 하였다. 〈자료 7-1〉에서 보는 바와 같이 미군은 보유재고 중에서 임무 및 긴급성에 따라 지원순위를 가장 긴급한 '1'단계부터 일반적인 수준의 '15'단계까지 15개로 구분하고 있다. 구매국에서 보급지원협정을 통해 '1'~'8'단계의 우선순위로 수리부속을 청구하는 경우 재고를 보유하고 있는 범위 내에서는 즉시 지원하지만, '9'~'15'단계에서는 청구가 들어오면 새로이 조달계약을 체결하여 확보하기 때문에 많은 시간이 소요된다. 반면 미군의 경우 '1'~'8'단계의 우선순위는 구매국에 우선하여 최우선적으로 재고를 지원하고 있으며, 비교적 긴급하지 않은 '9'~'15'단계조차 구매국의 '1'~'8'단계 수준의 우선순위와 동등하게 지원하고 있기 때문에 미군이 언제나 우선적으로 지원받을 수 있다. 미군이 자국의 국방비만으로 지금과 같은 수준의 군수지원을 보장받으려면 현재보다 훨씬 더 많은 국방예산을 투자해야 할 것이다.

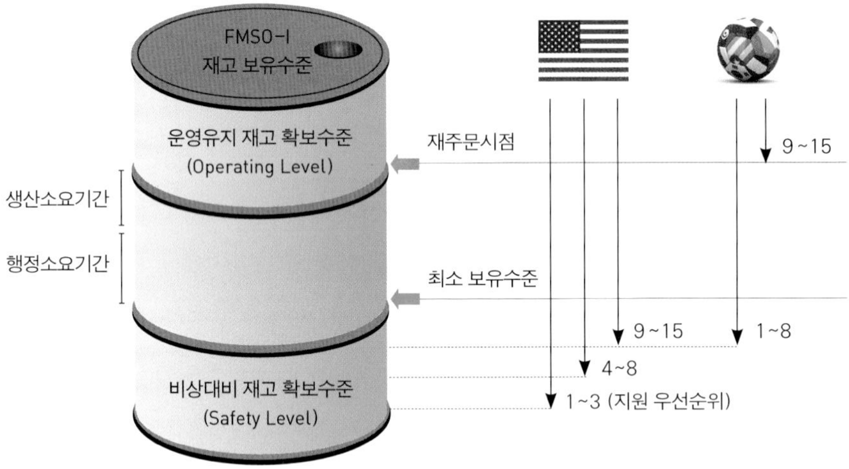

자료 7-1 보급지원협정 재고 보유수준별 지원 우선순위

3) 미군 군수지원 조직의 효율적인 활용

FMS는 미군의 군수지원 조직을 효율적으로 운영할 수 있는 여건을 보장하고 있다. 무엇보다도 정비에 있어서 구매국에서 정비요청이 들어오면 우선적으로 미군의 창정비 시설을 이용하여 정비를 지원할 수 있도록 하고 있으며 미군의 정비능력을 초과하는 경우에 한하여 민간정비업체를 이용한 상업정비를 추진하고 있다. 여기에는 두 가지 중요한 측면이 있다. 첫째, 어떠한 경우라도 미군의 장비를 우선적

으로 정비한다는 것이다. 앞서 살펴본 바와 같이 미국 정부는 FMS를 위한 별도의 시설, 조직 및 인력을 보유하지 않고 기존의 미군 보급지원체계를 그대로 유지하기 때문에 미군 장비를 우선적으로 정비하고 추가적인 여유가 되는 경우에 한하여 FMS 구매국의 정비를 지원해주는 것이다. 둘째, 미군 정비지원 후 가용한 여유 정비능력 범위 내에서 구매국에 대한 정비를 지원함으로써 정비시설과 인력을 100% 활용하고 결과적으로 수준급의 정비능력을 지속적으로 유지할 수 있다는 것이다. 이처럼 미군은 FMS를 통해 유휴 시설 및 인력을 최소화함으로써 군수지원 조직을 효율적으로 운영하고 있다. 이는 최근 미국 국방부의 FMS 국방수송체계(DTS)에서도 확인할 수 있다. FMS로 구매한 품목을 미군의 수송수단을 이용해 구매국으로 직접 수송해주는 DTS는 편리하고 안전한 수송수단이지만 수송비가 비싸기 때문에 그동안 구매국의 이용이 저조하였다. 하지만 최근 미국 정부의 재정부족으로 인한 국방예산 삭감 등의 영향 및 수송 물동량의 감소로 미군 수송비용을 증가시키는 원인이 되었고 결과적으로 수송기 운항횟수를 줄일 수밖에 없어 수송기 가동률이 크게 떨어지게 되었다. 국방부는 이러한 문제를 해결하기 위해 의회에 FMS 구매국에게 더 낮은 비용으로 수송을 지원할 수 있도록 요청하였으며, 의회는 2019년까지 시한부로 미군과 동등한 수준의 수송비용으로 DTS 수송을 FMS 구매국에 제공할 수 있도록 승인[1]하였다. 2014년 3월에 미군 수송사령부가 FMS 구매국 협의회(FPG: Foreign Procurement Group)[2]에서 발표한 자료에 의하면 DTS를 이용하는 경우 2019년까지는 기존에 비해 최대 69%까지 할인된 비용만을 부과하는 것으로 수송정책이 한시적으로 조정되었다고 한다.

이와는 별도로 미국 정부가 FMS를 수행하면서 기존의 조직을 효율적으로 활용

---

1 FY 2014 National Defense Authorization ACT(미국 의회)

2 '제3장 미국의 대외군사판매(Foreign Military Sales) 제도'의 '10. FMS 국제협력기구' 참조

한 사례는 국제군수통제기구(ILCO)를 통해서도 확인할 수 있는데, FMS 관련 조직 중에서 정부 주도 수출제도를 위해 별도로 구축된 기관은 단지 국제군수통제기구(ILCO)에 불과하다. 즉, 나머지 FMS 관련 조직은 대부분 미군의 기존 획득 및 군수조직으로 미군을 지원하는 기본임무 외에 추가로 FMS 구매국에 대한 군수지원 임무를 수행하고 있다. 국제군수통제기구만이 FMS 구매국의 효율적인 구매지원을 목적으로 구축된 기관으로 FMS에 있어서 미국 정부와 구매국 정부를 연결하는 교량과도 같은 역할을 수행하고 있다. 국제군수통제기구를 제외한 나머지 군수조직은 고유의 임무를 수행하며 가용한 능력범위 내에서 FMS 구매국을 지원하는 것이다. FMS 정비와 같이 가용한 능력범위 내에서 지원하고, 능력을 초과하면 민간의 상업정비를 통해 정비함으로써 100% 정비시설 및 인력을 활용할 수 있으며, 국방수송체계와 같이 가동률이 낮으면 수송비용을 인하하여 수송기 가동률 저하문제를 해결할 수 있다. 이처럼 FMS는 미군에 대한 지원을 우선으로 하면서 가용한 능력을 구매국을 위해 사용하기 때문에 남북한이 대치하고 있는 우리의 안보상황에서 군이 고유의 국방업무에 전념할 수 있도록 보장함과 동시에 수출에 기여할 수 있도록 하기 위해서는 FMS와 같이 기존의 획득 및 군수지원 조직을 그대로 활용하면서 수출을 추진할 수 있도록 설계되어야 할 것이다. 북한의 위협이 상존하는 가운데 군이 직접적으로 수출에 기여하는 것은 안보를 약화시킬 수 있기 때문에 시기상조라는 우려의 목소리가 나올 수도 있지만, 미군의 FMS 제도를 볼 때 이는 기우에 불과할 수 있다. 왜냐하면 미군은 FMS를 통하여 자신들의 기존 획득 및 군수지원 조직을 그대로 활용하여 군수지원 능력을 100% 발휘함으로써 상시 전투준비태세를 갖출 수 있고 또한 군수비용 절감, 규모의 경제를 통한 저가구매 등을 통해 절감된 국방비를 새로운 전력을 창출하는 데 사용할 수 있기 때문이다.

4) 범세계 잉여물자 재판매제도WWRS 보급지원

WWRS는 FMS로 구매한 잉여품목을 비교적 간단한 절차로 다른 FMS 구매국에 판매하도록 함으로써 판매국에는 국방예산을 효율적으로 운용하도록 보장하며, 구매국에는 미군이 사용하지 않거나 단종된 애로 수리부속을 저렴한 비용으로 신속하게 획득할 수 있다는 장점으로 인하여 큰 호응을 받고 있으며, 미국 정부도 WWRS 제도의 활용을 적극적으로 권장하고 있다. 제도가 시행된 배경을 살펴보면, 미국 공군 항공기를 운용하는 데 소요되는 수많은 수리부속을 모두 재고로 확보하여 유지하는 것이 사실상 어렵고 오래된 수리부속의 경우 소량구매 등으로 인하여 단가가 몇 배에서 몇십 배 이상 급격히 상승하였고, 이마저도 확보하는 것이 쉽지 않은 문제점을 해결하는 과정에서 마련된 제도로서 궁극적으로는 미군을 위한 제도라고 할 수 있겠다. 실제 미군의 WWRS 구매실적에서 이를 확인할 수 있는데, 2003년에 공군은 전체 WWRS 거래대금의 80%에 해당하는 수리부속을 구매하였으며, 해군은 2014년 전반기에만 WWRS 거래대금의 약 73%에 해당하는 F-18 전투기 수리부속을 FMS 구매국으로부터 구매하였다. 〈자료 7-2〉에서 보는 바와 같이 미군은 꾸준히 WWRS를 통해 수리부속을 구매해왔으며 구매국의 숫자가 60여 개국에 이르는 점을 고려하면 적지 않은 실적이라고 할 수 있다.

반면 미국의 WWRS 판매실적은 거의 없다. 즉, 해외에 판매할 때는 FMS 판매절차를 통해 100% 신품가격으로 판매하면서 자신들이 필요한 애로 수리부속은 평균 80% 수준의 저렴한 비용으로 구매국으로부터 다시 사들이는 것이다. 결국 WWRS는 구매국을 위한 제도라기보다는 미군을 위한 새로운 보급지원 수단의 측면이 강하다고 할 수 있겠다.

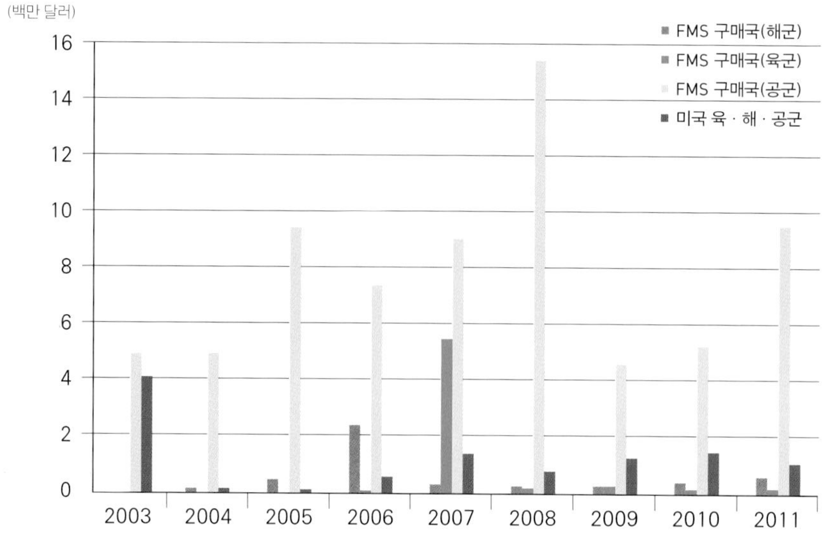

연도 / 구분	2003	2004	2005	2006	2007	2008	2009	2010	2011
해군	–	0.15	0.52	2.34	0.32	0.22	0.23	0.41	0.73
육군	–	–	–	0.001	5.51	0.18	0.24	0.14	0.16
공군	4.96	5.18	9.43	7.39	9.1	15.44	4.77	5.24	9.54
미군	3.99	0.16	0.03	0.68	1.39	0.86	1.28	1.47	1.13

자료 7–2 WWRS 판매실적[3]

5) 잉여품목 또는 도태품목의 해외판매

미군은 수명주기가 도래하여 도태시키거나 폐기하는 것으로 결정된 품목 또는 초과로 보유하고 있는 장비/수리부속 등을 FMS 구매국에 판매함으로써 국방예산을 효율적으로 운영한다. 잉여국방물자(Excess Defense Article)[4]는 미군에서 필요한

---

3 WWRS 발표자료(미국 공군 AFSAC, 2012년 1월)

4 대외지원법(FAA: Foreign Assistance Act) 22 USC § 24.3(g): 잉여국방물자란 미국 정부가 소유한 군수품 중 미군의 획득목표와 재고량을 초과하는 군수품으로, 최초 해외군사원조나 판매를 목적으

양을 초과하여 보유하고 있는 품목으로 제2차 세계대전 이후부터 이에 대한 효율적인 처리 필요성이 대두되었다. 제2차 세계대전이 끝나자 미국 정부는 엄청난 양의 국방물자를 처리해야 했지만, 소요 대비 과다하게 많은 국방물자의 보유로 저장 및 관리에 추가적인 시설과 비용이 소요되었고 폐기하는 과정에서도 막대한 예산이 소요되었다. 이에 따라 1949년에 각 군별로 초과로 비축하고 있는 잉여국방물자를 해결할 수 있는 제도를 발전시키도록 연방법을 제정하였다가 1972년에 효율적인 처리를 위해 잉여국방물자를 통합하여 처리하도록 제도를 변경하여 당시 국방보급본부(Defense Supply Agency)[5]에 국방물자처리제도(Defense Property Disposal Service)를 마련하였다. 이후 1985년에 국방물자 재활용 및 판매제도(DRMS: Defense Reutilization and Marketing Service)로 명칭을 변경한 이후 2010년에 국방군수본부 처리제도(DLA Disposition Services)로 다시 변경되어 지금에 이르고 있다.

잉여품목은 2단계로 구분할 수 있는데, 첫 번째 단계는 잉여품목을 각 군에서 자체적으로 처리하는 방법으로 각 군은 더 이상 사용하지 않는 미군 소유의 잉여국방물자를 FMS(Sec 21 AECA)를 통해 판매하거나 무상차관(Sec 516, 517, 518, 519 FAA) 방식으로 우방국에 지원할 수 있다. 잉여국방물자 판매 프로그램은 일반적인 FMS 절차와 유사한 방식에 따라 진행된다. 구매국이 잉여국방물자 품목을 구매하고자 하는 경우 오퍼시행기관의 프로그램 매니저(CPM: Country Program Manager)에게 구매품목을 결정하여 오퍼요청서를 제출해야 하는데, 구매할 품목과 수량 등

로 조달된 것이 아닌 물자를 말한다. "Excess defense articles" means the quantity of defense articles (other than construction equipment, including tractors, scrapers, loaders, graders, bulldozers, dump trucks, generators, and compressors) owned by the United States Government, and not procured in anticipation of military assistance or sales requirements, or pursuant to a military assistance or sales order, which is in excess of the Approved Force Acquisition Objective and Approved Force Retention Stock of all Department of Defense Components at the time such articles are dropped from inventory by the supplying agency.

5 현재의 국방부 국방군수본부(DLA: Defense Logistics Agency)

이 결정되므로 지정구매를 통해 구매한다. 육군의 경우 안보지원사령부(USASAC)은 방산수출/협력 부차관보(DASA DE&C)를 통하여 국방안보협력본부(DSCA)에 판매승인을 요청한다. 이에 따라 국무부, 상무부, 국방부에서는 승인 여부를 검토함과 동시에 의회에 판매를 통보한다. 판매승인이 된 이후 오퍼를 발행하며 합동검사팀(Joint Visual Inspection)이 해당 품목에 대하여 검사를 한 후 오퍼가 수락되어 계약이 이행되면 해당 품목을 구매국에 인계한다.

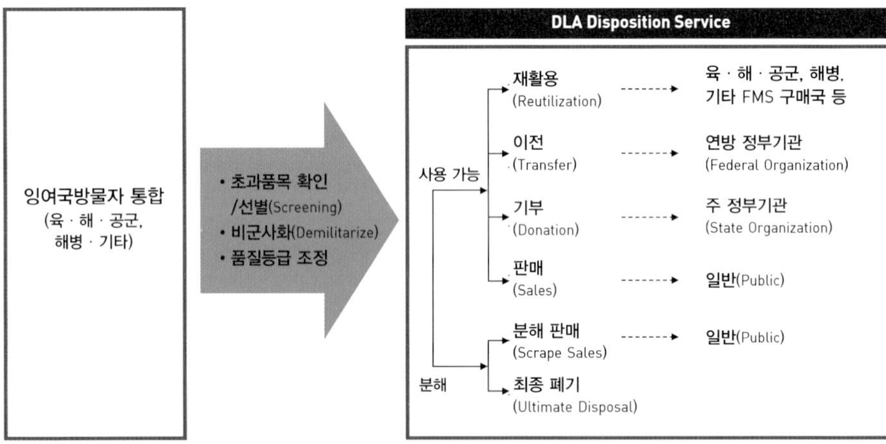

자료 7-3 국방군수본부의 잉여품 처리제도

두 번째 단계는 각 군에서 처리하지 못한 품목을 국방부로 이전하고 국방군수본부는 잉여국방물자를 통합하여 DLA Disposition Services를 통해 처리하는 과정이다. 〈자료 7-3〉에서 보는 바와 같이 각 군에서 잉여국방물자를 이전 받은 국방군수본부는 우선적으로 품목을 선별하는데, 절반 이상은 분해하여 부품을 판매하거나 폐기된다. 나머지 약 40% 정도는 사용 가능한 품목으로 7일 동안 각 군으로부터 잉여물자에 대한 품목정보를 수집하고 선별하며, 이후 14일 동안 미군 또는 FMS 구매국에서 구매할 수 있도록 하고 있다. 타 군의 잉여물자를 별도의 조달소요기간 및 추가예산 없이 확보할 수 있기 때문에 미군은 국방부 내의 다른 군에서 재활용하는 것을 최우선으로 하고 있으나, 신속한 처분을 위해 FMS 구매국에도 동시에 판매하고 있다. 처분되지 않은 잉여물자는 미국의 연방정부에 이전하거나 주(State) 정부에 기부한다. 49일 이내에 이러한 모든 과정이 진행되며, 49일이 경과 후에도 처분되지 않은 품목들은 최종적으로는 폐기 또는 일반에 판매하고 있다. 이때, 국민의 안전이나 국가안보에 위협이 될 수 있는 품목은 적성국가나 테러집단에 의해 악용되지 않도록 비군사화 또는 불능화시켜 폐기하며, 환경보호 측면에서 안전하고 사용 가능한 부품은 최대한 재활용하여 민간에 판매한다. DLA Disposition Services는 사용기간 및 장비상태에 따라 신품의 5~50% 수준으로 할인된 가격으로 판매되고 있다. 하지만 보관된 장소에서 현물상태 그대로(As is, Where is) 선착순으로 판매하고 있기 때문에 구매국이 포장 · 취급 · 수송(PCH&T) 비용을 부담해야 한다. 이와 같이 미군은 더 이상 사용하지 않아 보관 및 저장에 많은 예산이 소요되는 잉여국방물자를 FMS 구매국에 판매함으로써 적지 않은 국방예산을 절감한다.

2. 다양한 조합의 구매국 맞춤형 수출제도

방산수출은 계약상대가 대부분 해외국가의 정부로서 방산업체 단독으로 수출계약을 성사시키기 위해서는 많은 시간과 노력이 소요되기 때문에 정부의 적극적인 지원과 역할이 강조되고 있다. 미국은 방산업체가 주도적으로 계약을 추진하는 DCS와 정부 간 계약인 FMS의 두 가지 판매방식을 근간으로 〈자료 7-4〉에서 보는 바와 같이 세계 각국의 다양한 정치 · 군사 · 경제적 상황, 상이한 무기체계 운용환경, 다양한 군사적 요구조건 등에 따라 절충교역 · 단일업체지정 · 계약행정지원 등의 여러 가지 조합[6]을 제시함으로써 구매국의 요구에 부응하기 위해 노력하고 있다.

자료 7-4 구매국의 사업 참여범위에 따른 다양한 판매방식

대외군사판매가 일방적으로 구매국에 불리하게 설계되었다는 비판도 있으나, 미국은 구매국의 만족도를 향상시키기 위하여 지속적인 제도개선과 더불어 구매국의 여건에 따라 다양하게 판매조건을 선택할 수 있도록 탄력적으로 수출제도를 운용하여 FMS로 방산업체 생산물량의 평균 40% 이상을 확보하고 있다. 미국은 세계 1위의 수출국임에도 불구하고 구매국들의 다양한 요구에 부응함으로써 방산수출을 확대하기 위하여 단순히 위의 7가지 판매방식뿐 아니라 다양한 판매방식을 조합하여 융통성 있게 운영하고 있다. 미국 외의 주요 방산수출국도 〈자료 7-5〉와 같이 정부계약제도 및 정부 차원의 후속군수지원 보장제도를 운영함으로써 구매국의 요구에 맞추어 탄력적으로 대응하고 있다.

---

6 이 책의 '제6장 대외군사판매(FMS)와 직접상업판매(DCS)'의 '12. 다양한 판매방식' 참고

구분	세부내용
미국	• FMS 및 방산업체 수출지원 전담기구 운영[7] • 안보지원 차원의 정부 주도 후속군수지원 보장 * 보급지원협정(CLSSA)
영국	• 방산수출지원 전담기구[8] • 후속군수지원을 포함한 대정부 판매제도 운영 * 상호군수지원협정(UK LSA) 운영
프랑스	• 방산업체와 혼합체 무기수출 전담기구[9] * 대외수출판매, 협상, 계약체결, 후속군수지원 운영
이스라엘	• 해외방산수출 및 지원 전담기구[10] * 정부 간 포괄협정, 계약 및 품질보증, 후속군수지원

자료 7-5 주요 방산수출국의 수출제도

3. 통합구매를 통한 구매단가 절감 및 수출경쟁력 확보

미국 국방부는 FMS 수출을 통해 해외 145여 개 국가 및 미군의 소요를 통합하여 대량으로 계약을 체결함으로써 무기체계 구매단가를 낮추고 있다. 이처럼 FMS는 국내 생산물량과 함께 추가적으로 해외의 생산물량을 확보하고 규모의 경제를 실현하여 대내적으로는 저가구매를 통해 국방예산을 절감하고 절감된 국방예산은 또 다른 전력을 확보하는 데 사용되고 있다. 수출물량 확보를 통한 통합구매는 대량생산에 따른 생산단가를 인하시키는 효과와 함께 학습효과에 의한 추가적 가격인하 효과를 발생[11]시키기 때문에 미국 국방부의 효율적인 예산운용을 위해서도 매우

---

7 국방부 산하 DSCA(Defense Security Cooperation Agency: 국방안보협력본부)

8 국방부 독립기관 DESO(Defense Export Service Organization: 방산수출판매청)

9 국방병기본부 산하 DIR(Directorate for International Relations: 국제협력국)

10 국방부 산하 SIBAT(Foreign Defense Assistance & Defense Export: 해외방산수출/지원기구)

11 방위사업 수출지원 인프라 확대방안(KIET 산업연구원, 2013년 10월 22일), p.8

유용하다. 〈자료 7-6〉은 방산수출에 따른 규모의 경제 창출효과를 나타내는 그래프로서 국내 물량(Q1)만을 생산할 때는 C1의 생산비용이 소요되지만, 방산수출을 통해 추가적인 생산물량을 확보하는 경우에는 C1에서 C2로 생산단가가 인하되기 때문에 결국 미군 및 FMS 구매국은 모두 A에 해당되는 단가인하 혜택을 보게 된다.

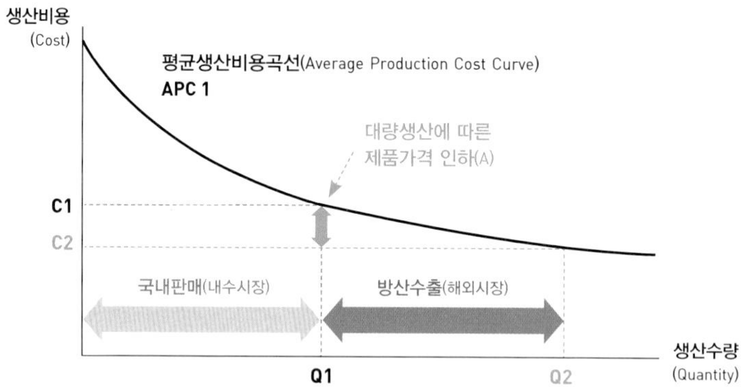

자료 7-6 방산수출에 따른 규모의 경제 창출효과

〈자료 7-7〉은 대량생산에 따른 생산단가를 인하시키는 효과와 함께 학습효과에 의한 추가적 가격인하 효과에 대하여 설명하고 있다.

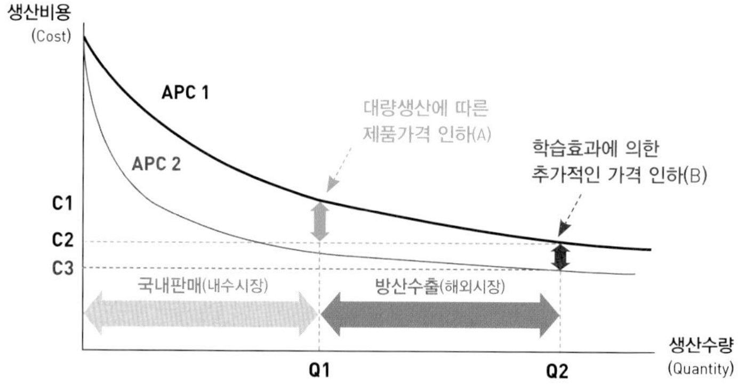

자료 7-7 규모의 경제 창출효과(학습효과에 의한 생산단가 추가 인하)

즉 생산물량이 증가하는 만큼 생산단가가 인하되지만, 이와 더불어 학습효과(Learning Effect), 즉 대량생산을 통하여 새로운 공정이나 효율적인 생산절차 등이 개발되어 평균생산비용곡선(Average Production Cost Curve)이 APC1에서 APC2로 이동하면서 생산단가가 C2에서 C3로 추가 인하됨을 알 수 있다. 결과적으로 생산수량의 확대를 통한 단가 인하와 더불어 학습효과로 인한 추가적인 생산단가 절감을 고려할 때, 방산수출이 단순히 방산업체를 넘어 왜 국방부 차원에서도 중요한 정책으로 추진되어야 하는지 충분히 짐작할 수 있을 것이다. 실제로 미군과 전 세계 약 140여 개 FMS 구매국의 소요를 통합함에 따른 생산단가 인하효과가 적지 않을 것으로 판단되며, 미군의 대규모 획득소요를 고려할 때 규모의 경제를 창출함으로 인한 최대의 수혜자는 미국 국방부라고 할 수 있겠다.

방산업체도 FMS를 통해 충분한 소요를 안정적으로 확보할 수 있어 매우 유익하다. 저가로 구매하기 위하여 미국 국방부가 대량구매를 무기로 경쟁계약을 추진함에 따라 단가인하 압박을 받기도 하지만 방산업체 보호를 위하여 일정 수준의 이윤을 방산업체에 보장토록 법으로 규정되어 있으며 오히려 충분한 생산물량을 확보함으로써 안정적으로 생산시설과 인력을 유지할 수 있기 때문에 방산업체 입장에서는 매우 환영할 만한 일이다. 또 하나는 단가절감을 통해 가격경쟁력을 확보할 수 있기 때문에 해외 수출경쟁에서 유리한 고지를 선점할 수 있다는 것이다. 방산업체가 해외 구매국 정부를 대상으로 FMS와 같이 DCS로 소요를 통합하는 것은 현실적으로 매우 어렵기 때문에 방산업체에게도 FMS는 매우 유익하다. 방산수출을 확대하기 위해서는 무기체계의 성능도 중요하지만 이에 못지않게 가격경쟁력을 갖추는 것도 중요하다. 2014년 2월 한국 산업연구원의 연구 결과에 의하면 세계 방산시장에서의 우리나라의 위상은 〈자료 7-8〉에서 보는 바와 같으며 2012년 기준으로 가격경쟁력이 세계 1위 수출국인 미국의 82% 수준으로 글로벌 경쟁국가의 15위에도 미치지 못하는 수준으로 방산수출을 확대하기 위해서는 가격경쟁력을 확보하는 것이 가장 시급한 것으로 조사되었다.

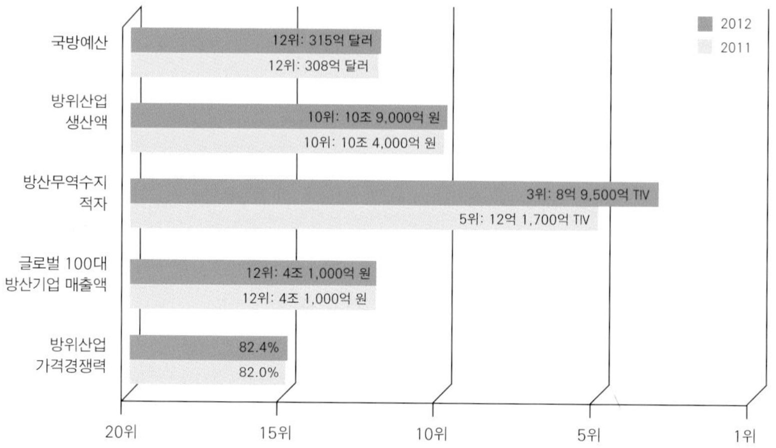

자료 7–8 방위산업의 글로벌 위상(2011, 2012년)[12]

가격경쟁력이 떨어지는 것은 규모의 경제가 미흡한 것이 주된 원인이기 때문에 결국 수출을 통해 좁은 국내 방산시장의 한계를 극복하고 해외의 추가적인 생산물량을 확보하는 것이 중요하다. 이를 통해 대내적으로는 저가구매를 통해 국방비를 절감하고 방산업체 가동률을 높이며, 대외적으로는 가격경쟁력을 높여 방산수출경쟁에서 유리한 고지를 선점할 수 있을 것이다. 따라서 선진국의 글로벌 방산업체와 겨룰 수 있는 충분한 기술경쟁력을 갖출 때까지는 정부 주도의 수출제도를 구축하여 국내 · 외 생산물량을 확보하고 통합함으로써 수출경쟁력을 확보하는 것이 필요하다.

12 2013 KIET 방위산업 통계 및 경쟁력 백서(KIET 산업연구원, 2014년 2월), p.21

4. 소비적 국방에서 생산적 국방으로의 전환

시대와 국가를 막론하고 세계 역사 속에서 국방은 생산보다는 소비적인 측면이 강했다. 국가와 국민을 보호하기 위하여 무기체계를 포함한 국방장비 및 물자를 확보하고 이를 운용할 병력과 부대를 유지하는 데 막대한 정부재정이 소요되고 있다. 그럼에도 불구하고 국방에 투자하지 않을 수 없는 이유는 "평화를 원하면 전쟁에 대비하라!(Si vis pacem para bellum!)"는 고대 로마의 격언을 통해 충분히 짐작할 수 있듯이 국가의 존립과 직결되기 때문이다. 세계 초강대국 미국도 예외는 아니다. 해마다 국방비가 전체 예산의 3~4%를 차지하는 등 막대한 국가예산이 국방에 투자되고 있다. 하지만 미국 정부는 국방을 단순히 안보 차원에서뿐만 아니라 중요한 경제수단으로도 활용하고 있다. 미국 국방부는 기존과 같이 막대한 정부예산을 지출하는 소비 위주의 국방에서 국가경제의 일원으로서 방산수출을 통해 수익을 벌어들이는 생산적 국방으로 관점을 크게 바꾸어 국가경제에 기여하고 있다. 앞서 살펴본 바와 같이 FMS는 실질적으로 국방부(국방안보협력본부) 주도의 방산수출 제도로서 전체 방산수출의 약 40% 이상을 차지하고 있다.

막대한 정부예산이 국방비로 소비되고 있지만, 미군은 단순한 소비주체라는 인식에서 탈피하여 정부 주도의 방산수출에 적극적으로 참여함으로써 앞서 살펴본 바와 같이 생산단가 절감, 군수지원을 통한 부가적인 비용절감 등 내부적으로는 국방비를 효율적으로 운영하는 동시에 대외적으로는 방산수출을 통해 국방을 또 다른 경제성장의 동력으로 활용하고 있다.

그렇다면 우리나라는 어떠한가? 물론 모든 여건이 다르기 때문에 단순비교를 하는 것은 매우 위험하다. 하지만 적어도 우리도 이제는 국방을 소비에서 생산의 관점에서 바라보는 사고의 전환이 필요한 시점이 아닐까 싶다. 1991년에 발발한 걸프전쟁을 기억할 것이다. 1991년 최첨단 무기체계를 사용하여 미국 · 영국 · 프랑스 등

34개 다국적군이 이라크 사담 후세인을 상대로 한 전쟁이 대중매체를 통해 실시간으로 중계되었다. 스커드 미사일을 요격하는 패트리어트 미사일, 레이더망에 포착되지 않는 스텔스 폭격기 등 첨단무기와 압도적인 화력을 앞세운 다국적군의 공세에 이라크 군은 42개 사단 중 41개 사단이 무력화되고 약 20만 명의 사망자를 낸 끝에 패배한 반면 다국적군은 불과 370여 명의 전사자가 발생하였다. 미국 정부가 의도적으로 대중매체를 활용했는지는 알 수 없지만 결과적으로 미국은 걸프전을 통해 자국 무기체계의 우수성을 전 세계에 대대적으로 홍보하는 효과를 거두었으며, 이는 미국의 무기수출이 급증하는 주된 원인 중의 하나가 되었다.[13] 물론 걸프전의 사례가 잘되었다거나 따라 하자는 것은 절대 아니다. 다만, 미국 국방부가 대내외 정책수립 및 협력관계 등에서 방산수출을 매우 중요시하는 것처럼 우리 군도 이제는 국민의 군대이자 경제 주체의 일원으로서 수출을 확대하기 위한 사고의 전환이 필요하다는 것이다. 즉 방산수출은 방산업체가 수행하는 것으로 군은 단지 국익을 위해 지원하는 것이 아니라, 수출을 통해 국방 획득비용과 군수지원비용을 줄이고 국가경제에 이바지할 수 있도록 우리 군이 주도적으로 나서야 할 것이다.

미군은 심지어 각개병사까지도 판매원 역할을 하기도 한다. 즉, 안보지원의 일환으로 해외 지원을 나간 병사의 최첨단 무기는 우방국으로 하여금 미군의 최첨단 기능을 보여주고 깊은 인상을 심어줄 수 있는데, 전쟁이라는 패션쇼에서 훌륭한 패션모델 역할을 한 셈이다. 주된 목적이 세계평화를 유지하기 위한 노력이었지만, 결과적으로 이러한 활동 등을 통해 미국의 첨단무기를 세계에 알리는 효과를 달성하고 있다. 우리 군도 예전과는 달리 세계 속의 일부로서 UN 등 해외파병활동에 적극적

13 美, 재래식 무기수출 급증(경향신문, 1994년 6월 27일 10면)
(중략) 이러한 미국 무기의 수출이 급증한 이유로는 지난 80년대까지 최대 무기수출국이었던 소련의 몰락, 지난 91년 걸프전 때 CNN-TV를 통해 전 세계에 생중계돼 미국 첨단 무기체계의 위력이 널리 선전된 점 등을 꼽을 수 있다.

이며, 파병이 방산수출로 이어진 실적도 있지만 앞으로는 단순한 군사지원의 차원을 넘어서 잠재적인 미래 방산시장을 새로이 개척한다는 차원에서 좀 더 전략적이고 조직적으로 수행되어야 할 것이다.

세계적으로는 방산수출이 과거 냉전 하에서의 정치 · 군사적인 수단에서 경제적인 수단으로 무게중심축이 이동했으며, 대내적으로는 북한에 비해 절대적으로 열세했던 군사력이 경제력을 바탕으로 동등 또는 동등 이상 수준으로 향상되고 있음을 고려할 때, 우리도 방위산업을 단순히 국가방위를 위한 측면에서 국가 경제성장을 위한 수단으로 적극 확대해야 할 것이다. 우리나라가 개발한 T-50 고등훈련기 1대의 수출은 자동차 900여 대의 수출과 유사한 부가가치를 발생시킨다고[14]하며, 〈자료 7-9〉를 통하여 구체적으로 방산수출이 경제에 미치는 파급효과를 가늠할 수 있다. 2003년 산업정책연구원이 발표한 자료에 따르면 방산수출이 10억 달러 증가할 때마다 약 6,361억 원의 부가가치가 발생하며 약 9,400여 명의 추가적인 고용을 유발한다고 한다. 방산수출이 경제에 미치는 영향이 적지 않음을 알 수 있을 것이다.

구분	생산 유발액	부가가치 유발액	고용유발
파급효과	28,702억 원	6,361억 원	9,406명

자료 7-9 방산수출 10억 달러 증가에 따른 경제적 파급효과[15]

14 국방비-대한민국의 안전과 국민 행복을 지키는 원동력(국방부, 2014년 8월), p.34

15 2003년 산업연관표 통합 중분류(77부문)[방산수출지원 정책발굴 및 전담기구 설립방안 연구, 산업정책연구원, 2003년]

〈방위산업의 산업연관계수〉

구분	생산유발계수	부가가치유발계수	고용유발계수
방위산업	2.870272	0.636140	9.4604(명/10억 원)

과거 크게 뒤처졌던 남북한 군사적 격차가 경제성장과 더불어 줄어들면서 현재 대등한 수준의 전력을 보유하게 되면서 이제는 우리 군도 단순 소비집단에서 생산집단으로의 점차적인 전환을 적극적으로 검토할 시점이다. 물론 세계 최대 군사국가인 미국과 비교하여 동북아시아의 안보환경이 크게 다르며, 북한의 현존위협과 중국 · 러시아 · 일본 등 주변 강대국의 잠재적 위협으로부터 자주국방을 실현하는 것이 최우선이기 때문에 아직 이르다고 할 수도 있다. 특히 아직도 전시작전권을 돌려받지 못하고, 미군의 군사지원을 받고 있는 입장에서는 납득이 되는 부분이다. 하지만 자주국방과 방산수출은 대립되는 것이 아니라 함께 가야 할 것이다. 즉, 자주국방을 위해 우리 기술력으로 개발한 우수한 무기체계의 해외수출을 확대함으로써 국가경제에 이바지하며 생산단가를 낮추고 안정적인 국내 방산 기반을 조성하여 새로운 무기체계 연구개발에 더 많은 예산이 투자되고 우수한 첨단 무기체계를 개발함으로써 자연스럽게 더 강력한 자주국방을 실현함과 동시에 방산수출이 다시 증가하는 선순환 구조가 구축될 것이다. 우리 군이 좀 더 적극적으로 방산수출에 함께 참여해야 하는 이유이다.

5. Big Gain, No Loss

미국은 FMS를 통하여 "경제적인 이익을 취하지도 않으며 손해를 보지도 않는다(No Gain, No Loss)"는 원칙을 대외적으로 표명하고 있다. 정말 그럴까? 물론 'No Loss'는 맞다. 하지만 'No Gain'은 구매국을 대신하여 계약관리를 수행하는 FMS 특성을 감안할 때 미국 정부가 자국의 경제적 이익을 추구하지 않고 단지 구매국을 위하여 계약관리를 하겠다고 구매국 정부를 안심시키려는 의도일 뿐 사실은 미군을 포함하여 방산업체, 행정부 등이 FMS를 통해 직 · 간접적으로 다양한 경제적인 이익을 취하고 있어 오히려 'Big Gain, No Loss'가 더 타당하지 않을까 싶다. 따라서 FMS를 통해 이익도 손해도 보지 않는다는 것은 구매국을 대리하여 공정하게 계약관리를 하고 이에 대한 정당한 대가를 요구하겠다는 의미로 판단된다.

1) 계약관리 행정비용 부과

미국 정부는 구매국을 대신하여 계약관리를 해주는 반대급부로 구매국에 행정비용을 부과하고 있으며 이는 'No Loss', 즉 미국 정부는 FMS를 통하여 손해를 보지 않겠다는 관점이다. 구매국으로부터 거두어들인 행정비용으로 FMS 업무를 수행하는 정부조직 내의 고용을 창출할 수 있다. FMS가 미국 국방부의 규정과 절차에 의해 수행되며 미군의 기존 획득 및 보급조직을 그대로 활용하기 때문에 오퍼 수락 이후에는 FMS 관련 기관에서 계약관리를 대신하고 구매국에 행정비용을 부과하여 FMS 관련 기관 및 전문인력을 유지하고 있는 것이다. 실제 미국이 2013년 예산통제법에 따른 '시퀘스터' 발효로 정부재정 운영이 제한되어 강제 무급휴가(Furlough) 조치를 취했던 당시 백악관을 포함한 상당수의 정부 공무원을 대상으로 무급휴가를 강제적으로 시행했으나, FMS 수행인원의 인건비는 구매국으로부터 충당되었기 때문에 직접적인 영향을 받지 않았다.[16] 또한 효율적인 FMS 계약관리 수행을 위한

---

16 당시 구매국 협의체인 ICUG에서 미 국방부에 문의한 강제 무급휴가로 인한 FMS 구매사업 영향에 대한 국방안보협력본부의 공식서한을 통해 알 수 있다. 당시 서한에서는 FMS 관련 조직은 구매국의 행정비용으로 운영되고 있기 때문에 이로 인한 영향이 없는 것으로 확인되었다. 미국 육군의 경우 MEMORANDUM(Department of the Army Administrative Furlough Planning, 2013년 3월 20일) 통해 국방장관은 아래와 같이 육군의 전투지역에 배치된 인원, FMS 케이스를 수행하는 인원은 강제 무급휴가에서 제외됨을 분명히 하고 있다.
MEMORANDUM(Department of the Army Administrative Furlough Planning, 2013년 3월 20일) 4. The Office of the Secretary of Defense has excepted from furlough the following categories of employees Army-wide: a. All employees deployed or temporarily assigned in a combat zone. (중략) f. Foreign Military Sales (FMS) employees whose positions are exclusively funded from FMS

전산체계 개발하는 비용도 행정비용으로 충당되고 있다.

2) 연구개발 비용의 회수

FMS를 통해 미국은 연구개발비용을 구매국으로부터 부분적으로나마 회수하고 있다. 비순환비용(NRC)[17]은 FMS 구매국가가 무기체계를 구매하는 경우 개발에 투자된 연구개발 비용을 분담하는 비용이다. 통상 국방연구개발의 경우 첨단 국방과학기술이 적용되어 막대한 연구개발 예산이 소요되기 때문에 정부가 연구개발비를 투자하여 개발한다. 개발에 성공하여 양산 시에는 정부가 연구개발비를 부담했기 때문에 연구개발비를 제외한 비용만을 단가에 포함시켜 국방부에 조달한다. 미국 정부는 FMS 구매국과 미군의 소요를 통합하여 동일한 단가로 구매계약을 체결하는데, 막대한 국방연구개발비를 투자한 미국 정부와는 달리 구매국은 연구개발비 부담없이 미군과 동일한 단가로 구매하기 때문에 구매국에게 연구개발비용을 사후에 분담하는 것이다. 비순환비용은 DCS로 구매하는 경우에는 부과되지 않으나, FMS에서는 연구개발비를 해외 구매국에게 강제로 분담토록 함으로써 정부가 투자

administrative and FMS case funds are excepted from furlough procedures.

17 비순환비용(Non Recurring Cost): 무기체계 개발/생산에 소요되는 비용이지만, 반복적으로 발생되지 않는 비용으로 연구개발/시험평가(Research, Development, Test and Evaluation) 등과 관련되어 발생한 모든 비용을 의미한다. 통상 비반복비용은 미국 정부가 연구개발비를 투자하여 개발한 제품을 해외에 수출할 때 연구개발비를 회수하기 위해 사용하는 개념이다. 즉, 무기체계를 연구개발하는 경우 연구개발 비용은 정부에서 부담하므로 개발 후 양산하여 미국 국방부에 조달하는 경우 생산단가에 연구개발비용은 포함되지 않는다. 하지만 해외에 수출하고자 하는 경우 정부의 연구개발비용을 회수하기 위해 구매국에 비순환비용 명목으로 오퍼에 포함하여 연구개발비 분담을 요구한다. 우리나라의 경우 사안별로 면제 받거나 일정비율을 지불하였으나, 2008년 FMS 구매국 지위향상으로 비순환비용 감면대상 국가에 포함되었다. 하지만 반드시 비순환비용 감면을 요청해야 한다. 즉, 감면대상 국가에 포함되었다고 자동으로 감면되는 것이 아니라 요청하는 경우 감면해주는 것임을 명심하여 오퍼 요청단계에서 반드시 요청해야 한다.

한 연구개발비를 회수하고 있다.

3) 방산수출을 통한 정치 · 외교 · 군사적 협력증진 확대

FMS는 초기에는 안보지원 정책의 일환으로 시작되었다. 즉, 경제적인 이익보다 구 소련을 중심으로 한 공산주의에 맞서 미국의 안보 측면에서 국익에 부합되는지 여부가 가장 큰 관심사였다. 물론 냉전 종식 이후에는 경제논리가 도입되면서 경제이익을 중요시하는 방향으로 중심축이 이동되었으나, 아직도 미국 의회는 방산수출 승인과정에서 안보에 미치는 영향을 중요하게 고려하고 있다. 민간업체가 방산수출을 주도하는 DCS와는 달리 정부 간 판매제도는 정부가 계약의 당사자로 일단 계약이 체결되면 무기체계를 운용하는 동안 상호 간에 많은 부분에 걸쳐 협력소요가 많으므로 정부기관 및 군사 협력관계를 더욱 공고히 하는 계기가 되며, 이를 통하여 자연스럽게 정치 · 외교 · 경제협력으로까지 확대될 수 있기 때문에 파급효과가 DCS에 비해 상대적으로 크다. 따라서 시대적 상황의 변화에 따라 FMS가 과거에 비해 안보지원의 측면이 많이 희석되고 경제이익을 중요시하는 방향으로 바뀌어왔으나, 아직도 FMS는 미국의 세계 안보정책의 중요한 핵심축으로 우방국과의 정치 · 외교 · 군사적 협력관계를 증진시키고 궁극적으로 자국의 국익을 달성하기 위한 중요한 수단으로 활용되고 있다.

제2부

방위산업의 미래,
한국형 수출제도

"세계 1위 방산수출국이 되기 위한 디딤돌"

제8장

방산시장의 대내외 여건

1. 세계 방산시장의 경쟁 심화

2011년을 정점으로 전 세계적으로 해마다 국방비가 축소됨에 따라 방산시장에서의 수출경쟁은 그 어느 때보다 치열해지고 있다. 유럽, 북미 등을 중심으로 한 서방국가들의 글로벌 방산업체는 자국 내 판매감소 문제를 해외시장 개척 및 확대를 통해 해결하기 위해 이미 방산수출에 모든 역량을 집중하고 있다. 특히 미국은 앞서 살펴본 대외군사판매 제도를 통해 미국 정부가 해외 구매국을 대리하여 직접 협상/계약, 계약관리, 품질보증, 후속군수지원 등을 포괄적으로 보장하고 수출을 주도함으로써 방산수출의 약 40% 이상을 FMS 제도를 통해 달성[1]하고 있으며, 지속적으로 FMS와 관련된 구매국의 불만, 즉 수출허가 지연과 복잡한 절차 등을 적극적으로 개선하고 있다.[2]

이외에도 프랑스 · 이스라엘 · 캐나다 등 세계 주요 수출국은 이미 정부 주도의 수출제도를 운영하여 방산수출 확대를 위해 국가적인 노력을 기울이고 있다. 아시아에서도 세계 제2위 수출국인 러시아에 이어 중국, 일본 등이 본격적으로 무기수출 경쟁에 나서고 있다. 러시아도 해외 방산수출 확대를 위하여 시장경제의 원리에

---

1 Reporting on Exported Articles and Services Needs to Be Improved(2010년 9월, 미국 정부회계국 GAO)

2 Administration moves to simplify international sales(Defense News, 2013년 3월 7일, www.defensenews.com). 미국 국무부는 우방국에 좀 더 원활한 국방물품을 제공하고 방산업체가 글로벌시장에서 경쟁우위를 점할 수 있도록 하기 위해 정부 차원의 공식적인 수출통제 개정안을 2013년 3월 7일자로 의회에 제출하였다. (중략) Andrew Shapiro 국무부 정치-군사부문 차관보는 "의회에서 현재까지 개정안에 대해 직접적으로 반대의사를 밝힌 바 없고, 개혁안이 통과되면 방산업계는 방산수출 판매감소를 타개하고 수십억 달러의 추가 판매 기회를 가지게 될 것이며, 추가판매는 곧 추가 일자리 창출을 의미하기 때문에 정부 차원에서 매우 중요하게 다루어지고 있다."고 하였다. (중략) 이러한 초기 수출통제 개혁은 동맹국의 불만, 즉 수출허가 지연 및 복잡한 절차 등의 문제를 해소하기 위한 것으로 정부기관 협의 및 검토를 통해 개선을 추진한 결실이다. (이하 생략)

따른 방산수출 장려정책[3]을 펴고 있다. 즉, 차관 등 정부 차원의 재정지원을 제공함으로써 러시아의 방산수출을 증진시키겠다는 것이다. 상대적으로 조건이 까다롭지 않고 융통성 있는 러시아 정부의 차관 제공조건과 러시아에서 만든 첨단 무기체계는 아시아와 중동지역에 대한 무기체계 수출 증가로 고무된 서방 방산기업들에게는 잠재적으로 큰 위협이 되고 있다. 중국은 최근 파키스탄, 미얀마, 방글라데시 등 제3세계로 방산시장을 확대하면서 무기수출국으로서의 위상을 확실하게 굳혀가고 있으며, 이러한 추세라면 머지않아 미국, 러시아와 함께 세계 방산시장의 빅 3가 될 것으로 전망되고 있다. 일본도 '무기수출 3원칙'을 47년 만에 개정하고 수출 총괄조직인 방위장비청(가칭)을 설립하겠다고 나서는 등 방산수출을 본격화[4]하고 있는데, 수

---

3 Russian arms exports set to widen(UPI, 2003년 4월 3일, www.upi.com). 최근 아시아와 중동지역에 대한 급격한 무기판매 증가로 고무된 서방 방산기업들에게 러시아가 새로운 잠재 경쟁업체로 등장하고 있다. 러시아의 경쟁자 문제는 새로운 일은 아니지만, 유럽과 북미 지역의 무기 비즈니스 업계에 러시아가 주로 일으키고 있는 문제는 국가 차원의 국제적인 무기판매 확대를 위한 러시아 정부의 재정지원 의사이다. 즉 러시아의 무기수출 프로그램은 '시장의 원리'를 따를 것이며, 차관 등 정부 차원의 재정지원을 제공함으로써 러시아 장비의 판매를 증진시키겠다는 것이다. 상대적으로 조건이 까다롭지 않고 융통성 있는 러시아의 차관 거래조건과 러시아의 첨단 무기체계는 다른 국가들의 방산업체와는 비교할 수 없을 정도로 유리하다. 중국은 자금은 충분하지만 기술력에서 러시아에 뒤지고 유럽은 자금이 충분치 않다. 미국의 방산업체들은 독자적인 방산수출에 제한이 많으며, 특히 자국의 방위산업 및 첨단기술을 보호하기 위한 의회의 결정에 좌우되고 있다. (중략) 차세대 전략전투기 구매를 하고자 하는 브라질도 최대한의 기술이전 조건과 미국 의회 정책에 의해 브라질의 획득이 방해를 받지 않는다는 까다로운 보증조건으로 미국의 군용장비를 원하고 있다. 하지만 푸틴은 그러한 걱정이 없다. 그는 러시아 방산업체들이 좀 더 혁신적으로 무기를 생산할 수 있도록, 그리고 좀 더 재정적으로 자립할 수 있도록 장려할 것이며 러시아는 러시아 방산업계가 시장논리에 따라 세계시장에서 일반적인 거래관행을 만들어갈 필요가 있다고 주장했다. (이하 생략)

4 Japan inches toward Arms Exports(Defense News, 2003년 2월 9일, www.defensenews.com). 지난 50년 동안의 무기수출 금지 이후, 일본은 국제무기거래시장으로 복귀하기 위한 첫걸음으로 영국(UK Trade & Investment Defence & Security Organization)과의 무기체계 공동연구개발을 고려 중에 있다고 일본의 가장 영향력 있는 업계 로비단체인 일본기업연합(JBF: Japan Business Federation)이 디펜스뉴스와의 단독 인터뷰에서 밝혔다. 이는 2012년 4월의 양국 간의 국방과 연구개발 분야에서의 미래 협력관계 모색을 위한 회의에서 결실을 맺으면서 시작되었고, 일본이 직접 만든 F-35 JSF의 부품수출을 일본이 고려하면서 진전되어왔다. 또한, 2011년 12월에 일본은 쇠약해진 일본 방산 기반을 부흥시키고 경쟁력을 강화하기 위해 미국을 제외한 외국 업체들과의 방산장비 생산 혹은 개발에 대한 '1960

출품목과 대상지역이 우리나라와 상당수 겹치는 것으로 알려져 상대적으로 기술이 우월한 일본이 방산수출을 본격화할 경우 우리의 방산수출에 큰 위협이 될 것으로 판단된다. 실제로 무기수출의 족쇄를 푼 일본은 소형잠수함 10척의 호주 수출을 추진하고 있는 가운데 인도도 2015년 1월에 일본으로부터 6척을 구매하고 싶다는 의사를 밝혀 대형 재래식 잠수함은 사실상 일본제품으로 천하통일될 전망이며, 이에 견줄 수 있는 국산 차기 잠수함은 2023년에나 실전배치될 예정으로 향후 험난한 수출길을 예고하고 있다.[5]

이처럼 경쟁이 심화되는 방산시장의 환경 변화에 따라 대부분의 주요 방산수출국에서는 정부 차원에서 적극적으로 수출을 주도하고 지원하고 있는 추세이다. 2009~2013년 세계 방산수출 상위권 국가들[6]을 중심으로 선진국의 수출제도를 살펴보면 〈자료 8-1〉에서 보는 바와 같다.

공통적인 점은 방산수출을 전담하는 정부조직을 설치하고 수출과 관련된 행정부처를 조정 · 통제하기 위한 상위 위상의 조정기구를 별도로 운영하고 있는 것이다. 이스라엘의 경우 국방부 대외군사지원 및 수출국(SIBAT)을 1971년에 창설하여 정부가 수출을 주도한 결과 〈자료 8-2〉에서 보는 바와 같이 1972년을 기점으로 이전과 대비하여 방산수출액이 급격하게 증가하였다.

년도 금지 조치'를 해제했다. (중략) 일본 방산업계가 현 시점에 국제 방산시장에서 성공하기에는 규모가 작고 경쟁력이 없는 것으로 분석되고 있으나, 일본의 전체적인 기술수준과 제조업 기량이 뛰어나기 때문에 공동 R&D 파트너로서의 제안을 많이 받을 것으로 업계는 예상하고 있다. 잠재적으로는 동남아시아가 큰 시장인데 일본은 지난해 7월, 필리핀에 12대의 패트롤 보트를 판매한 바 있고, 최근에는 일본 수상이 베트남과 태국, 인도네시아, 미얀마와 호주, 브루나이, 싱가포르, 필리핀 등으로 무역과 협력을 위한 방문을 이어오고 있다. 일본은 비교적 단순하고 방어적인 방산품목들 위주로 수출을 시작하고자 하고 있는데 이는 동남아시아 지역이 일본에게 큰 잠재시장이기는 하나 중국을 견제하기 위해 군비수요를 늘리고 있기 때문에 중국에게 적대감을 일으키지 않으려 조심하고 있는 중이다.

5 日, 잠수함 쾌속순항하는데… 걸음마도 못 뗀 '장보고 III'(서울경제, 2015년 2월 3일)

6 미국(1위), 프랑스(5위), 영국(6위), 스페인(7위), 이스라엘(10위)

구분	대상국	주요 내용
정부 직접 계약	미국	• 대외군사판매(FMS): 정부 주도의 방산수출 • 정부가 오퍼를 통해 구매국과 계약 후 방산업체와 계약 • 정부가 품질 및 후속군수지원 보장
	스페인	• No Profit, No Loss 원칙(행정비 3% 등 추가비용 부과) • 정부가 구매국과 협상 후 방산업체와 협상
	이스라엘	• 국방부가 수출계약 체결하며, 예하의 SIBAT가 G2G 계약협상 및 승인 등에 중요한 영향 • 방산수출액의 1%를 행정비로 부과 • G2G 계약불이행으로 인한 손해발생 시 국내계약에서 업체가 정부가 가진 채권액으로 상계하여 손해보전
	호주	• 미국의 FMS를 모방하여 2012년 7월 G2G 판매를 위한 국방물자청(DMO) 산하의 군수품판매청(AMSO) 설립
별도 법인 계약	캐나다	• 정부가 100% 지분을 소유한 국영기업 캐나다상업공사(CCC)에서 G2G 계약전담 • CCC가 구매국과 계약 후에 방산업체와 계약을 체결하며 CCC는 계약이행을 보증함
	프랑스	• 방산수출지원 전담조직인 병기본부(DGA) 산하 국제개발본부(DDI)에서 방산수출 전담 • 별도로 방산분야 G2G 판매를 전담하는 법인(OADS) 운영 • 정부부처 간의 조정 / 통제를 위한 국제계약지원위원회(CIACI) 운영
정부 간 중개	영국	• 무역투자청(UK Trade & Investment) 산하 방산보안기구(Defense Security Organization)가 방산수출 주도 • 국방부가 정부 간 협정(Agreement) 방식으로 G2G 계약체결 • 구매국/사업특성에 따라 정부가 품질 및 후속군수지원 보증

자료 8-1 해외 정부 간 계약제도 현황[7]

(단위: 백만 달러)

연도	1963	1964	1965	1966	1967	1968	1969	1970	1971	1972
방산수출액	2.0	2.0	1.0	0	1.0	9.0	3.0	5.0	0	10.0
연도	1973	1974	1975	1976	1977	1978	1979	1980	1981	1982
방산수출액	20.0	30.0	50.0	140.0	60.0	120.0	260.0	140.0	370.0	430.0
연도	1983	1984	1985	1986	1987	1988	1989	1990	1991	-
방산수출액	210.0	575.0	725.0	700.0	725.0	460.0	925.0	440.0	380.0	-

자료 8-2 미 국무부 산하 ACDA(Arms Control & Disarmament Agency) 추산 이스라엘 방산수출액(1963~1991년)[8]

7 방산수출 지원정책 발전방향 연구(한국국방연구원, pp.88~89, 2013년 12월)

8 Military Industry and Regional Defense Policy(Taylor & Francis e-Library, 2007, Timothy D. Hoyt), p.113

그 이외에도 스웨덴은 국방부 외청 형태의 방산수출청(FXM)[9]이 방산수출을 전담하고 있으며, 러시아는 주식회사 형태의 무기수출기구(Rose-Oboron Export)가 직접 방산수출을 수행하며 대통령 직속기구인 해외 군사기술협력위원회(FSMTC)가 방산수출을 전체적으로 통제하고 있다.

2. 세계 각국의 군비지출 양상

최근의 국방비 지출 추세를 보면 북미, 서유럽 국가의 국방비는 2011년 이후 하향추세인 데 비하여 아시아, 동유럽, 중동, 아프리카 등에서는 증가추세로 과거와는 다른 양상을 보이고 있다.

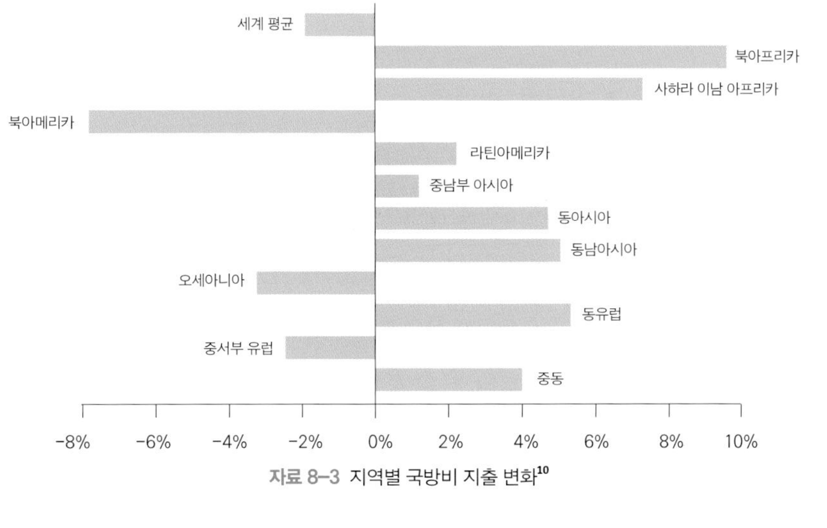

자료 8-3 지역별 국방비 지출 변화[10]

---

9 2010년에 신설된 스웨덴의 수출전담지원 조직으로 대기업에서 중소기업에 이르는 수출지원을 통해 방산수출을 촉진하며 정부 간 방산수출 계약을 관리 및 감독한다. 스웨덴군을 대신하여 군의 잉여물자를 판매하기도 한다.

10 Changes Military Expenditure, by Region, 2012~2013(SIPRI, http://www.sipri.org/research/

〈자료 8-3〉은 2012년 대비 2013년의 국방비 변화를 그래프로 나타낸 것으로 지역별 국방비 지출 변화 추세를 잘 보여주고 있다. 전체적으로 세계 국방비가 −1.9% 감소되고 있는 가운데 미국을 포함한 북미가 전년 대비 가장 큰 폭인 −7.8% 축소되었다. 미국이 예산통제법 발효로 2012년 회계연도부터 향후 10년간 4,870억 달러의 국방예산이 삭감될 예정이며, 캐나다가 2013년 국방비 지출 상위 15개국에서 터키에 밀려났다. 영국, 프랑스, 이탈리아 등 유럽의 주요 국가들도 재정위기로 인한 긴축정책으로 국방비를 줄이고 있으며, 특히 서유럽 및 중부유럽은 2008년 이후 10% 이상 국방비를 삭감하였고, 2013년에는 전년 대비 2.4% 하락하였다. 반면 아프리카 지역은 북아프리카의 9.6%를 포함하여 전체적으로 국방부 지출이 8.3% 증가하였다. 아시아 지역의 경우 오세아니아가 3.2% 감소하였으나, 기타 아시아 국가들은 국방비 지출을 확대하였다. 특히 중국은 전년 대비 국방비를 7.4% 증액하였으며, 중국과 영토분쟁을 벌이고 있는 베트남, 인도네시아 등 주변 국가들도 중국에 대응하기 위해 국방비를 5% 가까이 증가시켰다. 중동은 전년 대비 4% 증가하였다. 이라크, 바레인, 사우디아라비아가 증가한 반면 요르단, 오만, 예멘 등은 감소하였다. 특히 사우디아라비아는 GDP의 약 9.3%를 지출하였다. 2013년의 세계 국방비 지출은 〈자료 8-4〉에서 보는 바와 같이 미국(37%)과 중국(11%)이 전체의 절반에 육박하는 국방비를 지출하는 가운데 15개 국가의 국방부가 세계 국방비의 약 79%를 차지하였다.[11] 이처럼 대부분의 서방 선진국들이 국방비 지출을 줄이는 반면, 경제성장을 이룬 신흥국가들은 늘리는 추세로 세계 군비지출의 균형추가 서방 선진국에서 신흥국가들로 기울기 시작함에 따라 세계 방산시장도 이러한 추세에 맞추어 변화되고 있다.

armaments/milex/recent-trends)

11 The Share of World Military Expenditure of the 15 States with the Highest Expenditure in 2013 (SIPRI, http://www.sipri.org/research/armaments/milex/recent-trends)

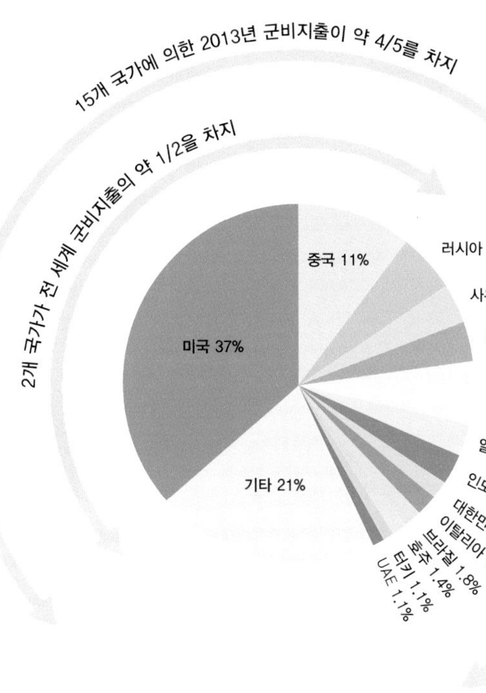

자료 8-4 지역별 국방비 지출 변화

3. 국내 방산시장

우리나라 국방비는 〈자료 8-5〉에서와 같이 1970년대 이후 지속적인 전력증강 정책에 의해 증가추세를 유지해오다가 1978년 GDP 대비 국방비 비율이 34.8%를 정점으로 지속적으로 감소했으며, 2002년 이후에는 14.4~15.8%를 유지하고 있고, 2000년 이후에는 정부재정 대비 2.6% 이하로 고착되는 양상을 보이고 있다. 국내 복지수요의 증대 및 최근의 저성장 기조에 따른 세수부족 등을 생각할 때 앞으로 국방비의 획기적인 증가는 쉽지 않을 전망이며 이에 따라 국내 방산시장의 수요도 한계점에 이르렀다고 할 수 있겠다.

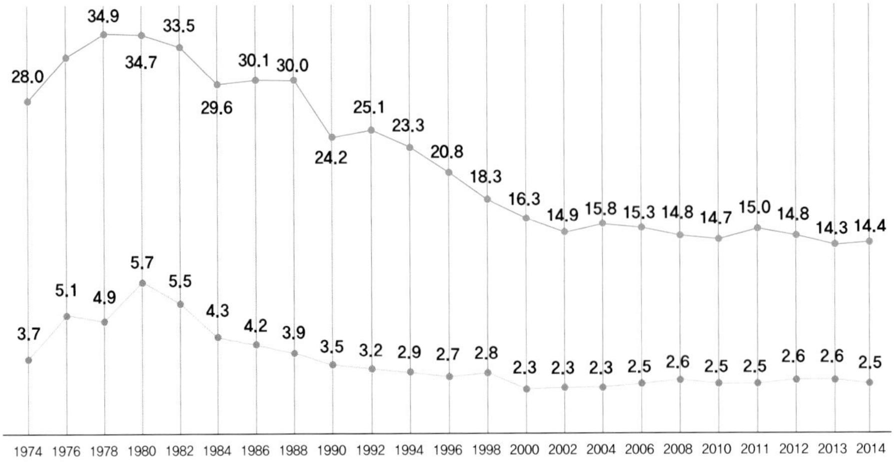

자료 8-5 GDP 대비 국방비 비율 및 정부재정 대비 국방비 비율[12]

우리나라의 방위산업은 과거 독과점적인 공급체계 등 보호중심의 육성정책으로 외형적인 면에서 안정적인 성장을 유지하였으나 낮은 생산성, 내수 중심의 수익구조 고착 등 구조적 문제점으로 질적 효율성은 매우 취약한 상황이다. 실제로 〈자료 8-6〉에서 보는 바와 같이 민간의 제조업체에 비해 방산업체의 생산시설 가동률 및 영업이익률이 크게 떨어지고 있음을 알 수 있다.

(단위: 억 원, %)

구분	매출액	영업이익	평균 영업이익률(%)		평균 가동률(%)	
			방산업체	제조업체	방산업체	제조업체
2003	42,681	1,543	3.6	6.7	57.3	78.3
2004	46,440	1,413	3.0	7.2	56.1	80.3
2005	53,165	2,500	4.7	6.1	57.8	79.8
2006	54,517	2,673	4.9	5.3	61.0	81.0
2007	61,955	2,629	4.2	5.8	59.8	80.3
2008	72,351	3,625	5.0	5.9	60.3	77.2

12 2014년 국방비 확보논리 홍보책자(국방부, 2014년 8월), p.45

구분	매출액	영업이익	평균 영업이익률(%)		평균 가동률(%)	
			방산업체	제조업체	방산업체	제조업체
2009	87,692	5,338	6.1	6.1	61.8	74.6
2010	93,303	6,898	7.4	6.9	59.5	81.2
2011	93,095	5,323	5.7	5.6	59.4	79.9
2012	93,429	4,230	4.5	5.1	59.0	78.1

자료 8-6 방산업체 및 제조업체 경영실태[13]

〈자료 8-7〉은 2003년 이후 국내 방산업체의 10년간 방산매출 및 영업이익 현황이다. 전체적으로는 해마다 지속적으로 방산매출이 증가하다가 2010년 이후 9조 3,000억 원대에서 정체되어 있는 상황이다. 이는 2011년을 정점으로 세계 각국의 국방비가 축소되는 추세를 반영한 것으로 판단된다.

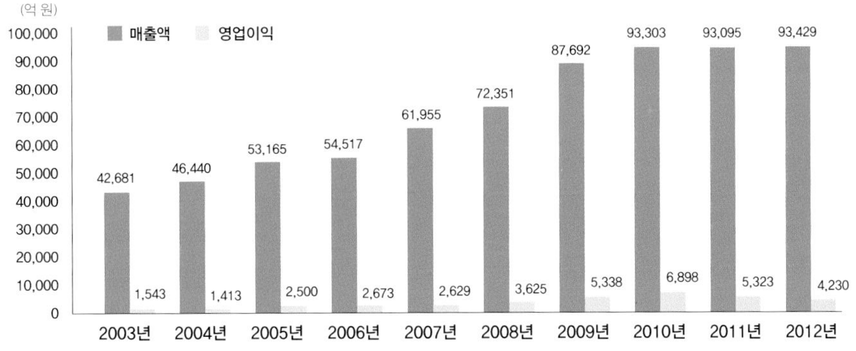

자료 8-7 국내 방산업체의 방산매출 및 영업이익 현황[14]

방산업체의 가동률을 보면 민간업체에 비해 크게 떨어지고 있어 무엇보다 안정

13 방위사업 통계연보(방위사업청, 2014년 8월), p.194

14 방위사업 통계연보(방위사업청, 2014년 8월), p.193

적으로 생산라인을 유지할 수 있는 충분한 물량확보가 가장 시급하다. 〈자료 8-8〉에서 보는 바와 같이 2003년 이후 10년 동안 민간업체가 평균 80%에 가까운 가동률을 유지하고 있는 가운데 방산업체는 평균 60%에도 미치지 못하고 있어 국내 방산업체를 보호하고 육성할 수 있는 실질적이고 근본적인 정부의 대책이 강구되어야 할 것이다.

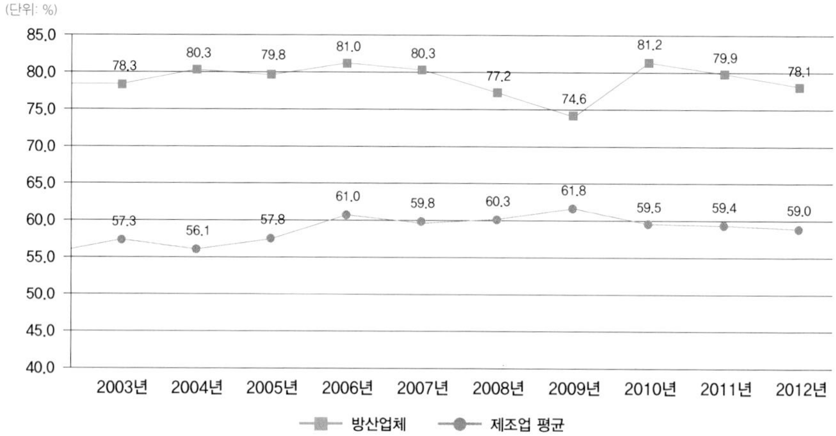

자료 8-8 국내 방산업체 가동률 현황[15]

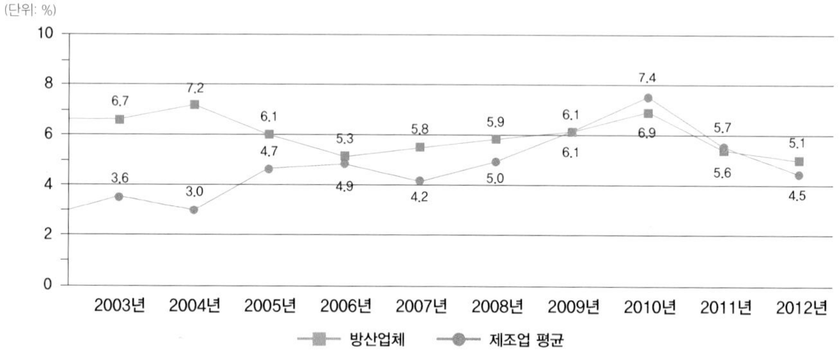

자료 8-9 방산업체 영업이익률 현황[16]

15 방위사업 통계연보(방위사업청, 2014년 8월), p.194

16 방위사업 통계연보(방위사업청, 2014년 8월), p.193

방산업체 이익률은 2000년대 초의 3%대에서 지속적으로 상승하여 2010년 및 2011년 처음으로 민간업체를 추월하는 등 민간업체와의 격차를 크게 줄였으나, 전체적으로는 아직도 제조업체 평균에 미치지 못하는 실정이다. 주요 수출국의 경우 국내 방산매출 대비 수출 비중이 약 20% 이상(미국 25%, 프랑스 31%, 이스라엘 70% 등)으로 안정적인 수익구조를 유지하고 있는 반면 우리나라 방산업체는 내수의존도가 약 95% 수준으로 아직도 방산매출 대비 수출 비중이 매우 낮다. 군수품을 생산하는 방위산업의 특성상 군의 전력화 계획에 따라 수요가 결정되므로 국방비가 대폭 확대되지 않는 한 내수확대를 통한 방위산업 활성화는 사실상 한계에 도달하였다고 볼 수 있기 때문에 방산수출의 확대만이 국내 방위산업을 활성화시킬 수 있는 유일한 방법이라 할 수 있겠다.

4. 해외 방산수출 현황

우리 군은 창군 이래 1960년대까지 미국의 군사원조에 의존하여 군사력을 건설해왔으나, 1974년 이후의 독자적인 자주국방을 위한 국내 연구개발 노력과 2006년 방위사업청이 개청된 이후 수출을 위한 다각적인 노력에 힘입어 2014년에는 세계 100대 방산기업[17]에 3개의 국내 방산업체가 포함되는 등 국내 무기체계의 우수성을 인정받으면서 국제적인 신인도가 높아지고 있다. 이에 힘입어 방산수출은

---

17 Top 100 for 2014(DefenseNews, http://special.defensenews.com/top-100): 미국의 국방전문매체 디펜스뉴스가 방산 매출액을 기준으로 2014년 8월 발표한 '세계 100대 방산기업' 현황에 의하면 국내 방산기업은 한국항공우주산업(KAI · 55위)과 LIG넥스원(62위), 삼성테크윈(70위)이 100대 방산기업에 포함되어 있으며, 일본은 미쓰비시중공업(26위)과 미쓰비시전기(59위), 가와사키중공업(66위), NEC(75위), IHI(98위) 등이 포함되어 있다. 1위는 미국의 록히드마틴이 차지하였으며, 7개의 미국업체가 10위권 안에 포함되었다.

〈자료 8-10〉에서 보는 바와 같이 과거에 비해 비약적으로 성장하여 2014년에는 역대 최고 실적인 36억 1,200만 달러의 방산수출을 달성하였다. 이는 2006년 방위사업청이 개청되면서 수출논의를 본격화했던 때에 비해 14배의 괄목할 만한 성장이다.

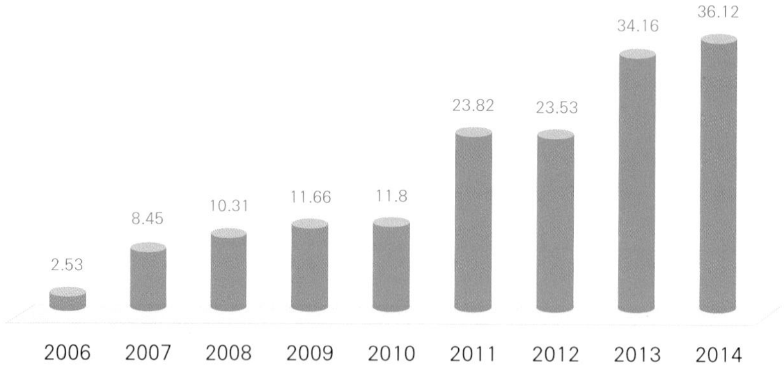

구분	2006	2007	2008	2009	2010	2011	2012	2013	2014
방산수출액 (억 달러)	2.53	8.45	10.31	11.66	11.88	23.82	23.53	34.16	36.12
전년 대비 증가율(%)		233.9	22.0	13.1	1.9	100.5	-1.2	45.2	5.7

자료 8-10 방위사업청 개청 이후 방산수출실적[18]

하지만 방산수출은 아직도 가야 할 길이 멀다. 2014년 역대 최대 방산수출 실적을 달성했지만 2014년 우리나라 전체 수출액[19]의 0.63% 정도로 매우 미미한 수준이다. 세계적으로 심화되는 무기수출 경쟁 속에서 지속적으로 수출 증가세를 이어

18 방위사업 통계연보(방위사업청, 2014년 8월), p.201

19 2014년 수출입 동향 및 2015년 수출입 전망(산업통상자원부 언론 보도자료, 2015년 1월 1일): 2년 연속 무역 3관왕(Triple Crown) 달성(사상 최대 교역규모 1조 988억 달러, 사상 최대 수출실적 5,731억 달러, 사상 최대 흑자 474억 달러)

나가고 있는 것은 매우 고무적인 일이지만, 방산수출 후발국으로서 증가하고 있는 수출기조를 유지하고 확대하기 위해서는 방산업체가 수출을 주도하고 정부는 마케팅 차원에서 지원하는 현재의 소극적인 방산수출 정책만으로는 한계가 있다. 국내 방산전문가들은 앞서 살펴본 바와 같이 방산수출 확대를 위한 가장 시급한 과제로 가격경쟁력을 꼽고 있다. 이를 위해서는 충분한 제작물량을 확보함으로써 규모의 경제를 실현해야 하는데 국내 방산시장은 그 규모가 작고 제한되어 있기 때문에 해외의 수출물량을 확보하는 수밖에 없다. 하지만 방산업체가 해외정부를 상대로 수출을 추진하는 것은 시간과 노력이 많이 소요되는 어려운 과정임을 고려할 때, 정부가 주도적으로 방산수출을 위해 나서야 할 것이다. 미국의 경우 FMS를 통하여 정부가 방산수출의 40% 이상의 실적을 달성하고 있는 점을 고려할 때, 우리도 정부 주도로 방산수출을 추진하기 위한 적극적인 노력이 요구된다.

5. 국내 방산수출 제도

정부는 창조경제의 핵심동력으로 방산수출을 적극적으로 추진하기 위하여 법률 및 제도개선 등 다각적인 노력을 기울여왔으나, 급변하는 세계 방산시장에 빠르게 대응하고 방산수출을 확대하기 위해서는 근본적인 정책 변화가 필요하다. 해외의 무기체계를 구매하는 주체가 대부분 각국의 정부기관으로서 국내 방산업체가 해외

〈2014년 수출입 실적(통관기준 잠정치)〉

구분	2013년도			2014년도		
	상반기	하반기	연간	상반기	하반기	연간
수출(억 달러)	2,765(0.5%)	2,832(3.8%)	5,596(2.1%)	2,832(2.4%)	2,899(2.4%)	5,731(2.4%)
수입(억 달러)	2,565(△2.9%)	2,591(1.4%)	5,156(△0.8%)	2,633(2.6%)	2,624(1.3%)	5,257(2.0%)
무역수지(억 달러)	200	241	440	200	274	474

정부기관을 대상으로 방산수출을 추진하는 것이 매우 벅찬 과정임을 고려하여 지금과 같이 수출을 방산업체에 의존하기보다는 정부가 적극적으로 방산수출의 최전선에 나서야 할 것이다. 실제 정부가 방산수출을 추진하는 과정에서 일부 구매국은 FMS 같은 정부 주도의 수출제도를 선호하고 있기 때문에 정부 주도의 수출제도를 구축하는 경우 방산수출이 증가할 것으로 전망되고 있다. 특히 국제방산시장에서 국내업체의 낮은 인지도로 인하여 품질보증 · 후속군수지원 · 교육훈련지원 등에 대한 우려로 콜롬비아 · 인도네시아 · UAE 등 중남미를 비롯한 동남아, 중동의 일부 국가들은 우리나라 정부의 보증을 받기 원했기 때문에 정부 간 계약을 요구해 왔으나 당시 국내 제도의 미비로 이를 수용할 수 없었다. 이에 대한 연구가 2009년 한국국방연구원에서 수행되었는데 "우리 정부에 공식적인 제도가 도입된다면 정부 간 판매 방식의 방산수출 요구 가능성이 증가할 것으로 판단"하였음에도 불구하고 정부 간 판매제도의 도입보다는 "현재로서는 대한무역투자진흥공사(KOTRA)를 활용하는 것이 보다 타당하고 장기적으로 방산수출지원을 전담할 수 있는 조직을 설립하여 이 조직이 정부 간 판매를 담당하는 것이 바람직"한 것으로 결론[20]을 내렸다. 정부가 정부 간 판매제도의 계약 당사자가 되는 데는 문제가 없으나, 방산수출 주무행정기관인 방위사업청이 직접 수행하는 데 대한 정치적인 부담과 법규의 제 · 개정 소요, 자원외교 및 산업협력 추진의 곤란 등의 이유로 정부 수출입 기능을 담당하고 있는 대한무역투자진흥공사에 방산물자교역센터[21]를 신설한 것이다.

---

20 방산수출 시장확대를 위한 정부 간 판매제도에 관한 연구(2009년 7월, 한국국방연구원), p.81 "현재로서는 대한무역투자진흥공사(KOTRA)를 활용하는 것이 보다 타당할 것으로 판단되나, 장기적으로 방산수출지원을 전담할 수 있는 조직을 설립하여 이 조직이 정부 간 판매를 담당하는 것이 바람직할 것으로 판단된다. 방산수출 선진국이라 일컬어지는 대부분의 국가들은 방산수출지원을 위한 정부부처 내 조직을 운영하고 있고, 정부 간 판매제도를 담당하기 위한 별도의 법인을 설립하여 해당 건을 전담하게 하는 등 다양한 형태의 구매국 요구에 대한 대응방안을 수립하여 시행하고 있다."

21 KOTRA의 방산물자교역센터에서는 국내 방산업체를 대신하여 해외 구매국 정부와의 방산물자 등 수출에 관한 계약 시 당사자 지위를 수행하는 정부 간 거래(Government To Government)를 지원하

하지만 한국국방연구원의 연구는 정부 주도의 방산수출제도를 구축할 필요성에는 공감하였음에도 불구하고 당시 방산수출 규모에 비추어 새로운 조직을 구축하고 업무절차 등을 정립하는 것이 쉽지 않은 등 현실적인 면을 반영하여 내린 결론으로 판단된다. 하지만 연구시점인 2009년까지만 해도 해마다 세계 각국의 국방비가 증가되는 상황으로 2011년 이후 세계적인 국방비 축소 추세와 유럽 재정위기 여파로 인한 세계 방산시장의 경쟁 심화, 중국의 수출규모 확대 및 일본의 본격적인 무기수출 추진, 국내 방산수출의 비약적 증가 등 급격하게 변화되고 있는 국내외 방산시장의 흐름을 제대로 예측하여 반영하지 못하였다는 한계점을 가지고 있다. 또한 대한무역투자진흥공사로 하여금 국내 방산업체를 대신하여 계약 당사자로서 구매국 정부와의 수출계약을 체결하도록 지원하고 있으나 정부기관이 아닌 대한무역투자진흥공사가 정부 차원의 계약이행을 보증할 수 없다. 동시에 방산업체에 계약이행을 강제할 수도 없는 제한점이 있으며 무엇보다도 방산수출은 무기체계를 판매한 이후 구매국에서 운용하는 전 수명주기 동안의 후속군수지원을 수행해야 하는데, 이를 위해 대한무역투자진흥공사가 지속적으로 군과 협조하는 것은 현실적으로 대단히 어렵다. 결과적으로 앞서 살펴본 바와 같이 심화되는 수출경쟁 속에서 방산업체가 포화상태에 이른 국내 내수시장을 벗어나 적극적인 해외수출을 통해 튼튼한 국방과 함께 일자리 창출 등 국민경제에 기여할 수 있도록 정부가 주도적으로 방위산업의 수출 산업화를 모색해야 하는 시점이다. 그러나 정부 간 판매방식의 수출제도를 도입할 필요성에 공감했음에도 불구하고 방산교역지원센터가 정부를 대리하여 계약을 체결하는 대안을 채택함으로써 형식적으로는 정부간 판매가 가능한 것처럼 되어 있으나, 실질적으로는 아직까지도 방산업체가 주도적으로 수출하는 DCS 위주의 수출제도를 유지하고 있다. 따라서 격화되는 방산수출 경쟁 속에

고 있다.

서도 상승세를 타고 있는 우리나라의 방산수출 기조를 유지하고 확대하기 위해서는 방산업체가 방산수출을 주도하며 정부는 마케팅 위주의 지원을 하는 현재의 방산수출 제도를 돌아보고, 정부 간 판매제도의 도입 필요성에 대한 재논의가 필요한 시점이다. 물론 산업협력 · 수출금융 · 군사교류 등 구매국의 다양한 요구에 대응하기 위해 국방부를 주축으로 한 범정부협의체를 운영하여 대외적으로는 우방국과의 방산군수협정, 방산군수 공동위원회 등을 통한 협력을 강화하며 대내적으로는 해외 방산전시회 참여기업의 비용지원, 우수 방산제품 홍보지원 등 마케팅 지원에 중점을 두어 수행하는 등 방산수출을 위해 정부 차원에서 많은 노력을 기울이고 있으나, DCS에서 정부의 역할은 방산업체의 수출을 지원하는 수준에 그칠 수밖에 없는 한계가 있기 때문에 구매국의 요구에 탄력적으로 부응할 수 있는 맞춤형 수출제도의 도입이 필요하다. 현재 정부 주도 수출제도를 위한 조직과 제도의 외형적인 틀은 구색을 갖추었다고 할 수 있으나, 방산수출에 대한 장기적인 비전을 바탕으로 하기보다는 구매국들의 요구에 따라 임기응변식으로 대응해온 부분이 없지 않다. 〈자료 8-11〉의 산업연구원의 연구에 의하면 국내 방위사업의 부문별 수출경쟁력을 평가한 결과 2013년을 기준으로 방산업체 및 정부의 경쟁력이 크게 떨어지며 이는 방산업체의 글로벌 마케팅 능력 부족, 브랜드 가치 미흡에 원인이 있으며 정부에는 수출지원능력 미흡과 더불어 수출지원시스템 미구축 등의 원인도 함께 지적되었다. 따라서 정부 주도의 효율적인 수출제도 구축과 함께 아직까지 세계 방산시장에서 충분히 알려져 있지 않은 대기업 및 중소 방산업체에 대한 정부보증 등을 통해 수출을 확대하는 노력이 필요하다. 방산수출로 인한 경제적인 파급효과와 방산업체의 현실적인 대외경쟁력의 제한사항, 해외 구매국의 요구 등을 고려하면 정부 주도의 수출제도를 본격화해야 할 시기이다. 최근 방산수출이 창조경제의 핵심동력으로 떠오르고 있는 가운데 산업연구원(KIET)에서는 향후 2014~2018년 T-50 등 최대 300억 달러를 미국에 수출이 가능할 것으로 전망한 바, 정부 주도의 수출제도 및 관련된 인프라가 구축되고 지속적인 정부지원이 뒷받침된다면 획기적인 도약의 기회가 될 수 있을 것이다.

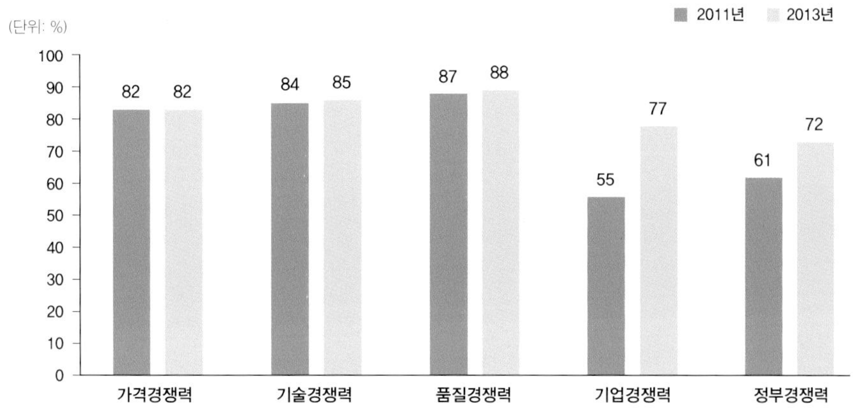

자료 8-11 2013년 국내 방위산업의 부문별 경쟁력 평가 결과[22]

---

22 선진국의 경쟁력을 100%라고 했을 때, 가격, 기술, 품질 등 제품경쟁력은 선진국 대비 82~88% 수준이며, 정부 및 기업의 경쟁력은 72, 77% 수준이다. 2013 KIET 방위산업 통계 및 경쟁력 백서 (KIET 산업연구원, 2014년 2월), pp.36~37

제9장

한국의 방산수출 추진전략

1. 기존의 군수조직을 활용한 한국형 정부 주도 수출제도 구축
2. 잠재적 미래시장 개척을 위한 포석
3. 면도기-면도날 모델을 적용한 중 · 장기 수출전략
4. 가격경쟁력의 우선 확보
5. Spin-On & Off와 연계된 선택과 집중:
   잘하는 것과 잘할 수 있는 것을 하자

1. 기존의 군수조직을 활용한 한국형 정부 주도 수출제도 구축

정부 수출제도는 계약주체에 따라 '정부 간 거래'와 '정부 간 중개'로 구분할 수 있다. 정부 간 거래는 정부 또는 정부기관이 민간 방산업체를 대신하여 외국 정부와 직접 방산수출 계약을 체결하는 형태로 정부는 계약 당사자로서 협상/계약, 계약이행, 품질보증, 하자관리, 기술이전, 후속군수지원 등 포괄적인 범위에서 다양한 역할을 수행하면서 직접 수출을 주도하는데 미국의 FMS가 대표적인 정부 간 거래 형태라고 할 수 있겠다. 앞서 제7장(대외군사판매의 시사점)에서 살펴보았듯이 FMS는 미군에게 직접적인 유익을 가져다주는 동시에 방산업체에 해외 수출물량의 평균 40%를 확보해줄 만큼 효과적인 수출제도이다. 반면 정부 간 중개는 정부 또는 정부기관이 해외 구매국 정부와 수출협약을 체결하고, 국내 방산업체를 추천함으로써 최종적으로는 국내 방산업체가 구매국 정부와 방산계약을 체결하도록 하는 형태로서 판매국 정부에 의한 품질보증, 후속군수지원 등에 대한 보증은 제한된다.

현재 우리나라의 수출제도는 방위사업청이 구매국 정부를 대상으로 국내업체의 방산수출을 중개하거나 대한무역투자진흥공사(KOTRA)가 수출계약을 대행하도록 하고 있으나, 실제로 FMS와 같이 정부가 적극적으로 수출을 주도한다기보다는 단지 방산업체 주도의 수출을 지원하는 수준에 불과하며, 정부 간 계약도 정부조직이 아닌 대한무역투자진흥공사를 내세워 정부의 대리자로 계약하도록 하고 있으며, 이마저도 방산업체에 대한 계약이행을 강제할 법적인 권한이 없기 때문에 완전한 계약이행을 보증하는 데는 근본적인 한계가 있다. 왜냐하면 계약서에 근거한 계약이행의 법적인 책임이 결국 방산업체에 있으며, 정부는 관리감독 기능만 수행하기 때문에 계약 불이행 시 정부가 방산업체의 계약불이행에 대하여 구매국에 직접 책임을 지거나 보상하는 것은 불가능하기 때문이다. KOTRA가 계약상에서는 정부를 대표하고 있으나, 계약이행에 대한 실질적인 책임을 지는 것은 원천적으로 불가하기 때문에 페루에 KT-1 훈련기 수출과정에서는 구매국 입장에서는 별도의 정부 확약이나 보증을 요구하기도 하였다. 결과적으로 KOTRA가 국내업체를 대신하여 구매국 정부와 수출계약을 체결할 수 있도록 제도화되어 있기는 하나, 방산물자교역지원센터가 정부조직이 아니고 공기업의 산하기관으로서 정부를 대표하는 데 그 위상에 한계가 있으며, 정부가 실제로 계약이행관리를 주도적으로 수행하거나 관리하지 않기 때문에 엄밀히 말해 현재의 우리나라 방산수출 제도는 정부 간 중개에 해당되며 FMS와 같이 정부 주도의 수출제도라고 보기는 어렵다. 방산수출 과정에서 터키, 페루, 콜롬비아 등에서는 정부의 신뢰보장을 요청하였고 대한무역투자진흥공사에 방산물자교역센터를 신설하여 외형적으로는 정부 대 정부 거래방식을 제도화하기는 하였으나, 계약이행을 완전히 보증하는 데 근본적인 한계를 가지고 있기 때문에 구매국의 요구를 충족시키는 데는 한계가 있다. 무늬만 정부간 수출일 뿐 정부(국방부 국방안보협력본부)가 주도적으로 수출을 주도하고, 육해공군의 기존 군수지원 조직을 활용하여 지원하는 FMS와는 크게 다르다. 해외에서 무기체계를 구매하는 데에는 막대한 정부재원이 소요되기 때문에 국가적인 관심이 매우 크다. 일반적으로 구매국은 저렴한 구매비용 못지않게 제품에 대한 품질보증 및 수명주기 동안의 안정적인 후속군수지원을 매우 중요하게 여기고 있으며, 판매국 정부와의 직접 계약을 통해 방산업체와 발생할 수 있는 분쟁이나 제작업체의 파산 등의 위험을 회피하기 위하여 수출국 정부로부터 품질보증 및 후속군수지원을 보장받을 수 있는 정부주도의 수출제도를 선호하는 경향이 있다. 마음이 돌아선 고객의 발길을 되돌리는 것은 새로운 고객을 유치하는 것보다 몇 배의 시간과 노력이 소요된다. 과거에 비해 향상된 수출실적에 취해 구매국에 대한 품질보증이나 후속지원에 소홀해서는 안 된다. 앞서 언급한 바와 같이 현재의 수출실적은 국방 군사력 건설을 전적으로 해외구매에 의존해오던 과거의 초라했던 실적에 비해 상대적으로 증가한 것으로 우리나라 전체의 수출실적에 비하면 아직도 갈 길이 멀다고 할 수 있다. 우리의 무기체계 구매

사례에서 해외 방산업체로부터 겪었던 다양한 불공정한 사례를 인식하고 눈앞의 이익을 좇기보다는 장기적인 안목으로 수출을 추진하는 전략이 필요하다. 기업의 이익을 최우선으로 추진하는 방산업체 입장에서는 이러한 부분에서 다소 근시안적인 접근을 할 수도 있다. 따라서 현재 증가추세에 있는 수출을 잘 활용하고 확대하기 위해서는 이러한 수출업체에 대한 관리감독과 함께 정부 주도 수출제도를 기반으로 구매국의 요구에 탄력적으로 적용 가능한 수출제도를 갖추는 것이 필요할 것이다. 방산수출을 위한 주요 의사결정요소의 대부분이 군과 밀접하게 관련되어 있기 때문에 정부 주도 수출제도를 운영하기 위해서는 주요 무기체계를 운용해본 경험과 후속군수지원 능력을 보유하고 있는 국방 관련 부서가 중심이 되어 수출전담팀을 구성하고 다른 기관들이 협조하는 형태가 가장 효율적일 것으로 판단된다.[1] 또한 아직까지 방산수출 규모가 크지 않고 남북한이 대치하고 있는 안보상황을 고려하여 우리 군이 고유의 국방업무에 전념하면서 수출에 기여할 수 있도록 하기 위해서는 미국 FMS와 같이 수출을 위하여 별도의 절차나 독립적인 수출조직을 만드는 것보다 기존의 획득절차 및 군수지원 조직을 그대로 활용하는 방안이 효율적일 것이다.

1) 획득 관련 부서의 기능 조정

효율적인 정부 주도 수출제도를 운영하기 위해서는 〈자료 9-1〉과 같이 수출정책의 컨트롤 타워(Control Tower)로서 방산수출을 전체적으로 관장하며 범 정부조직을 조정 및 통제할 수 있는 상위 개념의 협의기구와 함께 기존 획득 관련 부서의 기능을 부분적으로 조정하는 것이 필요하다. 즉, 수출을 주도할 수 있는 국가적인 컨트롤 타워를 구축하고 국방부와 방위사업청을 중심으로 기존 획득 관련 부서의

1 방산수출 지원정책 발전방향 연구(한국국방연구원, 2013년 12월), p.18

임무와 기능을 일부 조정하여 정부 주도 수출제도에 최적화시키는 것이다. 방산수출은 수출 대상국가 및 주변국과의 정치, 외교, 군사적인 관계, 국내 국방과학기술을 보호하기 위한 기술통제, 수출과 연계된 절충교역 등을 종합적으로 고려해야 하기 때문에 관련 기관들을 효율적으로 조정/통제하고, 총합적인 노력을 집중하여 적기에 필요한 의사결정을 할 수 있도록 방산수출 컨트롤 타워가 필요하다. 현재 방산수출을 위한 부처 간 업무조정 기구로서 국방산업발전협의회가 있다. 국방산업발전협의회는 국방부 및 지식경제부 장관이 공동의장이며 국무총리실, 기획재정부, 외교통상부, 국방부, 지식경제부, 방위사업청 및 방위산업정보 관련 해외정보 수집기관 소속 차관급 위원으로 2011년에 구성되었으나, 공동의장체제로 신속한 의사결정이 떨어질 수 있으며, 외교통상부, 지식경제부 등을 포함한 범 정부조직을 조정 및 통제하는 것이 제한되기 때문에 효율적인 수출지원을 위해서는 그 위상이 격상되어야 할 것이다. 따라서 국방산업발전협의회를 국무총리가 의장으로 방산수출 관련 부처의 장관이 참여하는 회의기구로 격상하고, 방산수출 진행사항을 점검하고 관련 부처를 조정 및 통제할 수 있도록 분기 1회 이상의 협의회를 정례화하는 것이 필요하다. 미국의 경우에도 방산수출은 단지 방산업체나 국방부에만 의존하기보다는 의회, 정부 부처, 국방부, 해외 안보협력기구 등 관련된 모든 조직이 종합적으로 관련되어 수행되고 있다.

이와 더불어 방산수출 업무를 주관하여 수행하고 있는 방위사업청에 대한 부분적인 기능 조정도 필요하다. 방위사업청은 방위력 개선사업을 통한 무기체계의 획득에 집중하면서 이를 수출과 연계할 수 있도록 획득 및 수출에 전념할 수 있는 조직으로 개편되어야 할 것이다. 지난해까지만 해도 방위사업청에서 국방중기계획 작성 및 시험평가를 담당하였으나, 2014년 방위사업법 개정에 따라 국방부는 무기체계 등 소요의 적절성을 검증하여 경제적이고 효율적으로 군사력을 건설할 수 있도록 국방중기계획을 작성하고 소요를 결정한 합동참모본부가 직접 시험평가를 수행하도록 기능을 조정하였다. 이와 더불어 각 군의 운영유지와 긴밀하게 관련된 급식 · 의류 · 피복 · 유류 등의 계약기능도 과감하게 국방부 국군재정관리단으로 이관하고, 방위사업청은 방위력 개선과 관련된 사업관리 및 계약관리에 집중하도록 하고 추가적으로 수출기능을 확대하여 수행할 수 있도록 해야 하겠다. 기능 이관에 따른 인력을 중심으로 계약관리본부의 국제계약부 내에 K-FMS 계약팀(가칭)을 신설하여 정부 주도 방산수출 계약업무를 체결하고 계약이행을 관리 및 감독하도록 해야 한다.

- 국방산업발전협의회(격상): 국무총리 주관의 방산수출 협의기구로서 방산수출 관련 부처의 장 · 차관이 협의회 위원으로 참석. 방산수출 관련 부처를 조정 및 통제하며, 방산수출 컨트롤 타워 역할 수행(반기 1회 개최, 국방부 장관 건의에 따라 필요 시 추가 개최)

- 국방부: 군사외교와 연계된 방산수출정책 수립, 대외군사협력을 통한 수출지원
  * 해외파견 국방무관의 수출지원 기능 강화

- 방위사업청: 미국 국방부 국방안보협력본부와 같은 역할과 기능 수행
  -획득기획국: 정부 주도 수출 절차/규정 개선, 수출 절충교역
  -방산진흥국(보강): 해외 방산협력관 파견 확대, 권역별 해외 방산마케팅 총괄
  -사업관리본부 통합사업관리팀: 수출과 연계된 사업관리(수출물량을 통합한 초도생산 및 양산계획 수립, 최초 연구개발 단계에서부터 수출을 염두에 두어 개발하도록 사업관리)
  -계약관리본부 K-FMS팀(신설): 대정부계약 체결, 계약이행 관리 및 감독(구매국과 연 1회 사업관리회의)

- 방산수출원(신설): 계약이행관리를 위한 독립법인, 구매국의 접촉창구로서 방산업체, 각 군 군수사 등과 협조하여 청구, 정비, 하자 등의 계약이행업무 수행(계약관리본부 통제하에 계약이행관리)

- 각 군 군수사: 기존의 보급 및 정비지원 조직과 인력을 최대한 활용하여 구매국에 대한 후속군수지원
  * 수출 보급지원은 초과로 보유하고 있는 품목 위주로 지원
  * 수출 정비지원은 창정비에 한하여 수행하되, 능력을 초과하는 경우에는 주 공급업체를 활용하여 민간의 정비업체를 이용한 상업정비 추진

- 국방기술품질원: 수출 절충교역에 대한 가치평가, 수출품목에 대한 구매국의 품질보증 대행, 수출 대상국과의 품질보증협정 체결 확대 등

- 방위산업진흥위원회[2]: 방산업체의 수출촉진을 위한 마케팅 지원활동 강화, 방산업체(해외조직)와 방위사업청 방산진흥국과 상호협력적인 마케팅 지원

자료 9-1 한국형 정부 주도 수출제도 구축을 위한 조직개편(안)

2 한국방위산업진흥회(韓國防衛産業振興會, Korea Defense Industry Association): 방위산업 경쟁력 향상과 수출촉진을 위한 활동, 방위산업에 관한 조사 및 연구, 방산업체 회원 상호 간의 공동이익 및

수출 절충교역의 경우 세계적으로 구매국이 무기구매 시 절충교역을 적극적으로 요구하고 있는 추세로 절충교역이 수출에서의 중요한 요소 중 하나이지만, 아직도 방산수출의 절충교역은 수출업체의 몫으로 간주되어 정부의 역할은 소극적이다. 따라서 앞으로는 기술이전, 군사지원을 포함한 국방, 방산분야와 민수분야 제안을 통합조정하여 수출 절충교역 단일안으로 제시해야 한다. 이를 위해서는 획득기획국이 수출 절충교역을 조정하고 통합하는 기능을 수행할 수 있는 주관부서로서 민간과 정부기관의 기관을 선도해야 할 것이다. 특히 절충교역은 국가별 입장에 따라 상반된 입장[3]이므로 방산수출이 증가하는 데 따라 사전에 대비하되 국가의 핵심 국방기술 유출을 최소화하기 위해 방산기술통제관실이 주축이 되어 절충교역 데이터베이스를 구축하고, 수출 상대국의 요구조건에 맞는 절충교역 대안을 개발하거나, 해당 국가의 흥미를 끌 수 있는 대안을 발굴함으로써 수출을 지원해야 한다. 방산진흥국의 기능도 확대하여 기존의 수출지원 업무를 좀 더 효율적으로 수행할 수 있는 여건을 마련해야 한다. 주요 수출대상국에 대한 방산협력관 파견을 확대하고, 현지에서의 국내 방산업체 해외조직과 협력하여 정부 주도의 적극적인 수출 마케팅을 추진하며 현지에서 구매국의 다양한 요구조건을 확인하고 DCS나 정부 주도 수출 또는 다양한 조합을 통하여 수출을 촉진하는 연결고리가 되어야 할 것이다. 이러한 방산진흥국의 기능확대는 정부 주도 수출제도 구축을 위한 것이라기보다는 정부의 방산수출 지원확대라는 틀에서 추진되어야 할 것이다. 즉 정부 주도 수출을 수행하기 위해 방산진흥국의 기능을 확대하는 것이 아니라, 방산업체에 대한 정부의 기존 수출지원 기능이 미흡한 것을 보완하는 측면이다.

친목도모를 위해 1976년 설립된 단체

3 수출국가(미국, 독일, 프랑스, 영국 등)는 절충교역에 부정적이나, 수입국가(동남아, 남미, 중동 등)는 적극적으로 절충교역을 확대요구하는 추세이다.

2) 수출 이행조직

앞서 살펴본 획득 관련 부서의 기능 조정은 방산수출원 외에는 인력의 추가확보가 필요한 신설이라기보다는 획득부서의 기능 조정을 통하여 인력의 증원을 최소화하는 개편이라고 할 수 있다. 즉, 정부 주도 수출제도는 현재의 방산수 출 관련기관을 기반으로 정부 간 계약이 체결된 계약이행조직을 새로이 신설하는 것으로 요약될 수 있다. FMS에서는 국제군수통제기구(ILCO)라는 조직을 신설하여 해외 구매국에 대한 계약이행업무를 전담하도록 하고 있다. 미국 육군의 경우 안보지원사령부(USASAC)가 FMS 구매국만을 위한 계약이행을 관리/감독하는 기관으로 미군의 군수조직과 구매국을 이어주는 교량 역할을 수행하고 있다. 이처럼 방산수출 계약이행조직인 방산수출원(가칭)을 구축하는 데는 〈자료 9-2〉에서 보는 바와 같이 두 가지 방안을 고려해볼 수 있을 것이다.

구분	정부조직화 방안	독립법인화 방안
형태	방위사업청 내부 소속기관	방위사업청 출연기관
선결 과제	소요정원 제출/직제령 개정	• 방위사업법 개정 • 법인화 및 초기 운영을 위한 예산 확보 필요
장점	• 정부조직의 계약이행으로 대외 신뢰도 제고 • 법령 제정/개정 소요 최소화	• 조직신설에 부담 감소 • 우수 퇴직인력 / 외부 전문인력 활용이 상대적으로 용이 • 수출실적 증대에 따라 탄력적으로 인력 및 조직 운영가능 • 수출에 따른 행정비를 활용하여 운영예산을 확보하는 경우 조직안정화 이후 정부의 예산지원 불필요
단점	• 정부조직 확대에 따른 부담 • 전문인력 확보 제한	• 대외 신뢰도 미흡 • 독립법인화에 장기소요 가능성(법령 제정/개정에 장기소요)

자료 9-2 방산수출원(가칭) 구축방안

수출이행기구를 정부조직화하는 방안은 국가정부조직이 계약이행까지를 책임지면서 대외 신뢰성를 높일 수 있으나, 방위사업청의 조직이 비대화되고 인력수급, 업무 전문성 확보기간 소요 및 예산회계의 통제에 따른 유연한 수출지원이 제한될 수 있는 단점이 있다. 반면 방위사업청의 출연기관으로 독립법인화하는 경우 상대적으로 대외적 신뢰도는 떨어지기는 하나 계약체결을 방위사업청에서 수행하기 때문에 방위사업법으로 그 기능을 분명히 함으로써 정부조직 수준의 신뢰도를 확보할 수 있을 것이다. 무엇보다도 현재의 획득조직을 유지하면서 우수 퇴직인력을 활용하고 향후 행정비용 부과를 통하여 별도의 예산없이 자체적으로 운영되도록 할 수 있다는 점에서 독립법인으로 신설하는 것이 바람직할 것으로 생각된다. 방산수출원 조직은 〈자료 9-3〉과 같이 수출권역 단위로 나누고, 권역 내에서는 수출무기체계별로 팀을 구성하여 보급지원, 정비지원, 하자관리 등을 모두 담당하도록 하며, 계획운영부에는 수출자금을 집행 및 관리하는 수출자금관리팀과 내부 군수지원전산체계 및 구매국에 계약이행정보를 제공하는 웹사이트를 관리하는 전산체계관리팀을 운영한다. 유럽/미주 수출과의 경우 이 권역에 대하여 수출이 가능한 무기체계를 선별하고 무기체계별 수출팀을 편성한다.

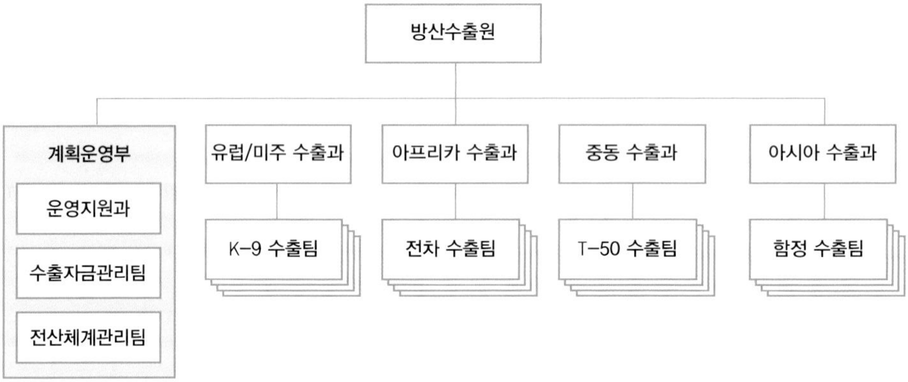

자료 9-3 정부 주도 수출단계별 주관기관 및 업무분장(예)

이에 따라 정부 주도 수출제도를 수행하는 주관기관 및 업무분장은 〈자료 9-4〉에서 보는 바와 같다.

시장조사	마케팅/홍보	협상/계약	계약 이행관리
• 신규시장 개척 • 방산수출정보 수집 • 방산수출과 연계된 군사 외교 활동 ※방산협력관, 해외 현지 무관 등 활용	• 방산 마케팅 • 방산전시회 • 업체 수출지원(자문, 컨설팅, 지역정보 제공)	• 수출 협상, 계약 체결 • 수출 절충교역 • 계약 관리 / 감독 • 수출자금관리	• 후속군수지원 (청구, 정비, 하자 등) • 품질보증
국방부, 방위사업청	방위사업청 (방산진흥국)	방위사업청 (계약관리본부)	방산수출원, 국방기술품질원

자료 9-4 정부 주도 수출단계별 주관기관 및 업무분장(안)

3) 각 군의 군수지원 조직과의 연계[4]

국방부는 민간과 군의 자산을 통합한 국가정비지원체계를 구축하기 위한 노력을 진행하고 있다. 상호 특화된 정비역량을 활용하여 군은 중복투자를 방지함과 동시에 정비 효율성을 높이고, 민간은 생산과 정비를 연계함으로써 지속적인 성장 보장이 가능할 것이다. 따라서 수출국에 대한 정비지원체계도 이와 연계되도록 함께 구축되어야 할 것이다. 완성장비 수출이 방위사업청이 개청된 2006년 이후부터 본격화된 것을 고려할 때, 향후 해외에 수출한 무기체계에 대한 창정비 등의 소요가 발생할 것이기 때문에 이를 사전에 국내 정비지원체계와 연계되도록 하여야 할 것이다. 구체적으로는 구매국의 모든 정비소요는 계약이행관리기관인 방산수출원을 거쳐 국내 정비지원체계와 연계되도록 해야 할 것이다. 특히 국방부에서 주요 전투부대가 밀집된 지역에 민간 정비업체의 기술력과 자원을 활용하여 신속한 정비지원을 수행할 수 있도록 야전정비지원센터 운영을 추진하고 있는데, 이와는 별도로 기존에 전국적으로 산재한 야전외주정비 시설을 통합하여 방산업체들이 많이 모여 있는 마산, 창원 후방지역에 해외 구매국을 위한 통합 정비지원센터를 별도로 구

4 2014 국방백서(국방부, 2014년 8월), pp.94~95

축하는 것도 하나의 대안이 될 수 있을 것이다. 즉, 미국의 FMS와 같은 방식으로 방산수출원에 해외 구매국의 정비요청이 접수되면 방산수출원은 우선 야전정비지원센터에 군직정비가 가능한지 여부를 확인하고 정비가 가능한 정비시설로 해외 구매국의 정비대상장비를 보내도록 통보하여 정비를 추진한다. 군직정비가 가용하지 않은 경우에는 통합 정비지원센터를 통하여 업체 외주정비를 추진한다. 결국 야전정비지원센터에서는 우리 군을 위한 정비지원을 우선적으로 실시하되 충분한 정비소요가 없는 시기에는 장비 및 시설을 효율적 운용을 위해 구매국에 대한 정비지원을 수행하며, 능력을 초과하는 시기에는 통합 정비지원센터에 정비를 일임하여 상업정비를 추진하는 개념이다. 국방부는 또한 수리부속의 획득, 운영, 재고관리의 문제점을 보완하여 수리부속 수요를 정확하게 예측하기 위한 전산체계를 2016년까지 개발하는 것을 추진 중인데, 이도 구매국의 모든 청구수요를 관리하는 방산수출원과 함께 연계되도록 통합개발 되어야 할 것이다. 미국의 경우 FMS 구매국의 군수지원 전산체계를 미군의 전산체계와 통합하는 데 십여 년 이상의 기간과 막대한 예산이 소요되고 있음을 명심하여 우리도 국방군수통합정보체계를 구축하는 단계에서 방산수출을 위한 전산체계도 함께 고려되어야 할 것이다.

계약목적물의 조달진행 정보에 대한 가시성(Visibility)은 구매국으로 하여금 국방 및 군수계획을 수립하고 의사결정을 하는 데 용이하도록 돕는다. 그렇기 때문에 대부분의 국가들은 실시간으로 계약이 진행되는 내용을 알기를 원한다. 즉, 해외구매에 있어서 적시적인 조달정보는 구매국의 만족도에 매우 큰 영향을 미친다. 우리나라도 미국으로부터 FMS를 통해 구매하면서 청구품목 인수 등에 대한 정보가 적시에 제공되지 않아 많은 어려움을 겪었던 경험을 고려하여 구매국에 적시적인 조달정보를 제공할 수 있도록 체계적인 시스템을 구축하는 것이 필요하다. 국방부는 군수품의 수입, 저장, 불출 등의 과정에 바코드 자동인식과 모바일 기술을 적용하여 업무처리시간을 단축하는 군수품 현장관리 시스템을 2016년까지 구축하고, 육

· 해 · 공군의 장비정비, 국방물자 탄약정보 등을 통합한 국방군수통합정보체계를 2017년까지 구축할 예정[5]이다. FMS 제도에서 살펴보았듯이 정부 주도 수출제도를 통하여 우리 군이 후속군수지원상의 혜택을 받기 위해서는 수출 무기체계에 대한 후속군수지원 소요도 우리 군수통합정보체계와 통합되도록 구축되어야 할 것이다. 이러한 해외 구매국에 대한 보급정비, 군수지원 등은 모두 계약이행관리를 관장하는 방산수출원을 통해 수행하되, 우리 군에 우선순위를 두고 지원한다면 군에 미치는 영향은 미미할 것으로 판단된다. 오히려 구매국의 보급 및 군수지원 소요까지 통합하여 운영할 수 있기 때문에 후속군수지원의 융통성이 증가될 수 있을 것이다.

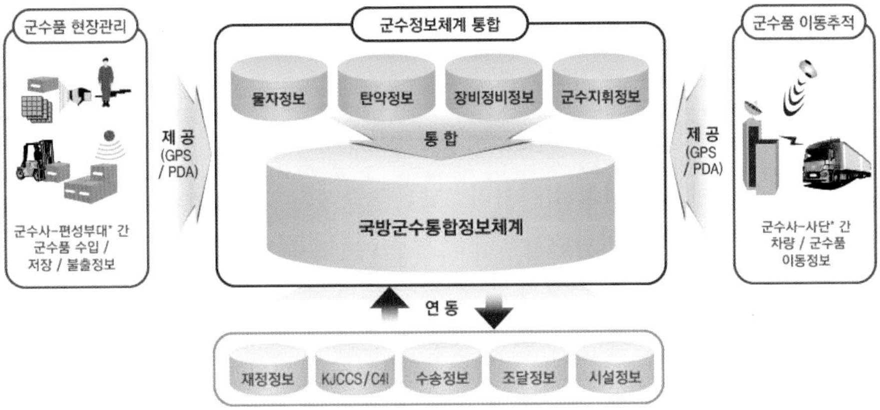

* 편성부대 : 군수품 청구, 집행, 배분 등의 임무를 수행하는 최하위 부대
* 사용부대(사단급)

자료 9-5 국방군수통합정보체계 개념도[6]

---

5 2014 국방백서(국방부, 2014년 8월), p.95

6 2014 국방백서(국방부, 2014년 8월), p.96

4) 전문인력 확보

앞서 살펴본 바와 같이 방산수출원의 구성인원은 야전의 보급, 정비, 하자관리 등 후속군수지원 경험과 구매국을 대상으로 대외협력이 가능하도록 언어능력도 구비하고 있어야 한다. 계약은 방위사업청에서 체결했지만 계약 이행과정에서 구매국의 소요가 새로이 식별되기도 하고 변경될 수도 있다. 따라서 구매국이 원하는 것을 정확히 식별하고 이를 충족시키기 위해서는 풍부한 군수경험과 더불어 원활한 의사소통을 가능하게 하는 언어 구사능력이 반드시 필요하다. 또한 구매국의 요구를 충족시키기 위해 국내 관련 부서와 협조하는 과정에서 무기체계에 대한 운용경험과 함께 소요군의 군수조직, 방산업체, 방위사업청 계약관리본부와도 긴밀히 협조가 가능하도록 계약에 대한 지식도 필요할 것이다.

획득분야는 군에서의 무기체계 운용경험을 바탕으로 이와 같이 군수와 관련된 행정능력이 요구되는 진입장벽이 높은 분야이기 때문에 방위사업청 퇴직군인을 적절히 활용한다면 매우 효과적일 것이다.[7] 방산수출원을 독립법인화하는 경우, 최근의 방산비리와 관련되어 방위사업청의 현역군인들의 짧은 정년이 비리 발생의 주요 원인 중 하나로 지적된 바, 이러한 획득인력을 방산수출 분야에서 활용한다면 방산비리를 사전에 차단하는 효과와 함께 전문성을 갖춘 인력을 확보할 수 있는 좋은 해결책이 될 수 있을 것이다.

방위사업청은 개청 이후 효율성과 전문성을 강화하기 위하여 획득 전문인력의 확보와 양성에 많은 노력을 쏟아오고 있다. 군인의 경우 인력선발 과정에서부터 석사 이상의 학력을 보유한 대위를 선발하여 중령 이전까지는 야전으로의 순환 없이

---

7 현재 추진되고 있는 방위사업청의 문민화 계획(공무원과 현역의 현재 5 : 5 구성비율을 향후 7 : 3으로 바꾸는 인력운영계획)에 반대하는 것이 아니라 인력을 적재적소에 활용한다는 측면에서 획득분야가 군과 직접적으로 연결된 분야로서 업무 효율성 면에서 현역군인이 공무원보다 유리한 측면이 있기 때문이다.

방위사업청에서 직무교육 및 업무경험을 통해 전문성을 습득할 수 있도록 하고 있다. 하지만 다른 한편에서는 계급정년제로 인한 조기전역 등으로 오랜 업무를 통해 쌓아온 전문성을 조직 내에서 충분히 발휘하지 못하고 전문인력들이 획득업무를 떠나고 있는 실정이다. 특히 방위사업청이 2006년 개청된 이후 10주년을 앞두고 있는 시점에서 야전경험을 바탕으로 사업관리 · 계약 · 품질보증 등의 다양한 업무경험 및 고도의 전문성을 보유한 군의 전문인력들이 진급 및 야전의 계급정년 제도 등의 문제로 충분히 활용되지 못하고 획득업무를 떠나게 되면서 일부는 방산업체에 재취업 등을 통해 활용되고 있는 실정이며 이 과정에서 비리문제가 발생되기도 하였다. 이러한 방산비리는 작게는 조직을 무력화시키고, 크게는 군의 계획된 전력증강을 지연시켜 결과적으로 적을 이롭게 하는 행위로써 엄하게 처벌해야 한다. 하지만 극히 일부 사례를 일반화함으로써 정작 필요한 전문인력을 활용하지 못하게 되는 교각살우의 우를 범하지 않도록 해야 할 것이다. 이러한 측면에서 과거 비교적 짧은 획득분야 경험에도 불구하고 방산업체의 영업분야에서 인맥을 목적으로 주로 퇴직군인들이 활용되어온 것과는 달리 이제는 오랜 경험과 전문성을 바탕으로 무장된 이들을 어떻게 활용할 것인가를 고민해야 할 것이다.

획득업무의 높은 진입장벽과 이로 인하여 국내 전문인력풀이 매우 제한되는 현실을 고려할 때, 군의 획득 전문인력은 무기체계 및 야전의 운용환경에 대한 깊은 이해를 바탕으로 소요군과의 긴밀한 협력관계가 필수인 획득분야의 매우 소중한 국가자산이기 때문이다. 석사 이상의 인원을 선발하여 방위사업청에서의 교육과 업무경험을 통해 전문성을 갖춘 소중한 많은 인원들을 더 활용할 수 있음에도 불구하고 조기퇴직할 수밖에 없는 현재의 인력운영의 틀을 재검토할 필요가 있다. 연령이 전투력에 영향을 미치는 야전과는 달리 오랜 근무경험이 전문성과 연계되는 획득분야에서는 국익 차원에서 이러한 인력을 어떻게 활용할 수 있는가를 심각히 고민하여 새로운 인력운영 방안이 마련되도록 해야 할 것이다. 과거 미국 등 선진국과의 협상이나 사업관리회의를 하면서 늘 어렵게 느꼈던 것은 상대방은 20~30년 이상을 같은 분야에서 근무한 베테랑인 반면 우리는 2~3년의 순환보직으로 짧은 기간만 근무하기 때문에 오랜 경험을 가진 상대방과의 협상에서 이기는 것이 여간 어려운 것이 아니었다는 것이다. 따라서 우리도 이와 같이 획득분야의 경험을 가진 인원들을 활용할 수 있는 제도적인 뒷받침이 필요하다. 실제 육군에서는 사관학교 등의 교수요원들에게 계급정년의 제한없이 60세까지 근무할 수 있도록 하고 있다.

획득분야도 마찬가지로 오랜 근무기간이 전문성으로 직결되는 점을 고려하여 이들이 안정적으로 근무하도록 보장함으로써 전문성을 발휘하도록 하고 비리와 연계되지 않도록 제도적인 보완책 마련이 절실하다. 방산수출청의 전문인력을 확보하기 위한 대안으로 단순히 방위사업청의 퇴직군인을 활용하여 퇴직군인의 복지를 위한 대책을 강구하자는 의도가 아니다. 이는 국가 차원에서 활용되지 못하고 있는 전문인력을 수출분야에서 활용함으로써 인력 활용의 효율성을 높임과 동시에 그동안 제기된 문제를 해결하자는 측면이다. 앞서 제시한 수출조직의 개편방향에 있어서 일부 기능을 확대 또는 조정하는 다른 조직과는 달리 신설되는 수출진흥원은 다수의 전문인력 확충이 요구되는 바, 퇴직인원 중 군수무관단, 해외주재 사업관리인원, 국제계약 및 방산수출 유관부서, 각 군의 군수업무 경험자들을 중심으로 인력을 확보한다면 새로운 조직을 위한 전문인력 확보에 많은 시간이 소요되지 않을 것이다.

2. 잠재적 미래시장 개척을 위한 포석

아래 〈자료 9-6〉에서 보는 바와 같이 지금까지 방산수출 과정에서 정부 간 판매제도를 요구해온 국가들의 구매규모가 크지는 않다.

국가	요구 내용	수출규모
페루	KT-1 수출협상시 정부의 품질/계약이행보증 및 교육훈련 요청	2억 1,000만 달러
UAE	T-50 수출협상 시 정부 차원의 후속군수지원 요청	20억 달러
인도네시아	기 수출된 KT-1에 대하여 한국 공군 군수지원체계와 연계한 후속군수지원 보장 요청	7억 달러
터키	KT-1 수출협상 시 정부 차원의 후속군수지원 요청	3억 6,000만 달러

자료 9-6 정부 간 판매제도 요구사례[8]

이로 인하여 효율성 측면에서 정부 주도의 수출제도 구축 필요성에 대한 논란이 있을 수 있다. 정부 주도의 수출제도를 도입한다고 해도 단기간에 큰 규모로 급격하게 수출이 증가하지 않을 수도 있기 때문이다. 하지만 일단 방산수출이 성사되면 무기체계를 운용하는 최소한 30여 년 이상 구매국 정부와의 협력관계가 유지될 것이며, 이는 자연스럽게 경제 · 정치 · 군사적 협력관계로 확대될 수 있을 것이다. 중 · 장기적으로 해당 국가들의 경제규모가 확대되고 국내 국방과학기술 발전으로 선진국 수준의 최첨단 무기체계가 개발되면 기 구축된 협력관계는 대규모 고가의 최첨단 무기체계 방산수출로 이어지는 결정적인 요인으로 작용할 수 있을 것이다. 눈앞의 이익만을 보지 말고 장기적인 방산수출 신흥국가로서 장기적인 관점에서 잠재적인 미래의 방산시장을 개척하기 위한 노력이 필요하다. 이처럼 중 · 장기적으로 잠재고객을 확보하고 방산시장을 확대하기 위해서는 구매국의 요구에 부합된 수출전략과 함께 성능에 대한 품질보장 및 후속군수지원에 대한 신뢰가 중요하기 때문에 정부가 주도적으로 수출을 추진하는 것이 유리할 것이다.

특히 〈자료 9-7〉에서 보는 바와 같이 미국의 예산통제법에 의한 국방비 감축과 유럽의 재정위기 등으로 인하여 북미 및 영국, 프랑스, 독일 등 유럽 등 서방 선진국들은 2011년 이후 국방비 규모를 축소하였으나, 신흥국들은 반대로 군비지출을 늘

8 방산수출 지원정책 발전방향 연구(한국국방연구원, 2013년 12월), pp.67~73

려가고 있어 세계 군비지출의 균형이 서방국가에서 신흥국으로 옮겨가고 있음을 알 수 있다.

국방비	2008	2009	2010	2011	2012	2013	성장률[9]
북미	670.9	723.8	741.0	731.8	691.4	637.4	-7.8%
유럽	412.6	421.1	411.1	404.9	410.5	407.3	-0.8%
아시아 · 오세아니아	312.5	348.7	355.8	371.5	385.9	399.7	3.6%
중동	109.3	113.4	120.1	126.1	136.8	142.3	4.0%
중남미	65.8	69.3	74.0	73.2	78.0	79.6	2.1%
아프리카	30.4	31.8	33.8	37.8	39.4	42.7	8.3%
계	1601.5	1708.1	1708.1	1745.2	1742.1	1709.0	-1.9%

자료 9-7 2008~2013년 지역별 국방비 지출 현황[10]

2013년도 전 세계 국방비 지출규모는 1조 7,470억 달러로 추정되며 이는 전 세계 GDP의 2.4%, 세계인구 1인당 평균 지출액으로 환산하면 248달러 수준[11]이라고 한다. 엄청난 규모의 시장이라고 할 수 있겠다. 이렇게 큰 규모의 시장에서 〈자료 9-8〉에서 보는 바와 같이 약 24개 국가가 10년 전 대비 국방비가 두 배 이상 증가하였다. 신흥국들도 향후 경제성장을 바탕으로 고가의 최첨단 무기를 구매할 것으로 예상되기 때문에 잠재적 미래시장을 개척한다는 측면에서 이러한 국가들에 대한 적극적인 수출전략이 필요한 이유이다.

9 2012~2013년 성장률

10 2014 세계방산시장 연감(국방기술품질원, 2014년 10월), p.5

11 2014 세계방산시장 연감(국방기술품질원, 2014년 10월), p.2

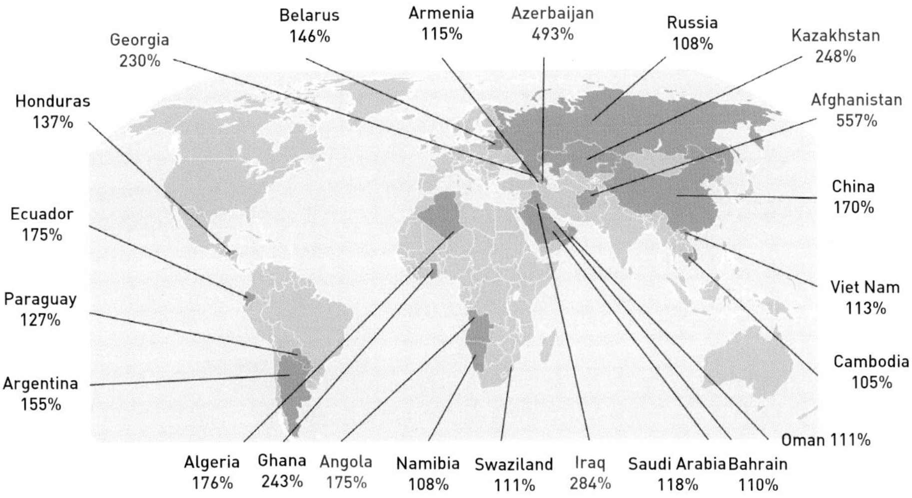

자료 9-8 2004년 대비 2013년 국방비가 두 배 이상 증가한 국가[12]

3. 면도기-면도날 모델을 적용한 중 · 장기 수출전략

향후 미래시점에서의 방산수출을 획기적으로 성장시키기 위해서는 무기체계의 수명주기에 따른 소요비용을 근거로 한 중 · 장기 수출전략이 필요하다. 〈자료 9-9〉는 무기체계를 획득하여 폐기할 때까지 소요되는 비용을 나타낸 것으로 초기 획득비용 28%, 운영비용 12%을 제외한 군수지원 비용이 약 60%를 차지하고 있다. 해외에서 구매하는 경우 획득단계에서 초기 군수지원의 경우 주장비와 함께 구매하기 때문에 이를 제외하는 경우 구매한 이후 수명주기 동안 운영하는 데 소요되는 후속군수지원 비용은 약 52%를 차지한다.

12 Countries that Doubled Military Spending in 2004~2013(SIPRI, http://www.sipri.org/research/armaments/milex/recent-trends)

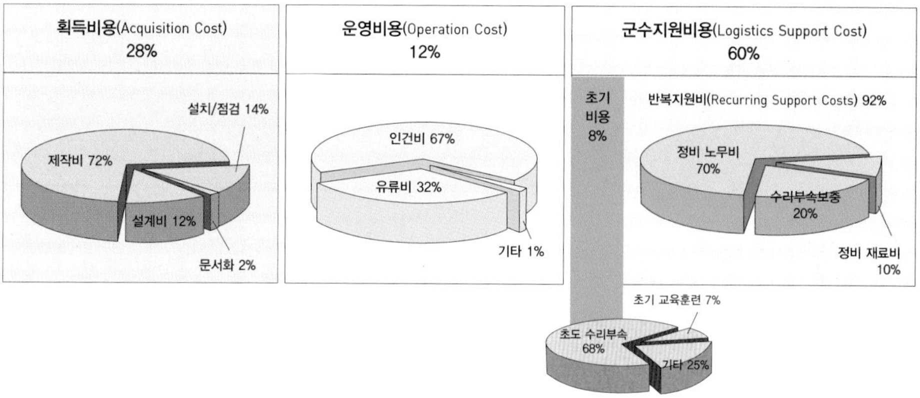

자료 9-9 무기체계 수명주기 단계별 소요비용[13]

수출국가 입장에서는 수출이 성사되고 나면 구매국에서 운영하는 동안 지속적으로 수입이 보장되는 것과 같다. 이에 적합한 수출전략으로 방법론적인 측면에서 '면도기-면도날 모델(Razor-Blade Model)[14]'을 적용하는 것도 가능할 것이다. 이는 반복적으로 구매되는 보완재를 고가에 판매하기 위해 기본제품을 저가나 무료로 판매하는 전략을 말한다. 2004년 미국 면도기회사인 질레트(Gillette)는 면도날이 무뎌질 때마다 날을 갈아야 하는 불편을 해소하기 위해 면도날만 교체하여 사용

---

13 Life Cycle Cost Distribution(미국 국방부 Defense Microelectronics Activity 콘퍼런스 발표자료, 2002년 3월 25일)

14 일종의 로스리더 전략(Loss Leader Strategy)이다. 로스리더는 경영학에서 쓰이는 용어로, 일반적으로 미끼상품, 특매품, 유인상품, 특매상품 등으로 불린다. 소매 기업은 기회비용을 고려하여 가격을 낮춰 일반 물건을 판매하는데, 이를 통해 재고를 낮추고 상점에 고객을 불러들여 호객행위를 도모한다. 후에 주력상품을 팔기 위한 일종의 우회전략이다. 주력상품은 그 자체를 많이 팔수록 이득이므로 생산량이 대량인 경우가 많지만, 미끼상품은 기업의 사업 영역에 접근성만 높이면 되기 때문에 생산량이 제한적인 경우가 많으므로 이 전략을 사용하는 경우가 많다. 즉 소비자들의 구매를 유도하기 위해 구매장벽을 낮추거나 점포로 유인하고, 구매한 상품이나 서비스를 지속적으로 사용하도록 하기 위해 소비자가 추가로 비싼 상품이나 서비스를 구매하도록 하거나, 다른 더 큰 수익이 발생하는 상품이나 서비스를 함께 구매하도록 유도하는 것이다. 이러한 로스리더 전략은 온라인 쇼핑몰이나 백화점 등에서 쉽게 볼 수 있으며, 면도기/면도날, 프린터/토너, 스마트폰/사용료(스마트폰은 저가로 판매하고 매달 사용료로 수익을 올리는 전략) 등 다양한 분야에서 적용되고 있다.

할 수 있는 면도기를 출시하면서 판매촉진을 위해 면도기는 무료로 나눠주었고 그 대신에 면도날에 높은 마진을 붙여 판매함으로써 지금까지도 세계 면도기 시장을 지배할 수 있는 계기가 되었다. 우리가 많이 사용하는 프린터도 같은 사례로 프린터는 원가 이하에 판매하고 주된 수익은 전용 토너나 카트리지를 통해 이익을 회수하고 있다. 이는 실제 무기체계를 구매한 이후 후속군수지원에 약 60% 이상의 비용이 더 소요되는 점을 고려할 때 매우 효과적인 판매전략이 될 수 있을 것이다. 미국이 FMS를 통해 미군과 같은 단가로 구매국에게 판매하는 것이 외형적으로는 동맹국을 위한 정책 같지만 사실 장기적으로는 후속군수지원 등을 통해 더 많은 실익이 있기 때문에 면도기-면도날 모델처럼 때로는 판매촉진을 위해 저렴한 단가로도 판매할 수 있을 것이다.[15]

일반적으로 무기체계 수명을 30년으로 보고 있으나, 〈자료 9-10〉에서 보는 바와 같이 일부 무기체계의 경우 개발 시 예상수명의 2~3배까지도 수명이 연장되고 있으며 이처럼 많은 무기체계의 수명이 연장되고 있는 추세임을 고려할 때 향후에는 더 많은 후속군수지원 비용이 소요될 것이다. 무기체계의 수명연장과 함께 안정적인 후속군수지원의 중요성이 더욱더 강조될 수밖에 없다. 민간 방산업체에서는 후속군수지원을 위한 재고를 장기간 저장 및 보관하는 것 자체가 쉽지 않으나, 정부 주도 수출제도에서는 군의 소요도 오랜 기간 지속되기 때문에 장비를 유지하기 위해 안정적인 후속군수지원 대책을 강구해야 하며 결과적으로 구매국에 대한 후속군수지원도 상대적으로 원활해질 것이다. 실제로 국방비를 확대하고 있는 신흥국들에게 이 전략은 매우 효과적일 수 있다. 중저가의 무기체계를 저렴하게 판매하면서 후

15 국방부는 도태 또는 잉여 국방장비 및 물자를 해외 우방국에 무상 또는 저가로 판매하고 이를 운용하는 데 필요한 수리부속 등을 판매하고 있다. 해군의 경우 1993년 이후 30여 척의 함정을 필리핀, 캄보디아, 콜롬비아 등에 양도한 바 있다. 하지만 이는 도태되거나 초과로 보유하고 있는 품목을 대상으로 한 것으로 방산수출에서는 이러한 판매전략을 활용한 사례가 없다.

속군수지원을 통해 비용을 상쇄할 수 있으며 무엇보다도 향후 신흥국을 잠재고객으로 확보할 수 있다. 하지만 방산업체 스스로가 이러한 수출전략을 취하기는 매우 어렵다. 업체가 수명주기 동안의 후속군수지원을 위하여 재고를 장기간 유지하는 것 자체가 쉽지 않기 때문이다. 하지만 정부 주도 수출제도에서는 해당 무기체계를 도태시키기 이전까지는 우리 군에서도 재고를 유지해야 하기 때문에 상대적으로 구매국에 대한 후속군수지원이 가능하다. 더불어 오랜 기간 동안 구매국과 지속적인 협력을 함께하기 때문에 자연스럽게 정치 · 외교 · 군사 · 경제적인 교류 확대로 이어질 수 있다. 따라서 지역적인 수출 마케팅 전략뿐 아니라 해당 국가의 경제 · 정치적인 상황을 고려하여 필요하면 대외 무기시장에서 상대적으로 가격경쟁력과 고객 만족도를 무기로 단기적으로 수출을 확대해야 할 것이다. 실제로 미국으로부터 무기체계를 구매하는 경우 그 수명주기 동안에 구매국과 판매국은 군사적으로 긴밀히 협조할 수밖에 없다. 이러한 군사협력을 통해 민간협력도 자연스럽게 확대될 수 있으며, 국제사회 속에서 긴밀한 우방국과의 협력관계를 동시에 기할 수 있다.

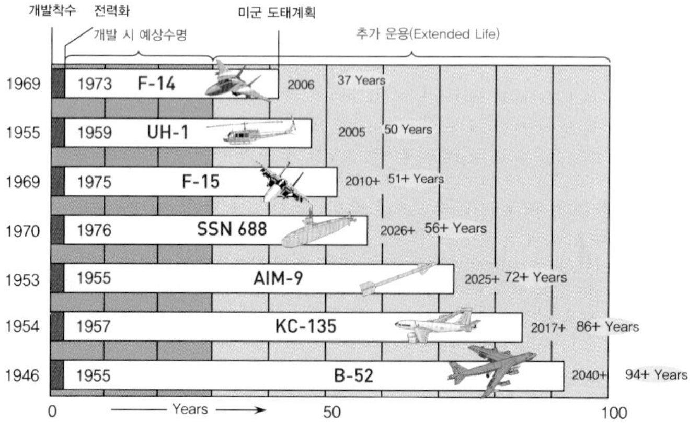

자료 9–10 연장되고 있는 무기체계 수명주기[16]

16 Weapon System Life Cycle(미국 국방부 Defense Microelectronics Activity 콘퍼런스 발표자료, 2002년 3월 25일)

2014년 기준 세계 경제 10위국으로서 경제성장과 더불어 향후 세계 속에서 정치 · 외교 · 군사적인 면에서 더 큰 역할을 수행하기 위해서는 긴밀한 협력관계를 구축하고 확대해나가는 것이 필요하며, 이러한 측면에서 방산수출을 통하여 우방국과 긴밀한 관계를 유지하고 이를 통해 궁극적으로는 아시아 평화 및 세계 평화에 기여할 수 있는 방향으로, 즉 미국의 안보협력과 같이 군사협력을 통하여 정치 · 경제 · 외교 전반으로 친밀한 관계를 유지하도록 수출정책도 함께 고려되어야 할 것이다.

4. 가격경쟁력의 우선 확보

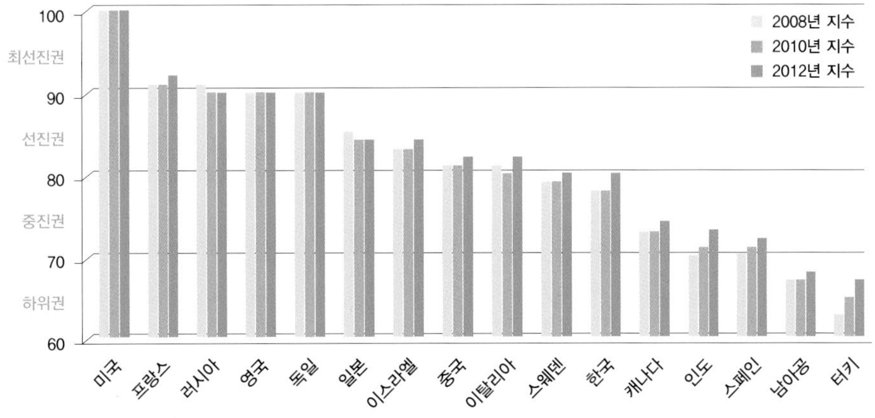

자료 9-11 국가별 국방과학기술 수준[17]

과거에 비해 크게 향상되기는 하였지만, 우리나라 국방과학기술 수준은 〈자료 9-11〉에서 보는 바와 같이 선진국 대비 80% 수준인 것으로 알려지고 있다. 따라서

17 2013 국방과학기술조사서(국방기술품질원, 2013년), p.34

현재의 국내 국방과학기술로는 미국, 유럽 등 선진국과 성능으로는 경쟁에서 불리하기 때문에 가격경쟁력과 함께 정부 간 판매제도를 통해 협상/계약, 계약관리, 품질보증, 후속군수지원 등 신흥국을 중심으로 한 구매국의 요구를 충족시켜 단기적으로는 중 · 저가 무기체계에서 더 많은 구매국을 확보하고 신뢰와 협력관계를 구축하는 방향으로 방산수출 정책이 추진되어야 할 것이다. 지금 충분한 신뢰와 협력관계를 구축하지 못하면 향후에 첨단무기체계를 개발했다 하더라도 방산시장의 판로를 개척하는 것이 쉽지 않을 것이기 때문이다. 중장기적으로는 이렇게 중 · 저가 시장에서 구축된 신뢰/협력관계와 함께 국내 연구개발 확대를 통한 무기체계 성능향상을 토대로 중 · 고가 시장에 대한 공격적인 수출을 추진하는 단계적 수출정책이 필요하다. 하지만 세계 방산시장의 경쟁이 격화되고 있어 당분간 가격경쟁력이 방산수출을 좌우할 것으로 전망된다. 실제로 최근의 수출사례를 분석해보면 경제력을

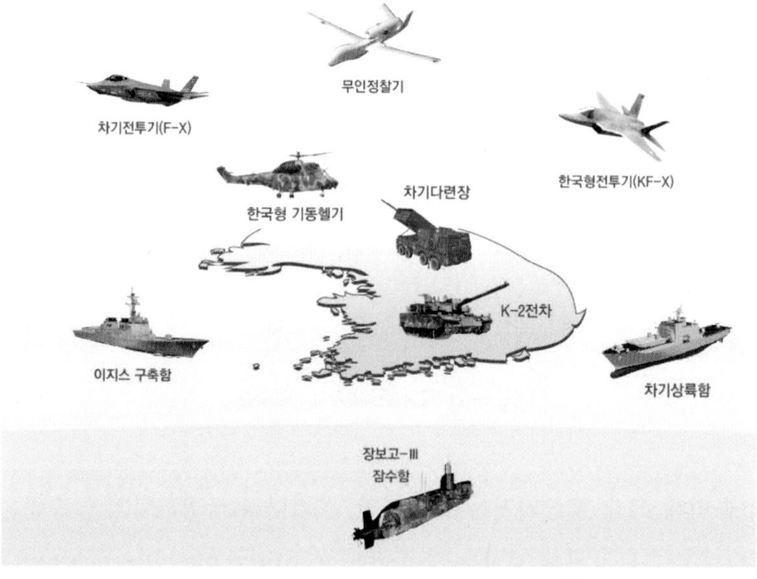

자료 9-12 국내 연구개발 중인 주요 첨단무기체계[18]

18 2014 국방백서(국방부, 2014년 8월), p.88

보유한 국가는 성능을, 개발도상국가 및 저개발국가 등 신흥국가는 가격을 상대적으로 중요시하는 것으로 나타났기 때문에 앞서 국방비 지출이 증가하고 있는 신흥국 중심의 잠재적 미래시장을 개척하기 위해서는 우선적으로 가격경쟁력을 갖추는 것이 무엇보다 절실하다고 하겠다. 가격경쟁력 확보를 위해서는 무엇보다도 생산물량의 확대가 우선적으로 시급하다. 따라서 정부 간 판매제도를 통해 신흥국의 후속 군수지원을 보장하고 '면도기-면도날 모델(Razor-Blade Model)'을 적용하여 판매단가를 낮춤으로써 생산물량을 통합 및 확대해야 한다.

5. Spin-On&Off와 연계된 선택과 집중: 잘하는 것과 잘할 수 있는 것을 하자

우리나라의 국방획득은 국방과학기술 발전을 통한 자주국방 실현을 위해 연구개발을 활성화할 목적[19]으로 해외구매보다는 국내 연구개발을 우선적으로 고려하여 추진되고 있다. 이에 힘입어 상당수의 육군 무기체계가 국내 연구개발을 통해 획득되고 있으며, 해군 및 공군 무기체계도 점차 국내 연구개발을 확대하고 있는 추세[20]이다. 다양한 분야의 연구개발은 국방과학기술 수준을 향상시키고 축적된 기술을

---

19 방위사업관리규정 제17조 연구개발의 확대 및 방산육성(방위사업청 훈령 제319호, 2014년 12월 23일): ① 국방과학기술의 발전을 통한 자주국방을 실현하기 위하여 연구개발을 활성화하고, (이하 생략)

20 우리나라는 1974년 면허생산으로 육군 M16A1 소총을 국산화하기 시작한 이후 탄약 · 소총 · 화포 · 군용트럭은 물론 장갑차, 전차, 자주포, 유도탄 등 대부분의 지상무기체계를 국내 연구개발로 개발하였다. 해군은 구축함(KDX-I 광개토대왕함, KDX-II 이순신함, KDX-III 세종대왕함), 잠수함(209급, 214급) 및 청상어 · 홍상어 · 해성 등의 전투체계를 국내 기술로 개발하였다. 공군의 항공산업도 기본훈련기인 KT-1을 필두로 고등훈련기 T-50를 이미 개발하였으며, 한국형 전투기(KFX) 연구개발을 추진하고 있다.

통해 독자적인 첨단무기체계 개발 역량을 갖출 수 있다는 면에서는 긍정적이지만, 중장기적인 국내 연구개발 로드맵 속에서 방향성을 가지고 추진되기보다는 단위사업별로 사업 추진방법이 결정되다 보니 선택과 집중에 대한 방향성이 부족한 측면이 있다.

선행 연구를 통해 연구개발 가능성, 전력화 요구 시기, 국방과학기술 수준, 방위산업 육성효과, 기술적 · 경제적 타당성, 비용대비 효과 등을 종합적으로 검토하여 사업 추진방법(구매 또는 국내 연구개발 등)을 결정하고 있지만, 상대적으로 자원과 기술력이 부족한 우리나라의 현실에 비추어 국내 연구개발을 우선하기보다는 정부 주도 하에 강점을 가질 수 있는 분야를 선택하고 집중하여 "작지만 강한 방산수출국"이 되기 위한 노력이 필요하다.

이스라엘은 방산분야에서 정부 주도의 선택과 집중을 통해 세계 방산시장의 틈새시장 공략하여 국가 전체 수출의 14%를 방산수출을 통해 달성[21]하고 있다. 모든 품목을 수출하면 좋겠지만, 이스라엘과 같이 선택과 집중을 통하여 권역별 수출 유망 무기체계를 선별하여 체계적으로 추진하는 것이 효과적일 것으로 생각된다. 선택의 과정에서 단기적으로는 국내기술로 제작되고 있는 무기체계는 많으나, 실제로 비중 있게 수출되고 있는 품목들은 K-9 자주포, K-2 전차, T-50 고등훈련기, KT-1 기본훈련기 등의 품목인 점을 고려하여 이러한 무기체계에 대한 선별적이고 집중적인 정부 주도 수출을 추진해나가야 하겠다.

중 · 장기적으로는 민간의 첨단과학기술과 국방과학기술을 연계하는 스핀오프

---

21 방위산업의 지속성장 및 안정적 기반유지 방안 연구(국방과 기술 432호, 2015년 2월), p.51. "이스라엘은 자국 방산업체 협력과 지원은 물론 방산수출 목표국가와 긴밀한 관계를 형성하며 사업 기회를 찾고 사업에 착수한다. 마케팅 상황 조사와 관련 사업정보 제공, 방산수출까지 국가가 주도하고 있다. 이러한 정부 주도의 방산수출 정책에 힘입어 이스라엘은 한해 70~75억 달러의 방산수출로 특화된 기술개발을 통해 틈새시장을 공략하고 있다. 방산수출이 국가 전체 수출의 14%를 차지하고 있으며, 이스라엘 방산제조의 80%는 수출이다."

(Spin-off) 및 스핀온(Spin-on)[22]을 적극적으로 확대하여 민간의 세계적 기술수준을 자연스럽게 국방연구개발과 접목하고 흡수하여 최첨단 성능의 무기체계를 개발할 수 있는 분야를 선별하고 집중 투자해야 하겠다. 동시에 첨단 국방과학기술을 과감히 민간에 이전하고 결과적으로 더 우수한 과학기술이 국방분야에 환류될 수 있도록 하는 정책적인 노력도 병행되어야 할 것이다. 특히, 우리나라 휴대폰, 반도체, 철강, 조선, 차량 등 민간기업은 기술력이 과거 어느 때보다 빠른 속도로 발전하면서 글로벌 경쟁력을 갖춘 단계에 진입하여 세계시장에서 각광을 받고 있다. 반면 방위산업은 아직까지도 국내 내수시장을 중심으로 고착되어 있어, 정부와 민간 상호 간에 과감한 개방과 협력을 통한 기술개발과 함께 해외시장 개척 등 적극적인 정부 주도의 수출지원이 절실히 요구되고 있다.

세계 방산시장의 경쟁이 격화되고 있는 점을 고려하여 모든 분야를 잘하려 하기보다는 우리가 잘하고 있으며 잘할 수 있는 분야, 즉 기술수준이 충분히 선진국 수준에 근접해 있고 향후 미래의 활용성을 판단하여 잘하는 분야를 선택하고, 선택된 분야에 역량이 집중되도록 투자해야 한다. 이를 위해서는 정부가 주도적으로 개입하여 선택과 집중하여 연구개발을 추진할 수 있는 종합적이고 전략적인 청사진이 필요하다. 해외구매가 어렵거나, 국가안보 측면에서 첨단 국방과학기술을 보유할 필요로 인하여 반드시 연구개발로 추진해야 하는 전략무기체계 등의 분야가 아니라면, 연구개발이 가능하더라도 수출가능성이 없고 경쟁력이 떨어지는 분야는 과감히 해외구매로 추진하고, 방산수출이 가능한 분야를 선별하여 집중적으로 투자해야 할 것이다.

더불어 연구개발에 성공한 무기체계에 대해서는 정부가 주도적으로 방산수출

22 민간업체의 첨단과학기술과 군의 군사과학기술을 상호 간에 이전하거나 활용하는 과정에서 스핀오프(Spin-off)는 국방과학기술을 민간분야에 재활용하는 것을 말하며 반대로 민간기술을 군사분야에 응용하는 것을 스핀온(Spin-on)이라 한다.

을 적극 추진함으로써 수요를 확대하고, 이를 통해 연구개발 분야에 경쟁기반을 조성해야 한다. 방위산업의 경쟁력을 제고하기 위하여 전문화 · 계열화 제도를 폐지[23]하였지만, 내수에 한정된 생산물량으로 인하여 아직까지 방산업체들의 기술경쟁을 통한 경쟁을 이끌어내지 못하고 있다. 따라서 정부가 선택과 집중을 통한 연구개발을 유도하고 적극적인 방산수출로 수요를 확대한다면, 국내에서도 기술개발을 통한 경쟁 및 인수합병(M&A) 등을 통해 세계시장에서 경쟁력 있는 방산업체를 배출해낼 수 있을 것이다.

결론적으로 국방획득은 효율성에 기반을 둔 국내 연구개발과 경쟁력을 기반으로 하는 수출을 염두에 두어 전략적 강점을 지닌 분야를 선택하고, 민간의 첨단과학기술과 국방과학기술 상호 간의 과감한 개방과 협력을 기반으로 선택분야에 집중함으로써 세계시장에서 경쟁력을 갖추도록 패러다임을 바꾸어야 할 것이다. 더불어 정부의 주도적인 방산수출 추진으로 수요를 확대하고 경쟁기반을 조성함으로써 국내 방산이 보다 활성화되도록 유도해야 하겠다.

23 방위산업에 관한 특별조치법(1983년 6월~2005년 12월 31일)에 의해 전문화 · 계열화 제도가 유지되어왔으나, 2006년 제정된 방위사업법에 의해 폐지되었다. 기존의 전문화 · 계열화 제도로 인하여 우수한 기술력과 능력을 가진 업체의 방산분야 진입이 제한되고, 지정된 방산업체들은 기술개발에 소극적이었던 폐단을 해소하기 위한 목적으로 3년간의 유예기간을 두어 2008년 12월 31일에 전문화 · 계열화 제도가 사실상 폐지되었다.

맺음말

미국은 세계 최대의 무기수출국으로 DCS와 함께 FMS 제도를 통해 방산수출을 수행해왔기 때문에 정부 수출제도가 체계적으로 가장 잘 구축된 국가 중의 하나이다. FMS는 표준장비 위주의 수출, 구매국과의 통합된 군수지원을 통한 비용절감, 미군 군수지원 조직의 효율적인 활용 등 미군에게 매우 유용한 수출제도로서 미국 국방부 안보협력본부 및 각군의 안보지원 관련 기관에 의해 적극적으로 추진되고 있다. 현재 미국은 구매국의 다양한 요구에 맞추어 미국 정부 보증 하에 해외에 수출하고, 구매국과 미군의 통합구매를 통하여 구매단가 절감 및 수출경쟁력을 확보함으로써 미국 방산수출의 약 40%를 FMS가 차지하고 있다. 사실 구매국에 일방적으로 불리하게 설정된 계약조건으로 인하여 FMS에 대한 구매국의 불만이 아직도 끊임없이 제기되고 있기는 하나, 미국 정부가 구매국 협의체 등을 통하여 지속적으로 구매국의 의견을 수렴하여 개선하고 있어, 앞으로도 FMS는 미국의 방산수출 확대에 크게 기여할 것으로 판단된다.

세계적으로 국방비가 축소되고 방산 수출경쟁이 격화되는 가운데 수요가 제한된 국내시장의 한계를 극복하고 우리 경제의 신성장동력으로서 방산수출을 확대하기 위해서는 FMS와 같이 구매국의 다양한 조건들을 수용할 수 있는 제도와 정부가 주도적으로 방산수출을 추진하는 데 적합한 조직을 갖추는 것이 선행되어야 한다. 이러한 측면에서 세계 최고의 방산수출국가인 미국이 어떻게 FMS를 통해 전체 수출의 40% 이상에 해당되는 방산수출 실적을 달성할 수 있었는지, 구체적으로 어떠한 조직과 절차에 따라 FMS 제도가 수행되고 있는지 등에 대한 연구가 필요하다. 나아가 이를 통해 향후 우리나라의 수출제도를 구축하는 데 있어 벤치마킹의 사례로 활용하여 세계적인 요구에 부합되고 우리 실정에 맞는 제도를 구축해야 한다. 물론 미국의 대외군사판매 제도를 그대로 적용하자는 의미는 결코 아니다. 미국과 우리나라는 경제규모, 국방비, 방산수출 실적 등을 비교했을 때 많은 차이가 있으며, 무엇보다도 전 세계적으로 분산배치되어 있는 미군의 무기체계 소요물량이 우리와는 비교되지 않을 정도로 압도적일 뿐 아니라 훨씬 앞선 첨단 국방과학기술을 바탕으로 세계 140여 개 국가들을 FMS 고객으로 보유하고 있기 때문이다. 게다가 북한과 군사적으로 대치하고 있는 국내 안보현실과 중국 · 러시아 · 일본 등 주변 강대국 사이에서의 군사적 역학관계를 고려할 때, 미국과는 주변국 상황이 크게 다르기 때문에 FMS 제도를 우리 여건에 맞도록 재설계하는 것이 필요하다.

세계 방산시장에서 우리 방산업체들의 인지도는 비교적 높은 편이 아니기 때문에 일부 국가들은 품질보증, 안정적인 후속군수지원, 지속적인 교육훈련 등에 대한 정부 차원의 지원을 요구해왔으며, 이러한 요구는 향후에 새로운 신흥시장을 개척하고 수출을 확대하는 과정에서 더욱 증가할 것으로 예상되기 때문이다. 또한 충분한 국제계약 경험이나 구매 사업관리 능력이 제한되는 개도국이나 FMS 등 정부 간 판매제도에 익숙한 국가들 입장에서는 추가로 비용을 지불하더라도 판매국 정부로부터 무기체계에 대한 품질과 후속군수지원을 보장받으며, 교육훈련을 포함한 종합군수지원 요소를 패키지로 확보하는 것을 선호하는 것도 FMS와 같은 정부 주도의 수출제도를 구축하는 것이 필요한 이유다. 따라서 정부 주도의 수출제도를 구축하여 정부 차원의 후속군수지원 및 품질보증과 함께 면도기-면도날 모델 등의 로스리더 전략(Loss Leader Strategy)을 적절히 활용한다면 방산수출을 크게 촉진할 수 있을 것이다.

하지만 선진국은 물론 중국, 일본 등이 공격적인 방산수출을 추진하고 있는 상황에서 국제 방산수출시장에서 자리잡기 위해서는 정부 주도 수출제도 구축과 함께 적극적이고 전략적인 대응이 절실히 필요하다. 첫째, 충분한 기술경쟁력을 갖추기 전까지는 최첨단 무기체계로 이미 굳건한 위치를 지키고 있는 록히드마틴, 보잉, BAE 시스템스, 노드롭그루먼 등 세계적인 방산업체와 성능으로 경쟁하기보다는, 국방비 지출이 크게 증가하고 있는 신흥국가 위주의 중저가 시장에서 가격경쟁력을 무기로 품질보증, 후속군수지원 등의 문제를 잘 해결해줌으로써 수출 교두보를 확보하고 이들을 잠재고객으로 확보하고 시장을 확대해야 한다.

실제 2006년 이후의 비약적인 방산수출 실적은 국내 무기체계의 성능 향상과 더불어 중남미 · 동남아 · 중동지역 등 신흥국 무기시장에서의 선전에 기인한다. 즉, 미국 · 유럽 등 선진국의 고가 최첨단 무기체계에 비해 성능은 다소 뒤지지만 구매국이 요구하는 성능을 충족시키는 중저가 무기로 중남미 · 동남아 · 중동지역 국가 등 틈새시장을 파고들어 적극적으로 진행한 마케팅 전략이 성과를 거둔 것이다. 둘째, 기확보된 국가들에 대한 완벽한 후속군수지원과 품질보증 등을 통하여 이들을 잠재고객으로 확보하는 동시에 세계시장에서 다른 나라보다 상대적인 성능우위를 점할 수 있도록 선택과 집중에 통하여 핵심기술을 확보하고 첨단무기체계를 개발한다면, 장기적으로 우리나라가 고가의 첨단 무기체계를 만들수 있는 기술력을 갖추는 시점에는 해당 국가들도 충분한 구매력을 갖추게 될 것이기 때문에 우리나라가 방산수출 선진국으로 도약하는 데 큰 힘이 될 것이다.

우리 군도 국방부를 중심으로 과거의 소비지향적 국방에서 인식을 전환하여 국가경제의 일원으로 수출을 주도하고 적극적으로 지원함으로써 방산산업을 활성화시키고 국가경제 발전에 기여하도록 해야 한다. 더불어 정부 주도 수출에 적극적으로 참여하고 이로 인한 방산수출 혜택을 공유함으로써, 제한된 국방비 내에서 예산을 절감하고 이를 통하여 새로운 전력을 창출할 수 있도록 하는 노력도 필요하다.

FMS가 최고의 제도라고 생각지는 않는다. 하지만, 우리나라도 민간분야의 급격한 기술성장과 더불어 방산분야에서도 잇따라 국내기술로 무기체계 개발에 성공하면서 수입만 해오던 과거에는 꿈도 꾸지 못했던 방산수출이 해마다 큰 폭으로 증가하고 있어 우리나라의 새로운 미래 성장동력으로 방산수출 분야가 크게 부각되고 있다. FMS가 미국이 세계 최고의 수출실적을 달성하는 데 핵심적인 역할을 담당하고 있다는 점을 생각할 때, 후발 수출국가로서 방산수출 확대를 위한 제도를 구축하는 데 벤치마킹의 좋은 사례가 될 것으로 생각한다. 이를 통해 우리나라도 세계 최고의 방산수출 국가로 자리매김할 수 있기를 거듭 소망한다.

찾아보기

ㅍ

ㅎ